山东省"十四五"职业教育规划教材　　　　　中经"精品课程"系列

高等数学

主　编：张　欣　孙艳勤　张书玲
副主编：张彩艳　李艳芳　刘兰梅　王迎新　杨文英
参　编：王　伟　李海玲　张　娟　刘秋芝

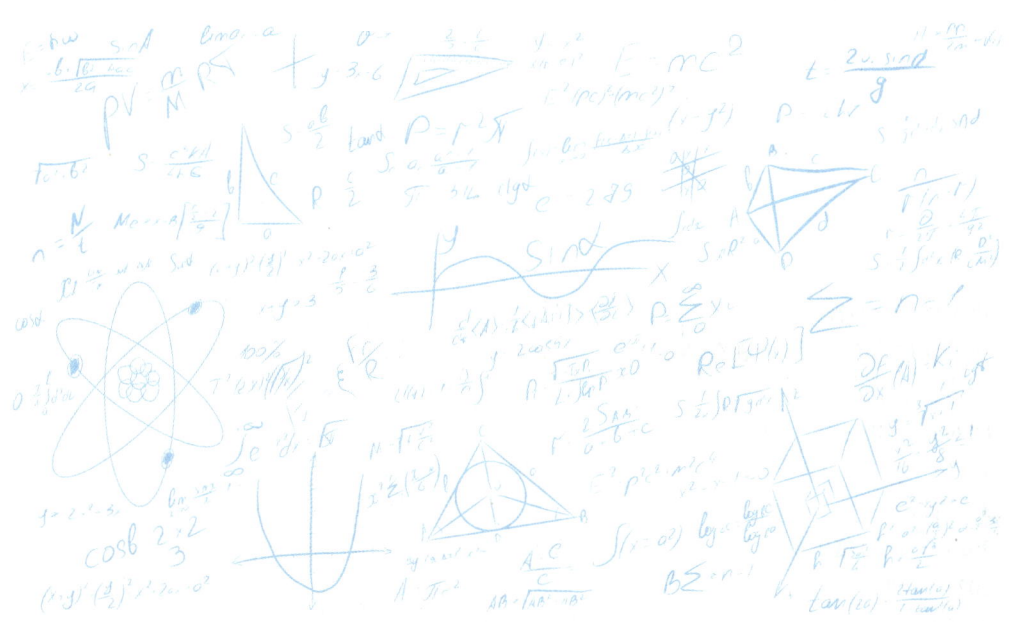

中国经济出版社　中国石化出版社
·北京·

图书在版编目（CIP）数据

高等数学／张欣，孙艳勤，张书玲主编．——北京：中国经济出版社：中国石化出版社，2024.12 -- ISBN 978 - 7 - 5136 - 8038 - 7

Ⅰ.O13

中国国家版本馆 CIP 数据核字第 2025U0A123 号

选题策划　雷　生
责任编辑　彭　欣
责任印制　马小宾
封面设计　任燕飞

出版发行　中国经济出版社
印 刷 者　宝蕾元仁浩（天津）印刷有限公司
经 销 者　各地新华书店
开　　本　889mm×1194mm　1/16
印　　张　15.75
字　　数　396 千字
版　　次　2024 年 12 月第 1 版
印　　次　2024 年 12 月第 1 次
定　　价　49.80 元
广告经营许可证　京西工商广字第 8179 号

中国经济出版社　网址 http://epc.sinopec.com/epc/　社址 北京市东城区安定门外大街 58 号　邮编 100011
本版图书如存在印装质量问题，请与本社销售中心联系调换（联系电话：010 - 57512564）

版权所有　盗版必究（举报电话：010 - 57512600）
国家版权局反盗版举报中心（举报电话：12390）　　服务热线：010 - 57512564

PREFACE 前言

为了适应我国高等职业教育的发展，满足当前高职教育高等数学课程教学需要，我们从高职院校的人才培养目标出发，为高职学生编写了这套教材。

本教材由长期从事高职数学教学的资深教师，结合多年积累的教学经验编写而成。内容包括函数、极限与连续、导数与微分、导数的应用、积分及其应用、空间解析几何与向量代数、多元函数微积分、无穷级数等。

在编写教材的过程中，我们参考了国内外的相关教材，力图吸收它们的优点，编写出既能反映学科特点又便于师生使用的教材。

本套教材的主要特点是：

1. 注重基础。教材根据职业教育的特点，对传统数学教材体系进行了必要的整合与创新。精选经典的数学内容，在保证科学性的基础上，不刻意追求学科体系的完整性，降低教材难度，以减轻学生的学习负担，充分体现了"以必需够用为度"的高职教学基本原则。

2. 循序渐进。在内容编排上，既考虑高等数学自身的科学性和规律性，又能针对高职学生的认知特点，由浅入深、由易到难、由具体到一般，在不同的知识层次上循环教学，使学生熟练掌握。

3. 思政浸润。为深入落实立德树人的根本任务，在概念引入、引例的选择和改造、新知讲解中，深入挖掘数学体现的科学精神和人文精神，结合数学发展史、数学家故事、数学知识应用等内容，激发学生的爱国精神，培养学生严谨求实的科学态度。

4. 强化应用。教材注重培养学生的数学应用意识。一方面，从实际问题引入数学概念，揭示概念的实质；另一方面，从几何意义、物理意义等方面加以解释，使内容更加直观形象，便于学生理解，从而达到应用的目的。

在本书编写过程中，例题选取、题目配置等方面兼顾了不同专业、不同层次学生的需要，教师可以根据学生的专业和基础选取不同的内容。为便于学生对知识点的掌握与巩固，教材附有数字化资源、书后附有习题参考答案，方便学生使用。

在教材编写的过程中，我们得到了许多同行的大力支持，给予编写团队很多有益指导，在此一并感谢。我们的编写初衷是编写一本能奠定数学基础、传承数学思想、培养数学素养和实现价值引领的好书，但由于编者水平有限，书中难免存在不足与错误，在此也恳请各位同行不吝赐教，请广大读者批评指正。

编　者

2024 年 10 月

CONTENTS 目录

第一章　函数、极限与连续　001

1.1　函数　001
1.2　初等函数　008
1.3　函数的极限　012
1.4　无穷小与无穷大　016
1.5　极限的运算法则　019
1.6　两个重要极限　022
1.7　无穷小的比较　024
1.8　函数的连续性　026
*1.9　常用的经济函数　031

第二章　导数与微分　040

2.1　导数的概念　040
2.2　求导法则　044
2.3　高阶导数　048
2.4　隐函数和由参数方程确定的函数的导数　049
2.5　微分及其运算　052

第三章　微分中值定理及导数的应用　059

3.1　微分中值定理　059

3.2　洛必达法则　062
3.3　函数的单调性与极值　066
3.4　函数的最值及其应用　070
3.5　曲线的凹向与拐点　071
3.6　曲线的渐近线函数作图　073
*3.7　导数在经济分析中的应用　076

第四章　不定积分　088

4.1　不定积分的概念与性质　088
4.2　换元积分法　093
4.3　分部积分法　098

第五章　定积分　106

5.1　定积分的概念与性质　106
5.2　微积分基本公式　113
5.3　定积分的计算　116
5.4　无限区间上的广义积分　120
5.5　定积分的几何应用　122

第六章　常微分方程　131

6.1　微分方程的基本概念　131
6.2　一阶微分方程　134
6.3　二阶常系数线性微分方程　143

第七章　向量代数与空间解析几何　153

7.1　向量及其线性运算　153
7.2　向量的数量积与向量积　160
7.3　平面及其方程　163
7.4　空间直线及其方程　167

第八章　多元函数微积分　　176

8.1　多元函数的基本概念　　176
8.2　偏导数　　180
8.3　全微分　　183
8.4　多元复合函数及隐函数的求导法则　　185
8.5　多元函数的极值　　188
8.6　二重积分的概念与性质　　190
8.7　二重积分的计算　　194

第九章　无穷级数　　207

9.1　级数的概念与性质　　207
9.2　常数项级数敛散性的判定　　211
9.3　幂级数　　214

习题参考答案　　227

第一章 函数、极限与连续

高等数学是一门研究变量的科学,它的内容和方法广泛应用于自然科学和社会科学的许多领域.函数是高等数学的研究对象,是高等数学中最基本的概念.极限是深入研究函数和解决各种问题的基本思想方法,高等数学中的许多概念、性质和法则都是通过极限方法来建立的.函数的连续性与极限密切相关,连续函数是高等数学中着重研究的一类函数.

本章主要介绍函数、极限与函数的连续性等基本概念.我们将在复习函数知识的基础上讨论函数的极限,进而探讨函数的连续性及连续函数的性质.

学习目标

1. 理解函数的概念,理解数列极限、函数极限、无穷小与无穷大等概念;
2. 掌握函数极限四则运算法则;
3. 掌握两个重要极限;
4. 会用极限四则运算法则、两个重要极限、等价无穷小等求函数的极限;
5. 能利用定义判断函数在一点处的连续性,会利用闭区间上连续函数的性质解决问题;
6. 会用 Matlab 软件求函数的极限;
7. 培养抽象思维能力;
8. 培养坚持不懈的精神品质.

1.1 函数

1.1.1 函数

1. 区间

区间可理解为实数集 R 的子集.区间分为有限区间和无限区间.

(1) 有限区间：

设 $a,b\in \mathbf{R}$ 且 $a<b$，有限区间在数轴上可以用一条以 a、b 为端点的线段表示（表1-1），区间闭的一端用实心点表示，开的一端用空心点表示．

表1-1

集合表示	区间表示	名称	数轴表示
$\{x\mid a\leqslant x\leqslant b\}$	$[a,b]$	闭区间	
$\{x\mid a<x<b\}$	(a,b)	开区间	
$\{x\mid a\leqslant x<b\}$	$[a,b)$	半开半闭区间	
$\{x\mid a<x\leqslant b\}$	$(a,b]$		

以上区间都是有限区间，实数 a 和 b 叫作**区间的端点**，区间长度为 $b-a$．

(2) 无限区间：

我们规定：符号"∞"表示无穷大，"$+\infty$"表示正无穷大，"$-\infty$"表示负无穷大．这样不等式 $x\geqslant a$，$x>a$，$x\leqslant b$，$x<b$ 的解集也可用无限区间表示（表1-2）．

表1-2

集合表示	区间表示	数轴表示
$\{x\mid x\geqslant a\}$	$[a,+\infty)$	
$\{x\mid x>a\}$	$(a,+\infty)$	
$\{x\mid x\leqslant b\}$	$(-\infty,b]$	
$\{x\mid x<b\}$	$(-\infty,b)$	

需要注意的是，这些区间只有一个端点，另一端对应数轴的无穷远处．实数集 $\mathbf{R}$ 可以写成区间 $(-\infty,+\infty)$．

2. 邻域

设 a 与 δ 均为实数，且 $\delta>0$，则开区间 $(a-\delta,a+\delta)$ 为**点 a 的 δ 邻域**，记作 $U(a,\delta)$，其中，点 a 为邻域的**中心**，δ 为邻域的**半径**．即

$$U(a,\delta)=(a-\delta,a+\delta).$$

在点 a 的 δ 邻域中去掉点 a 后，称为点 a 的**去心邻域**，记作 $\mathring{U}(a,\delta)$．即

$$\mathring{U}(a,\delta)=(a-\delta,a)\cup(a,a+\delta).$$

1.1.2 函数的概念

1. 函数的定义

我们知道，半径为 r 的圆的面积为 $A=\pi r^2\ (r>0)$，只要 r 取定一个正数值，面积 A 就有一个确定

的数值与之对应. 半径 r 变化,面积 A 也随之发生变化,上述公式表明变量 r 和 A 之间的对应关系. 函数就是描述变量之间的对应关系的,其定义如下：

D 是一个给定的非空数集. 如果对于 D 中的每一个数 x,按照某个对应法则 f,都有唯一确定的数值 y 与之对应,则称 y 是定义在数集 D 上的 x 的**函数**,记作

$$y = f(x), x \in D,$$

其中,x 称为**自变量**,y 称为**因变量**；数集 D 称为函数的**定义域**.

定义域 D 是自变量 x 的取值范围,也就是使函数 $y = f(x)$ 有意义的数集. 当 x 取数值 $x_0 \in D$ 时,称函数 $f(x)$ 在点 x_0 处有定义,与 x_0 对应的 y 的数值称为函数 $f(x)$ 在点 x_0 处的**函数值**,记作 $f(x_0)$. 当 x 取遍 D 的一切数值时,对应的函数值的全体组成的数集 M 称为函数的**值域**,即

$$M = \{y \mid y = f(x), x \in D\}.$$

说明：函数 $y = f(x)$ 中表示对应法则的符号 f 也可改用其他字母,如 φ、F 等.

由函数的定义可知,给定定义域 D 和对应法则 f,值域 M 就相应地被确定了,因此,函数的定义域和对应法则称为**函数的两要素**. 只有当两个函数的定义域和对应法则完全相同时,才能认为这两个函数是相同的函数. 至于变量采用什么样的符号,那是无关紧要的,如函数

$$y = f(x), x \in D \text{ 和 } s = f(t), t \in D$$

表示同一个函数.

例 1 求下列函数的定义域.

(1) $y = \dfrac{1}{\sqrt{1-x^2}}$； (2) $y = \ln(2-x)$.

解 (1) 要使函数有意义,须使

$$1 - x^2 > 0, \text{ 即 } -1 < x < 1.$$

则函数的定义域为

$$(-1, 1).$$

(2) 要使函数有意义,须使

$$2 - x > 0, \text{ 即 } x < 2.$$

则函数的定义域为

$$(-\infty, 2).$$

研究任何函数都要首先考虑其定义域,函数的定义域是使其有意义的一切实数组成的集合. 求函数定义域时,一般需要考虑以下几个方面：

(1) 分式中,分母不能为零；

(2) 根式中,负数不能开偶次方根；

(3) 对数式中,真数大于零；

(4) 反三角函数式的 $\arcsin x$ 或 $\arccos x$,要满足 $|x| \leqslant 1$；

(5) 在实际问题中应根据问题的实际意义确定.

例 2 判断下列每组两个函数是否表示同一个函数.

(1) $y = 2\ln x, y = \ln x^2$； (2) $y = |x|, s = \sqrt{t^2}$.

解 (1)因为函数 $y = \ln x^2$ 的定义域是 $(-\infty, 0) \cup (0, +\infty)$,而函数 $y = 2\ln x$ 的定义域是 $(0, +\infty)$,因此两个函数不相同.

(2)函数 $y = |x|$ 与 $s = \sqrt{t^2}$ 的定义域均为 $(-\infty, +\infty)$,且有相同的对应法则,所以,尽管两个函数的自变量、因变量所用的字母不同,但它们表示同一个函数.

例 3 设 $f(x) = x^2 - 2x + 3$,求 $f(0), f(1), f(-x)$.

解 这是已知函数的表达式,求函数在指定点的函数值.

$f(0)$ 是自变量 x 取 0 时函数 $f(x)$ 的函数值,为求 $f(0)$,需将表达式中的 x 换为数值 0,则
$$f(0) = 0^2 - 2 \times 0 + 3 = 3.$$

同理可得
$$f(1) = 1^2 - 2 \times 1 + 3 = 2,$$
$$f(-x) = (-x)^2 - 2 \times (-x) + 3 = x^2 + 2x + 3.$$

例 4 设 x 为任一实数,不超过 x 的最大整数称为 x 的整数部分,记作 $[x]$,$y = [x]$ 为**取整函数**,其图像如图 1-1 所示.

由定义可知,
$$\left[\frac{1}{3}\right] = 0, \left[\sqrt{2}\right] = 1, [\pi] = 3, \left[-\frac{1}{5}\right] = -1.$$

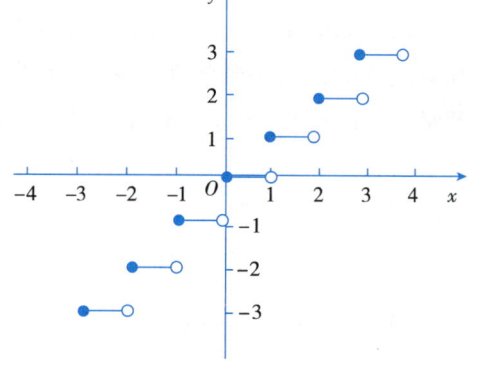

图 1-1

2. 函数的表示法

函数的表示法通常包括列表法、图像法、公式法三种.

(1)列表法

例 5 下表是某家庭 2023 年每月的用水量,其中,Y 表示该家庭月用水量,M 表示 2023 年的月份. 该表反映了该家庭一年的每月用水量与月份之间的函数关系.

M(月)	1	2	3	4	5	6	7	8	9	10	11	12
Y(m³)	5	6	5	4	7	8	10	12	7	6	5	4

这种将自变量 x 的数值与对应的函数值 y 列成表格表示函数的方法称为**列表法**. 列表法的优点是直观,使用方便,在实际生活中经常使用.

(2)图像法

用图像表示函数的方法称为**图像法**. 这种方法直观性强,函数的变化一目了然,且便于研究函数的几何性质.

(3)公式法

用数学表达式表示函数的方法称为**公式法**(或**解析法**). 如圆的面积 A 与半径 r 之间的函数关系用 $A = \pi r^2$ 来表示,公式法便于理论分析和计算.

在实际应用中,三种方法常结合使用.

例 6 绝对值函数 $f(x) = |x| = \begin{cases} x, & x \geq 0, \\ -x, & x < 0, \end{cases}$ 其图像如图 1-2 所示.

例 7　符号函数 $f(x) = \operatorname{sgn} x = \begin{cases} 1, & x > 0, \\ 0, & x = 0, \\ -1, & x < 0, \end{cases}$ 其图像如图 1-3 所示.

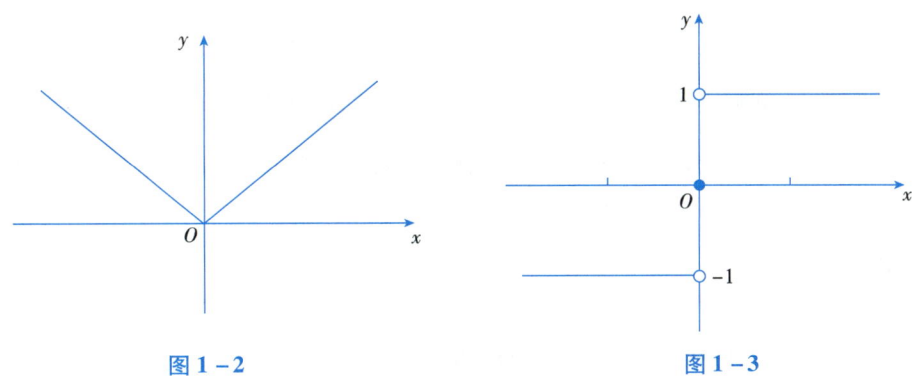

图 1-2　　　　　　　　　　图 1-3

上述两个函数中,自变量在定义域内的不同区间取值时,用不同的表达式表示,这样的函数称为**分段函数**.

1.1.3　函数的几种特性

1. 单调性

观察图 1-4 及图 1-5 中两个函数的图像.

在区间 $(-\infty, +\infty)$,沿着 x 轴的正方向看,函数 $y = f(x)$ 的图像是一条上升的曲线,也就是随着自变量的增加,函数值也增大;而函数 $y = g(x)$ 的图像是一条下降的曲线,也就是随着自变量的增加,函数值反而减小. 由此,我们得到函数单调性的定义.

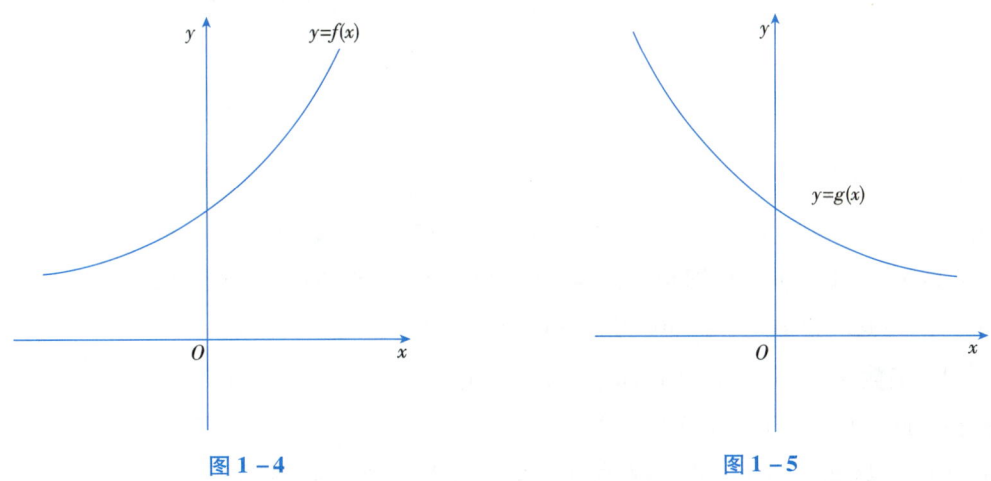

图 1-4　　　　　　　　　　图 1-5

设函数 $y = f(x)$ 在区间 I 上有定义. 如果对 I 内的任意两点 x_1 和 x_2,当 $x_1 < x_2$ 时,都有

(1) $f(x_1) < f(x_2)$,则称函数 $y = f(x)$ 在区间 I 上是**单调增加**的;

(2) $f(x_1) > f(x_2)$,则称函数 $y = f(x)$ 在区间 I 上是**单调减少**的.

某区间内单调增加和单调减少的函数统称为该区间内的**单调函数**. 若 $f(x)$ 在区间 I 上是单调函数,则称区间 I 为函数 $f(x)$ 的**单调区间**.

由单调函数的定义可知,讨论函数的单调性时,必须指明自变量的所在区间. 如函数 $f(x) = x^2$ 在

$(0, +\infty)$上是单调增加的,在$(-\infty, 0)$上是单调减少的.

对于较复杂的函数,利用定义判断函数在某个区间上的单调性是比较困难的,我们将在第三章中介绍判断函数单调性的一般方法.

2. 奇偶性

观察函数$f(x) = \dfrac{1}{x}$的图像(图1-6).从图中可以看到,曲线$f(x) = \dfrac{1}{x}$关于原点对称,也就是当自变量取一对相反数时,其对应的函数值也互为相反数.观察函数$f(x) = x^2$的图像(图1-7)会发现,函数$f(x) = x^2$的图像关于y轴对称,当自变量取一对相反数时,其对应的函数值相等.由此,我们得到函数奇偶性的定义.

设函数$y = f(x)$的定义域D关于原点对称.如果对于任意的$x \in D$,都有

(1) $f(-x) = -f(x)$,则称$y = f(x)$为**奇函数**;

(2) $f(-x) = f(x)$,则称$y = f(x)$为**偶函数**.

奇函数的图像关于原点对称;偶函数的图像关于y轴对称.

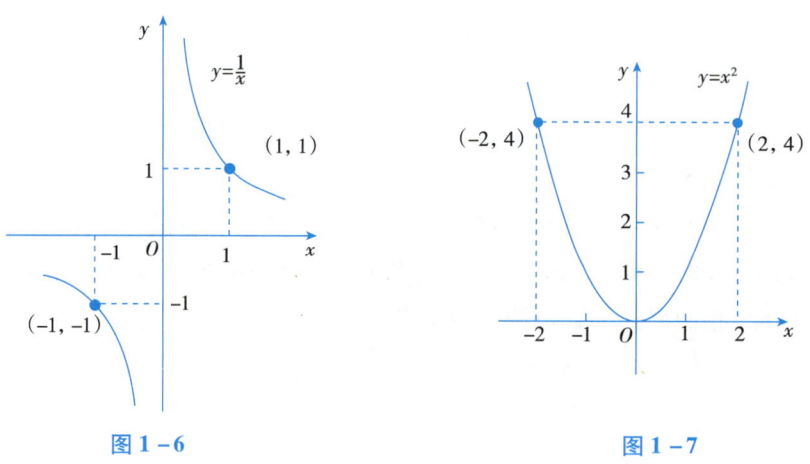

图1-6　　　　　　　　　　图1-7

3. 有界性

观察函数$f(x) = \sin x$的图像(图1-14).从图中可以看到,函数$f(x) = \sin x$的图像介于直线$y = -1$与$y = 1$之间,也就是在区间$(-\infty, +\infty)$内,对于任意的x,都有$|\sin x| \leqslant 1$,这时称$f(x) = \sin x$在区间$(-\infty, +\infty)$上是有界函数.在区间$(0, +\infty)$上,函数$f(x) = \ln x$的图像向上、向下都无限延伸(图1-8),这时称$f(x) = \ln x$在区间$(0, +\infty)$上是无界函数.

设函数$f(x)$在区间I上有定义,如果存在一个正数M,使得对任意的$x \in I$,都有$|f(x)| \leqslant M$,则称函数$f(x)$在区间I上是**有界函数**;否则称函数$f(x)$在区间I上是**无界函数**.

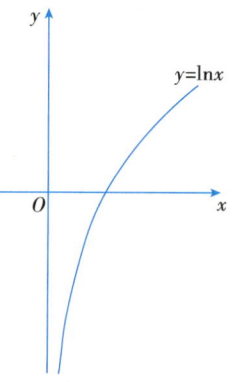

图1-8

讨论函数的有界性必须指明所在的区间.如函数$f(x) = \dfrac{1}{x}$在区间$[1,2]$上有$\left|\dfrac{1}{x}\right| \leqslant 1$,所以函数$f(x) = \dfrac{1}{x}$在$[1,2]$上有界,但函数$f(x) = \dfrac{1}{x}$在$(0,1)$内是无界的(图1-6).

4. 周期性

我们知道,三角函数都是周期函数.一般地,设函数 $f(x)$ 的定义域为 D,如果存在一个非零的实数 T,对于任意的 $x \in D$,都有 $f(x+T) = f(x)$,则称 $f(x)$ 是**周期函数**,T 为函数 $f(x)$ 的**周期**.

如果 T 是函数 $f(x)$ 的周期,那么 $\pm 2T, \pm 3T$ 等都是它的周期.正周期中最小的周期为**最小正周期**.通常,我们所说的函数的周期指的是最小正周期.如 $y = \sin x$ 的周期是 2π,$y = \tan x$ 的周期是 π.

1.1.4 反函数

对函数 $y = 2x$,x 是自变量,y 是因变量.从此式中解出 x,得到 $x = \frac{1}{2}y$.在 $x = \frac{1}{2}y$ 中,对于任一个实数 y,都有唯一的一个 x 与之对应.因此,$x = \frac{1}{2}y$ 也是一个函数,称为 $y = 2x$ 的反函数.

设函数 $y = f(x)$ 的定义域为 D,值域为 M.如果对于每一个 $y \in M$,在 D 中有唯一的一个 x,使得 $f(x) = y$,这就确定了一个以 y 为自变量,x 为因变量,定义在 M 上的函数,这个函数称为 $y = f(x)$ 的**反函数**,记作

$$x = f^{-1}(y), y \in M.$$

因习惯上 x 表示自变量,y 表示因变量,因此 $y = f(x)$ 的反函数记作

$$y = f^{-1}(x), x \in M.$$

由反函数的定义可知,如果函数 $y = f(x)$ 的定义域与值域之间按照对应法则 f 建立了一一对应的关系,那么 $y = f(x)$ 就有反函数.显然,单调函数一定有反函数.而且 $y = f(x)$ 的定义域 D 为其反函数 $y = f^{-1}(x)$ 的值域,值域 M 为其反函数 $y = f^{-1}(x)$ 的定义域.

从图像上看,在同一直角坐标系中,函数 $y = f(x)$ 与其反函数 $y = f^{-1}(x)$ 的图像关于直线 $y = x$ 对称(图1-9).

例 8 求函数 $y = 2x - 1, x \in (-\infty, +\infty)$ 的反函数.

解 先从 $y = 2x - 1$ 中解出 x,得到

$$x = \frac{1}{2}(y + 1),$$

交换 x 与 y 的位置,得所求的反函数为

$$y = \frac{1}{2}(x + 1), x \in (-\infty, +\infty).$$

从上例可以总结出求反函数的步骤:

(1)先由原解析式中解出 x;

(2)再将 x, y 互换.

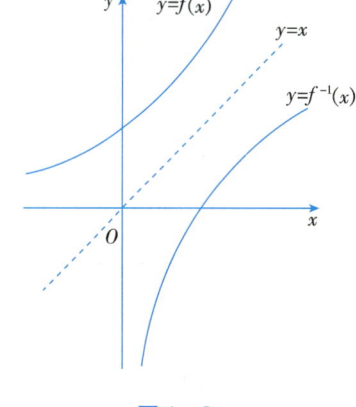

图 1-9

习题 1.1

1. 判断下列每组的两个函数是否表示同一个函数:

(1) $y = x + 1, y = \dfrac{x^2 - 1}{x - 1}$;

(2) $y = x - 1, y = \sqrt{(x-1)^2}$;

(3) $y = x, y = (\sqrt{x})^2$;

(4) $y = \ln\sqrt{x-1}, y = \dfrac{1}{2}\ln(x-1)$.

2. 求下列函数的定义域：

(1) $y = \dfrac{1}{1-x^2}$；

(2) $y = \sqrt{x-2} + \dfrac{1}{x-3}$；

(3) $y = \sqrt{x^2 - x - 2} + \ln(4-x)$；

(4) $y = \dfrac{1}{3-x} + \log_3(5-x)$．

3. 设 $f(x) = x^3 - 3x$，求 $f(0), f(1), f(-1), f(-x)$．

4. 判断下列函数的奇偶性：

(1) $y = x^2 \cos x$；

(2) $y = x^4 - 2x^2 + 3$；

(3) $y = x^3 + \sin x$；

(4) $y = \ln \dfrac{1-x}{1+x}$．

5. 求下列函数的反函数：

(1) $y = 3x + 1$；

(2) $y = x^3$．

1.2 初等函数

初等函数是一类重要的函数类型，它们都是由基本初等函数构成的．基本初等函数也是构成其他复杂函数的基本单元．

1.2.1 基本初等函数

我们学过的常数函数、幂函数、指数函数、对数函数、三角函数和反三角函数，统称为**基本初等函数**．

1. 常数函数

$$y = C\ (C\text{ 为常数}), x \in (-\infty, +\infty).$$

其图像为一条平行或重合于 x 轴的直线（图1-10）．

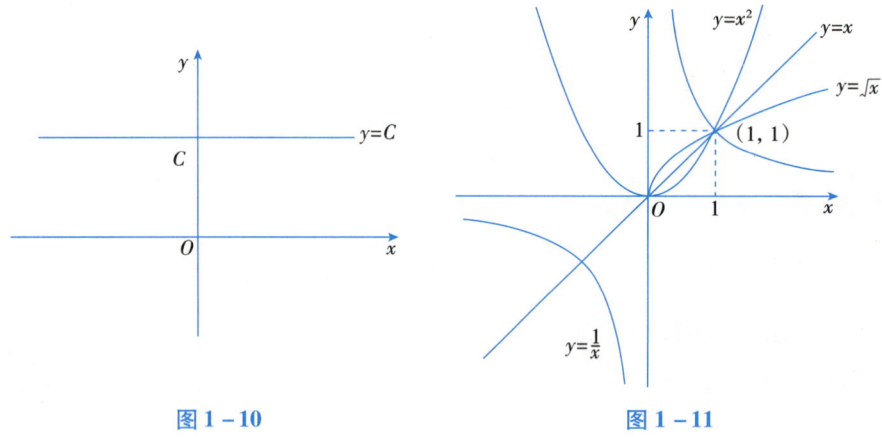

图1-10　　　　　图1-11

2. 幂函数

$$y = x^a\ (a\text{ 为实数}).$$

幂函数的定义域随 a 的取值不同而不同，但无论 a 取何值，它在区间 $(0, +\infty)$ 内总是有定义的，且图像均过点 $(1,1)$．函数 $y = x, y = x^2, y = \dfrac{1}{x}, y = \sqrt{x} = x^{\frac{1}{2}}$ 的图像如图1-11所示．

3. 指数函数

$$y = a^x (a > 0, a \neq 1), x \in (-\infty, +\infty).$$

如图 1-12 所示,指数函数的图像过定点 (0,1). 当 $a > 1$ 时,图像是单调增加的;当 $0 < a < 1$ 时,图像是单调减少的.

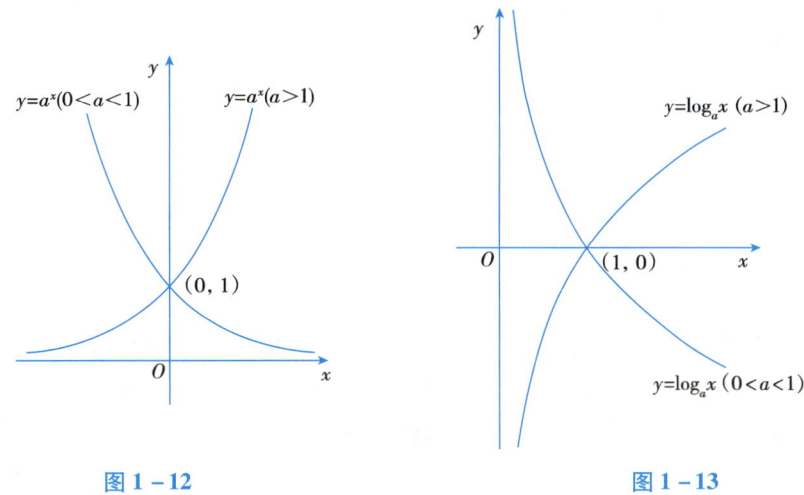

图 1-12　　　　　　　　　　图 1-13

4. 对数函数

$$y = \log_a x (a > 0, a \neq 1), x \in (0, +\infty).$$

对数函数和指数函数互为反函数,该函数过定点 (1,0). 当 $a > 1$ 时,图像是单调增加的;当 $0 < a < 1$ 时,图像是单调减少的,如图 1-13 所示.

5. 三角函数

三角函数是正弦函数、余弦函数、正切函数、余切函数、正割函数和余割函数的统称,分别如下:

(1)正弦函数 $y = \sin x, x \in (-\infty, +\infty)$,奇函数,周期为 2π(图 1-14);

(2)余弦函数 $y = \cos x, x \in (-\infty, +\infty)$,偶函数,周期为 2π(图 1-15);

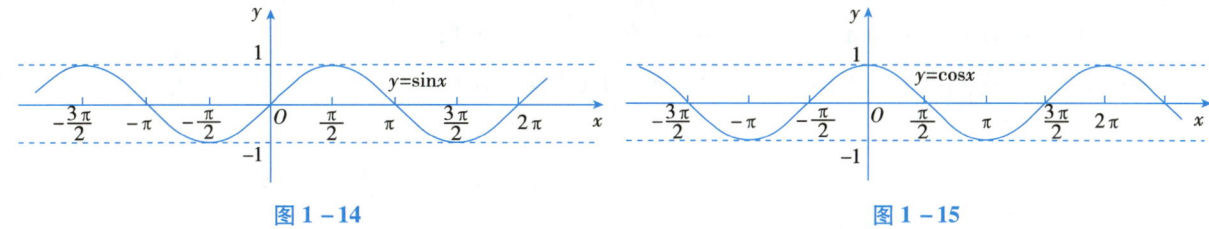

图 1-14　　　　　　　　　　图 1-15

(3)正切函数 $y = \tan x, \{x | x \in \mathbf{R} \text{ 且 } x \neq k\pi + \frac{\pi}{2}, k \in \mathbf{Z}\}$,奇函数,周期为 π(图 1-16);

(4)余切函数 $y = \cot x, \{x | x \in \mathbf{R} \text{ 且 } x \neq k\pi, k \in \mathbf{Z}\}$,奇函数,周期为 π(图 1-17);

(5)正割函数 $y = \sec x = \dfrac{1}{\cos x}$;

(6)余割函数 $y = \csc x = \dfrac{1}{\sin x}$.

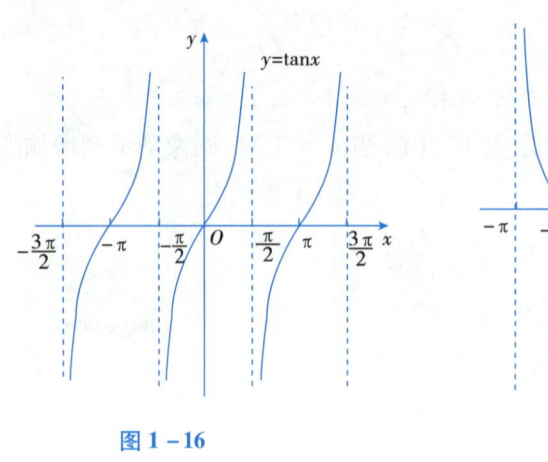
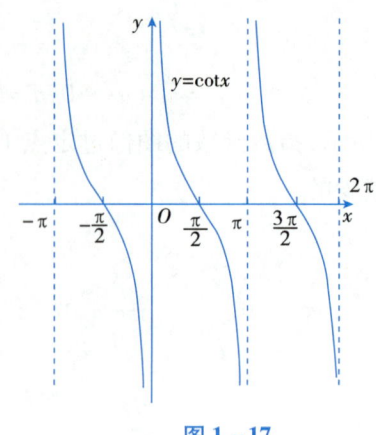

图 1-16　　　　　　　　　　图 1-17

6. 反三角函数

常用的反三角函数有反正弦函数、反余弦函数、反正切函数和反余切函数，分别如下：

(1) 反正弦函数 $y = \arcsin x, x \in [-1,1]$（图 1-18）；

(2) 反余弦函数 $y = \arccos x, x \in [-1,1]$（图 1-19）；

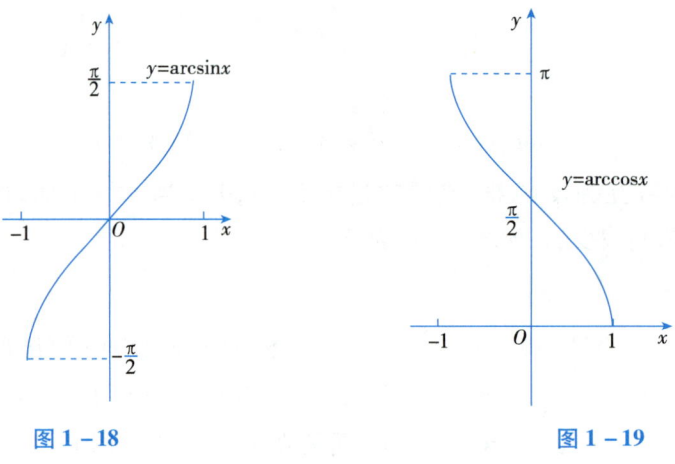

图 1-18　　　　　　　　　　图 1-19

(3) 反正切函数 $y = \arctan x, x \in (-\infty, +\infty)$（图 1-20）；

(4) 反余切函数 $y = \text{arccot} x, x \in (-\infty, +\infty)$（图 1-21）.

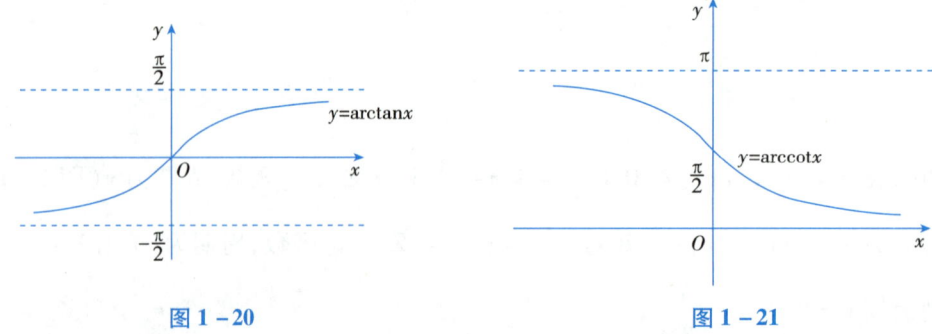

图 1-20　　　　　　　　　　图 1-21

1.2.2　复合函数

草原发生火灾，假设过火区域是一半径为 r 的圆形，圆形的面积表示为 $A = \pi r^2$. 在没有开始采取救火措施前,火势不断蔓延,另假设半径 r 为时间 t 的函数 $r = t^2 + 1$,则被烧毁的草原面积 A 通过半径 r 成为时间 t 的函数

$$A = \pi r^2 = \pi(t^2 + 1)^2.$$

函数 $A = \pi(t^2 + 1)^2$ 就是由 $A = \pi r^2$ 和 $r = t^2 + 1$ 复合而成的函数.

设函数 $y = f(u)$ 的定义域为 D_f,函数 $u = \varphi(x)$ 的值域为 M_φ,若 $M_\varphi \cap D_f \neq \Phi$,则 $y = f[\varphi(x)]$ 称为由 $y = f(u)$ 与 $u = \varphi(x)$ 复合而成的**复合函数**.其中 $f(u)$ 称为**外层函数**,$\varphi(x)$ 称为**内层函数**,u 称为**中间变量**.

如函数 $y = \ln u$ 与 $u = x^2 + 1$,因为 $u = x^2 + 1$ 的值域 $[1, +\infty)$ 包含在 $y = \ln u$ 的定义域 $(0, +\infty)$ 内,所以 $y = \ln u$ 与 $u = x^2 + 1$ 可构成复合函数 $y = \ln(x^2 + 1)$.

复合函数还可推广到由三个及以上函数的有限次复合.如函数 $y = e^u$,$u = \sin v$ 和 $v = \sqrt{x}$ 可构成复合函数 $y = e^{\sin\sqrt{x}}$.

需要指出的是,并不是任何两个函数都可以构成复合函数.如函数 $y = \ln u$ 和 $u = -x^2 - 1$,由于 $u = -x^2 - 1$ 的值域 $(-\infty, -1]$ 与 $y = \ln u$ 的定义域 $(0, +\infty)$ 交集为空集,故 $y = \ln u$ 和 $u = -x^2 - 1$ 不能构成复合函数.

例 下列函数是由哪些基本初等函数复合而成的?

(1) $y = \ln\sin x$; (2) $y = e^{-x}$.

解 (1) $y = \ln\sin x$ 是由 $y = \ln u$,$u = \sin x$ 复合而成的;

(2) $y = e^{-x}$ 是由 $y = e^u$,$u = -x$ 复合而成的.

1.2.3 初等函数

由基本初等函数经过有限次四则运算或有限次的复合,且可用一个解析式表示的函数,称为**初等函数**.例如,$y = \sqrt[3]{\ln x^2}$,$y = 1 + \arctan\dfrac{1}{x}$ 等都是初等函数,而分段函数一般不是初等函数.如

$$f(x) = \begin{cases} 1 - x, & x \leq -2, \\ \sin x, & -2 < x < 2, \\ 1 + x, & x \geq 2. \end{cases}$$

就不是初等函数.

习题 1.2

1. 写出下列函数构成的复合函数:

(1) $y = 3^u$,$u = 2x + 1$; (2) $y = \ln u$,$u = x^2 - 1$;

(3) $y = \sqrt{u}$,$u = 1 + x^2$; (4) $y = \sin u$,$u = \dfrac{1}{x}$;

(5) $y = e^u$,$u = v^2$,$v = \sin x$; (6) $y = \arctan u$,$u = \sqrt{v}$,$v = x^2 + 1$.

2. 指出下列函数是由哪些函数复合而成的:

(1) $y = \ln(x - 1)$; (2) $y = 2^{3x}$;

(3) $y = (2x + 1)^5$; (4) $y = e^{\sin\frac{1}{x}}$.

1.3 函数的极限

1.3.1 数列的极限

1. 数列极限的定义

在《庄子·天下篇》中有"一尺之棰,日取其半,万世不竭"之说.每天截下的木杖的长度为 $\frac{1}{2}, \frac{1}{4}, \frac{1}{8}, \cdots, \frac{1}{2^n}, \cdots$,这样得到的一列数就构成一个数列.

按正整数顺序排成的一列数称为**数列**,记作 $\{x_n\}$.数列中的每一个数为数列的**项**,第 n 项为数列的**通项**.如上面数列的通项 $x_n = \frac{1}{2^n}$,可记作数列 $\left\{\frac{1}{2^n}\right\}$.数列 $1,2,3,\cdots,n,\cdots$ 的通项 $x_n = n$,记作 $\{n\}$.

观察数列

$$\frac{1}{2}, \frac{1}{4}, \frac{1}{8}, \cdots, \frac{1}{2^n}, \cdots$$

不难看出,当 n 无限增大时,数列的通项 $\frac{1}{2^n}$ 无限接近于 0.由此,我们得到数列极限的定义.

若当 n 无限增大时,数列 $\{x_n\}$ 无限接近一确定的常数 A,则称常数 A 为**数列 $\{x_n\}$ 的极限**(或称数列 $\{x_n\}$ **收敛**于 A),记作

$$\lim_{n\to\infty} x_n = A \text{ 或 } x_n \to A\ (n\to\infty).$$

如果不存在这样的常数 A,则称该数列的极限不存在.

例 1 观察下面数列 $\{x_n\}$ 的变化趋势,并写出它们的极限.

(1) $x_n = \frac{n+1}{n}$; (2) $x_n = \frac{(-1)^n + 1}{2}$;

(3) $x_n = 4$; (4) $x_n = 2^n$.

解 (1) 数列 $\left\{\frac{n+1}{n}\right\}$ 的各项依次为 $2, \frac{3}{2}, \frac{4}{3}, \frac{5}{4}, \cdots$,当 n 无限增大时,x_n 无限接近于 1,所以 $\lim\limits_{n\to\infty} \frac{n+1}{n} = 1$.

(2) 数列 $\left\{\frac{(-1)^n+1}{2}\right\}$ 的各项依次为 $0,1,0,1,\cdots$,当 n 无限增大时,x_n 在 0 与 1 之间来回摆动,不可能无限接近于一个常数,所以 $\lim\limits_{n\to\infty} \frac{(-1)^n+1}{2}$ 不存在.

(3) 数列 $\{4\}$ 为常数数列,无论 n 取怎样的正整数,x_n 始终为 4,所以 $\lim\limits_{n\to\infty} 4 = 4$.

(4) 数列 $\{2^n\}$ 各项依次为 $2,4,8,16,\cdots$,当 n 无限增大时,2^n 的值越来越大,不可能接近于一个常数,所以 $\lim\limits_{n\to\infty} 2^n$ 不存在.

对数列 $\{2^n\}$ 来说,当 n 无限增大时,数列 $\{2^n\}$ 的各项取正值且无限增大.这种数列虽无极限,却有确定的变化趋势.针对这种情况,我们借用极限的形式来表示数列的变化趋势,记作

$$\lim_{n\to\infty} 2^n = +\infty \text{ 或 } 2^n \to +\infty \ (n\to\infty),$$

并称其极限为正无穷大.

从上面的例子可以看出：

(1) 并非所有数列都有极限. 有极限的数列称为**收敛数列**, 极限不存在的数列称为**发散数列**;

(2) 一个常数数列的极限等于这个常数本身, 即 $\lim\limits_{n\to\infty} C = C$ (C 为常数).

2. 收敛数列的性质

定理 1（唯一性） 如果数列 $\{x_n\}$ 收敛, 那么它的极限唯一.

根据数列极限的定义, 数列 $\{x_n\}$ 的极限是一确定的常数 A, 也就是说, 该极限是唯一的.

定理 2（有界性） 如果数列 $\{x_n\}$ 收敛, 那么该数列一定有界.

由定理 2 可知, 如果数列 $\{x_n\}$ 无界, 该数列一定发散, 有界是数列收敛的必要条件, 即数列有界但不一定收敛, 如数列 $\{(-1)^n\}$ 有界, 但发散.

3. 数列极限存在的准则

准则 I 如果数列 $\{x_n\}, \{y_n\}$ 及 $\{z_n\}$ 满足下列条件：

(1) 从某项起, 即存在 $n_0 \in \mathbb{N}_+$, 当 $n > n_0$ 时, 有
$$y_n \leqslant x_n \leqslant z_n;$$

(2) $\lim\limits_{n\to\infty} y_n = A, \lim\limits_{n\to\infty} z_n = A,$

那么数列 $\{x_n\}$ 的极限存在, 且 $\lim\limits_{n\to\infty} x_n = A$.

例 2 求 $\lim\limits_{n\to\infty} (3^n + 4^n)^{\frac{1}{n}}$.

解 因为 $4^n < 3^n + 4^n < 4^n + 4^n$, 而 $\lim\limits_{n\to\infty} (4^n)^{\frac{1}{n}} = 4 = \lim\limits_{n\to\infty} (2 \cdot 4^n)^{\frac{1}{n}}$, 故 $\lim\limits_{n\to\infty} (3^n + 4^n)^{\frac{1}{n}} = 4$.

准则 II 单调有界数列必有极限.

例如数列 $\left\{\dfrac{n}{n+1}\right\}: \dfrac{1}{2}, \dfrac{2}{3}, \cdots, \dfrac{n}{n+1}, \cdots$

显然该数列是单调增加的; 又因为 $\dfrac{n}{n+1} < 1$, 所以它有界, 由准则 II 可知, $\lim\limits_{n\to\infty} \dfrac{n}{n+1}$ 存在. 事实上, 易判定 $\lim\limits_{n\to\infty} \dfrac{n}{n+1} = 1$.

1.3.2 函数的极限

1. 自变量趋于无穷大时函数的极限

观察函数 $f(x) = \dfrac{1}{x}$ 的图像（图 1-6）, 可以发现当 x 的绝对值无限增大时, 函数 $f(x)$ 无限接近一个确定的常数 0, 这时我们称常数 0 为函数 $f(x) = \dfrac{1}{x}$ 当 x 趋于无穷大时的极限.

(1) 当 $x \to \infty$ 时, 函数 $y = f(x)$ 的极限

设函数 $f(x)$ 在 $|x| > a$ 时有定义（$a > 0$）, 如果当自变量 x 的绝对值无限增大时, 函数 $f(x)$ 无限接近一个确定的常数 A, 则称常数 A 为**函数 $f(x)$ 当 $x \to \infty$ 时的极限**, 记作
$$\lim_{x\to\infty} f(x) = A \text{ 或 } f(x) \to A \ (x \to \infty).$$

(2) 当 $x \to +\infty$ 及 $x \to -\infty$ 时,函数 $y = f(x)$ 的极限

观察函数 $y = \left(\dfrac{1}{2}\right)^x$ 和 $y = 2^x$ 的图像(图 1-22).

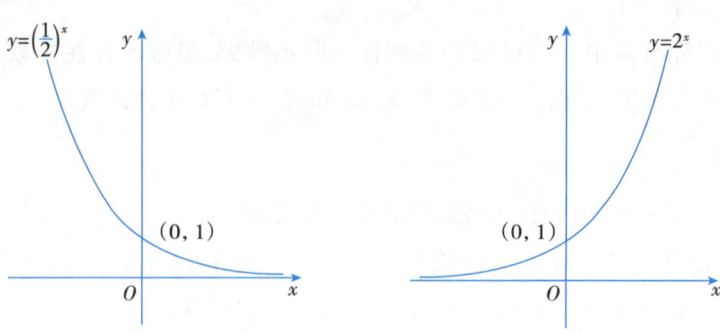

图 1-22

当 $x \to +\infty$ 时,函数 $y = \left(\dfrac{1}{2}\right)^x$ 无限地接近一个确定的常数 0,而当 $x \to -\infty$ 时,函数 $y = 2^x$ 无限地接近一个确定的常数 0. 由此,我们可以得到以下两个定义.

设函数 $f(x)$ 在 $x > a$($a > 0$)时有定义,如果当自变量 x 无限增大时,函数 $f(x)$ 无限趋于一个确定的常数 A,则称常数 A 为**函数 $f(x)$ 当 $x \to +\infty$ 时的极限**,记作

$$\lim_{x \to +\infty} f(x) = A \text{ 或 } f(x) \to A \;(x \to +\infty).$$

设函数 $f(x)$ 在 $x < -a$($a > 0$)时有定义,当自变量 x 的绝对值无限增大时,函数 $f(x)$ 无限趋于一个确定的常数 A,则称常数 A 为**函数 $f(x)$ 当 $x \to -\infty$ 时的极限**,记作

$$\lim_{x \to -\infty} f(x) = A \text{ 或 } f(x) \to A \;(x \to -\infty).$$

由上述定义可知,$\lim\limits_{x \to \infty} f(x)$ 存在的充要条件是 $\lim\limits_{x \to +\infty} f(x)$ 与 $\lim\limits_{x \to -\infty} f(x)$ 都存在且相等,即

$$\lim_{x \to \infty} f(x) = A \Leftrightarrow \lim_{x \to +\infty} f(x) = \lim_{x \to -\infty} f(x) = A.$$

例 3 讨论下列函数当 $x \to \infty$ 时的极限.

(1) $y = \dfrac{1}{x^2}$;   (2) $y = \arctan x$.

解 (1) 当 $|x|$ 无限增大时,$\dfrac{1}{x^2}$ 无限接近 0,所以 $\lim\limits_{x \to \infty} \dfrac{1}{x^2} = 0$.

(2) 由 $y = \arctan x$ 的图形(图 1-20)可知:

$$\lim_{x \to +\infty} \arctan x = \dfrac{\pi}{2}, \lim_{x \to -\infty} \arctan x = -\dfrac{\pi}{2},$$

因 $\lim\limits_{x \to +\infty} \arctan x \neq \lim\limits_{x \to -\infty} \arctan x$,所以 $\lim\limits_{x \to \infty} \arctan x$ 不存在.

2. 自变量趋于有限值时函数的极限

(1) 当 $x \to x_0$ 时,函数 $y = f(x)$ 的极限

先考察当 x 任意地接近 1 时,函数 $y = 2^x$ 的变化趋势(图 1-23). 当 x 从 1 的左右两旁无限接近 1 时,函数 $y = 2^x$ 无限地接近一个确定的常数 2,这时我们称常数 2 为函数 $y = 2^x$ 当 x 趋于 1 时的极限.

设函数 $f(x)$ 在 x_0 的附近有定义,如果当 x 无限趋于 x_0 时,$f(x)$ 无

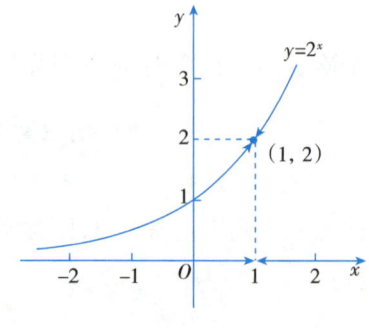

图 1-23

限接近一个确定的常数 A，则称常数 A 为**函数 $f(x)$ 当 $x \to x_0$ 时的极限**，记作

$$\lim_{x \to x_0} f(x) = A \text{ 或 } f(x) \to A \ (x \to x_0).$$

（2）当 $x \to x_0^-$ 及 $x \to x_0^+$ 时，函数 $y = f(x)$ 的极限

分段函数在分段点的左右两侧的表达式不同，还有些函数只在某个点的一侧有定义，函数在这样的点处的极限只能从单侧讨论．

设函数 $f(x)$ 在点 x_0 的某去心邻域内有定义，若当自变量 x 从 x_0 的左（右）近旁无限接近 x_0（记作 $x \to x_0^-$，$x \to x_0^+$）时，函数 $f(x)$ 无限接近一个确定的常数 A，则称常数 A 为**函数 $f(x)$ 当 $x \to x_0$ 时的左（右）极限**，记作

$$\lim_{x \to x_0^-} f(x) = A \text{ 或 } f(x_0 - 0) = A \ [\ \lim_{x \to x_0^+} f(x) = A \text{ 或 } f(x_0 + 0) = A\ ].$$

左极限与右极限统称**单侧极限**．

由函数 $y = f(x)$ 在点 x_0 处的极限及在该点处的左右极限可得以下结论：

$\lim_{x \to x_0} f(x)$ 存在的充要条件是 $\lim_{x \to x_0^-} f(x)$ 与 $\lim_{x \to x_0^+} f(x)$ 都存在且相等，即

$$\lim_{x \to x_0} f(x) = A \Leftrightarrow \lim_{x \to x_0^-} f(x) = \lim_{x \to x_0^+} f(x) = A.$$

从定义中可以看出：

（1）极限定义中不要求 $f(x)$ 在点 x_0 处有定义；

（2）由于分段函数在分段点 x_0 的两侧往往有不同的表达式，因此在讨论分段函数 $f(x)$ 在 $x \to x_0$ 的极限时，需要先讨论函数在 x_0 的左极限和右极限，然后利用函数极限与左、右极限的关系，判定函数的极限是否存在．

例 4 考察当 $x \to 1$ 时，函数 $y = \dfrac{x^2 - 1}{x - 1}$ 的变化趋势，并求 $x \to 1$ 时的极限．

解 从函数 $y = \dfrac{x^2 - 1}{x - 1}$ 的图形（图 1 - 24）可知，

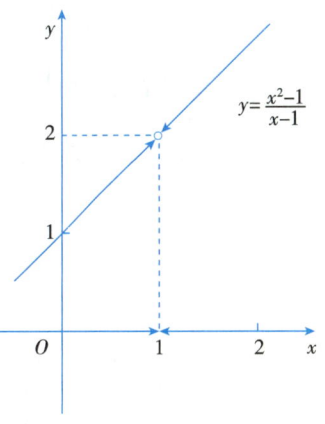

图 1 - 24

当 x 从 1 的左、右两旁无限趋于 1 时，函数 $y = \dfrac{x^2 - 1}{x - 1}$ 的值无限趋于常数 2，所以

$$\lim_{x \to 1} \frac{x^2 - 1}{x - 1} = \lim_{x \to 1} (x + 1) = 2.$$

例 5 讨论下列函数当 $x \to 0$ 时的极限．

(1) $f(x) = \mathrm{sgn}\, x = \begin{cases} 1, & x > 0, \\ 0, & x = 0, \\ -1, & x < 0; \end{cases}$

(2) $f(x) = \begin{cases} x + 1, & x \geq 0, \\ 1 - x, & x < 0. \end{cases}$

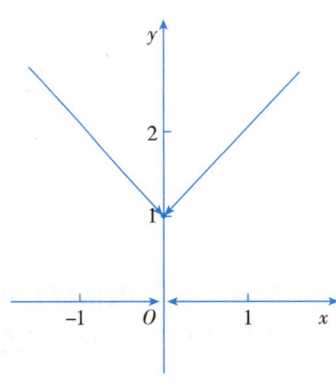

图 1 - 25

解 (1) 由图 1 - 3 可以看出，

$$\lim_{x \to 0^+} \mathrm{sgn}\, x = \lim_{x \to 0^+} 1 = 1, \lim_{x \to 0^-} \mathrm{sgn}\, x = \lim_{x \to 0^-} (-1) = -1,$$

所以 $\lim\limits_{x\to 0}\operatorname{sgn} x$ 不存在.

(2) 由图 1-25 可以看出,
$$\lim_{x\to 0^+} f(x) = \lim_{x\to 0^+}(x+1) = 1,$$
$$\lim_{x\to 0^-} f(x) = \lim_{x\to 0^-}(1-x) = 1,$$

所以
$$\lim_{x\to 0} f(x) = 1.$$

习题 1.3

1. 已知数列 $\{(-1)^n n\}$,试写出其前五项.

2. 试写出下列数列的通项:

(1) $1, \dfrac{1}{3}, \dfrac{1}{9}, \dfrac{1}{27}, \dfrac{1}{81}, \cdots$;　　　　(2) $1, -\dfrac{1}{2}, \dfrac{1}{3}, -\dfrac{1}{4}, \dfrac{1}{5}, -\dfrac{1}{6}, \cdots$.

3. 观察下面数列的变化趋势,并写出它们的极限:

(1) $y = 1 - \dfrac{1}{10^n}$;　　　　(2) $y = \dfrac{n-1}{n+1}$;

(3) $y = (-1)^n \dfrac{1}{n}$;　　　　(4) $y = \dfrac{n}{n+1}$.

4. 考察下列函数当 $x \to \infty$ 时的变化趋势,若有极限,指出其极限.

(1) $y = \dfrac{1}{x-2}$;　　　　(2) $y = \operatorname{arccot} x$;

(3) $y = e^x$;　　　　(4) $y = \sin x$.

5. 设函数 $f(x) = \begin{cases} x-1, & x < 0, \\ x^2, & x = 0, \\ 1, & x > 0. \end{cases}$

(1) 函数 $f(x)$ 在 $x = 0$ 处的左、右极限是否存在?

(2) 函数 $f(x)$ 在 $x = 0$ 处的极限是否存在?

(3) 函数 $f(x)$ 在 $x = 1$ 处的极限是否存在?

6. 考察函数 $f(x) = \begin{cases} x-2, & x < 0, \\ 0, & x = 0, \\ x+2, & x > 0. \end{cases}$ 在 $x = 0$ 处的极限.

1.4　无穷小与无穷大

在函数极限中,函数有两种特殊的变化趋势:一种是函数的绝对值"无限变小";另一种是函数的绝对值"无限变大".由于它们在理论上和应用上的重要性,下面分别研究它们.

1.4.1 无穷小

1. 无穷小的概念

当 $x \to 0$ 时,函数 $f(x) = x^2 \to 0$;当 $x \to \infty$ 时,函数 $f(x) = \dfrac{1}{x} \to 0$,这两个函数有一个共同的特点:在自变量的某种变化趋势下以 0 为极限.

若函数 $f(x)$ 在自变量 x 的某一变化过程中以 0 为极限,则称函数 $f(x)$ 为这一变化过程中的**无穷小量**,简称**无穷小**.

例如,$\lim\limits_{x \to 1}(x-1)^2 = 0$,则函数 $f(x) = (x-1)^2$ 是当 $x \to 1$ 时的无穷小.

理解无穷小时应注意以下几点:

(1)无穷小是用极限来定义的,因此,说某个函数是无穷小时,必须指明自变量的变化趋势. 例如,函数 $y = x^2$ 是当 $x \to 0$ 时的无穷小,但当 $x \to 1$ 时,$y = x^2 \to 1$,不是无穷小.

(2)无穷小是极限为 0 的函数,不是一个很小的数. 常数中只有"0"可以看成无穷小.

例 1 指出下列函数在自变量怎样的变化趋势下是无穷小量.

(1) $f(x) = 2^x$;   (2) $f(x) = \ln x$.

解 (1)由 $f(x) = 2^x$ 的图像可知,$\lim\limits_{x \to -\infty} 2^x = 0$. 所以,当 $x \to -\infty$ 时,$f(x) = 2^x$ 是无穷小量.

(2)由 $f(x) = \ln x$ 的图像可知,$\lim\limits_{x \to 1} \ln x = 0$. 所以,当 $x \to 1$ 时,$f(x) = \ln x$ 是无穷小量.

2. 无穷小的性质

无穷小的性质

性质 1 有限个无穷小的代数和为无穷小.

性质 2 有限个无穷小的乘积为无穷小.

性质 3 有界函数与无穷小的乘积为无穷小.

例 2 求 $\lim\limits_{x \to 0}(x^3 + \sin x)$.

解 因为 $x \to 0$ 时,x^3 和 $\sin x$ 都是无穷小,由性质 1 可知,$x^3 + \sin x$ 是 $x \to 0$ 的无穷小,所以
$$\lim_{x \to 0}(x^3 + \sin x) = 0.$$

例 3 求 $\lim\limits_{x \to \infty} \dfrac{\sin x}{x}$.

解 因为 $\lim\limits_{x \to \infty} \dfrac{1}{x} = 0$,而 $|\sin x| \leq 1$,即 $\sin x$ 为有界函数,由无穷小的性质 3 得
$$\lim_{x \to \infty} \frac{\sin x}{x} = 0.$$

1.4.2 无穷大

1. 无穷大的概念

我们知道,当 x 从左右两侧无限趋于 0 时,函数 $f(x) = \dfrac{1}{x}$ 的绝对值无限增大;当 $x \to -\infty$ 时,函数 $f(x) = \left(\dfrac{1}{2}\right)^x$ 的绝对值也无限增大.

如果在自变量 x 的某一变化过程中,函数 $f(x)$ 的绝对值无限增大,则函数 $f(x)$ 称为这一变化过程中的**无穷大量**,简称**无穷大**.

例如，$\lim\limits_{x\to\infty}x^2 = +\infty$，所以 $f(x) = x^2$ 是当 $x \to \infty$ 时的无穷大.

理解无穷大时，应注意以下几点：

(1) 无穷大是绝对值无限增大的函数，不是一个很大的数.

(2) 无穷大与自变量的变化趋势相关. 因此，说某个函数是无穷大时，必须指明自变量的变化趋势.

(3) 我们只是借用了极限的符号来表示无穷大，并不表示无穷大的极限存在. 由极限的定义可知，无穷大是极限不存在的情形.

例 4 指出下列函数在自变量怎样的变化趋势下是无穷大量？

(1) $f(x) = 2^x$；　　　　　　　　　　　　(2) $f(x) = \ln x$.

解 (1) 由 $f(x) = 2^x$ 的图像可知，$\lim\limits_{x\to +\infty} 2^x = +\infty$. 所以，当 $x \to +\infty$ 时，$f(x) = 2^x$ 是无穷大量.

(2) 由 $f(x) = \ln x$ 的图像可知，$\lim\limits_{x\to 0^+}\ln x = -\infty$，$\lim\limits_{x\to +\infty}\ln x = +\infty$. 所以，当 $x \to 0^+$ 及 $x \to +\infty$ 时，$f(x) = \ln x$ 都是无穷大量.

2. 无穷小与无穷大的关系

由无穷小与无穷大的定义可知，二者之间有以下关系：

在自变量的同一变化过程中，

(1) 若 $f(x)$ 为无穷大，则 $\dfrac{1}{f(x)}$ 为无穷小；

(2) 若 $f(x)$ 为无穷小，且 $f(x) \neq 0$，则 $\dfrac{1}{f(x)}$ 为无穷大.

例如，当 $x \to 0$ 时，x^2 是无穷小，而 $\dfrac{1}{x^2}$ 是无穷大；当 $x \to +\infty$ 时，e^x 是无穷大，$\mathrm{e}^{-x} = \dfrac{1}{\mathrm{e}^x}$ 是无穷小.

习题 1.4

1. 选择题：

(1) 当 $x \to \infty$ 时，下列函数中是无穷小量的是（　　　）.

A. $\dfrac{1}{x}$　　　　　　　B. $\cos x$　　　　　　　C. $2x^2$　　　　　　　D. e^2

(2) 当 $x \to 0$ 时，下列函数中是无穷大量的是（　　　）.

A. $\dfrac{1}{x}$　　　　　　　B. $\sin x$　　　　　　　C. x^2　　　　　　　D. e^x

(3) $\lim\limits_{x\to 0} x\sin\dfrac{1}{x} = ($　　　$)$.

A. -1　　　　　　　B. 0　　　　　　　C. 1　　　　　　　D. 不存在

2. 下列函数在自变量怎样变化时是无穷小？在自变量怎样变化时是无穷大？

(1) $f(x) = x^2 - 1$；　　　　　　　　　　(2) $f(x) = \dfrac{x}{x+2}$.

3. 求下列极限：

(1) $\lim\limits_{x\to\infty}\dfrac{\sin x}{x}$；　　　　　　　　　　　(2) $\lim\limits_{x\to\infty}\dfrac{\arctan x}{x}$.

1.5 极限的运算法则

我们已经学习了函数极限的概念,本节将介绍极限的四则运算法则,以便求解较复杂函数的极限,后面我们还将介绍其他求极限的方法.

定理 设 $\lim f(x) = A, \lim g(x) = B$,则

(1) $\lim[f(x) \pm g(x)] = \lim f(x) \pm \lim g(x) = A \pm B$;

(2) $\lim[f(x) \cdot g(x)] = \lim f(x) \cdot \lim g(x) = AB$;

(3) $\lim \dfrac{f(x)}{g(x)} = \dfrac{\lim f(x)}{\lim g(x)} = \dfrac{A}{B} (B \neq 0)$.

说明:1. 上述运算法则中,采用通用记号 $\lim f(x)$,表示该项法则对所有情形都适用,且在同一法则中自变量的变化趋势相同.

2. 法则(1)、法则(2)可以推广到有限个具有极限的函数的情形.

3. 对于数列极限也是有类似的四则运算法则.

推论 设 $\lim f(x)$ 存在,C 为常数,n 为正整数,则

(1) $\lim[Cf(x)] = C\lim f(x)$;   (2) $\lim[f(x)]^n = [\lim f(x)]^n$.

例 1 求 $\lim\limits_{x \to 2}(x^2 - 3x + 5)$.

解 $\lim\limits_{x \to 2}(x^2 - 3x + 5) = \lim\limits_{x \to 2} x^2 - \lim\limits_{x \to 2} 3x + \lim\limits_{x \to 2} 5 = (\lim\limits_{x \to 2} x)^2 - 3\lim\limits_{x \to 2} x + 5 = 2^2 - 3 \times 2 + 5 = 3.$

一般地,对多项式

$$P_n(x) = a_0 x^n + a_1 x^{n-1} + \cdots + a_{n-1} x + a_n \text{(其中, } a_0, a_1, \cdots, a_n \text{是常数, } n \text{ 为正整数),有}$$

$$\lim_{x \to x_0} P_n(x) = a_0 x_0^n + a_1 x_0^{n-1} + \cdots + a_{n-1} x_0 + a_n = P_n(x_0).$$

例 2 求 $\lim\limits_{x \to -1} \dfrac{2x^3 + 3}{x^2 - 5x + 1}$.

解 因分子与分母的极限都存在,且分母的极限

$$\lim_{x \to -1}(x^2 - 5x + 1) = 7 \neq 0,$$

由商的极限运算法则,得

$$\lim_{x \to -1} \frac{2x^3 + 3}{x^2 - 5x + 1} = \frac{\lim\limits_{x \to -1}(2x^3 + 3)}{\lim\limits_{x \to -1}(x^2 - 5x + 1)} = \frac{1}{7}.$$

例 3 求 $\lim\limits_{x \to 1} \dfrac{x + 1}{x^2 + 2x - 3}$.

解 易看出,分母的极限为 0,不能用商的极限运算法则,但分子的极限为 $2 \neq 0$,可将分式取倒数后用商的极限运算法则,即

$$\lim_{x \to 1} \frac{x^2 + 2x - 3}{x + 1} = \frac{0}{2} = 0.$$

由无穷小与无穷大的关系可知

$$\lim_{x \to 1} \frac{x + 1}{x^2 + 2x - 3} = \infty.$$

一般地,设 $f(x)$ 是有理分式

$$f(x) = \frac{P_n(x)}{Q_m(x)} = \frac{a_0 x^n + a_1 x^{n-1} + \cdots + a_{n-1} x + a_n}{b_0 x^m + b_1 x^{m-1} + \cdots + b_{m-1} x + b_m},$$

（1）若 $Q_m(x_0) \neq 0$，则有

$$\lim_{x \to x_0} f(x) = \frac{\lim\limits_{x \to x_0} P_n(x)}{\lim\limits_{x \to x_0} Q_m(x)} = \frac{P_n(x_0)}{Q_m(x_0)} = f(x_0);$$

（2）若 $Q_m(x_0) = 0$，而 $P_n(x_0) \neq 0$，则有

$$\lim_{x \to x_0} f(x) = \infty.$$

定理给极限求解带来极大方便，但运用定理时要注意定理的条件，要求每个参与运算的函数极限都存在，尤其是在除法运算中，分母的极限不为零．

例 4　求 $\lim\limits_{x \to 1} \dfrac{x^2 - 1}{x^2 + 2x - 3}$．

分析　当 $x \to 1$ 时，分子、分母的极限均为 0，我们称它为 $\dfrac{0}{0}$ 型未定式．$\dfrac{0}{0}$ 型未定式不能用商的极限运算法则．观察分式的分子和分母，都有一个极限为 0 的公因式 $(x-1)$．因此，可通过约去这个公因子 $(x-1)$ 后再求极限．

解　$\lim\limits_{x \to 1} \dfrac{x^2 - 1}{x^2 + 2x - 3} = \lim\limits_{x \to 1} \dfrac{(x-1)(x+1)}{(x-1)(x+3)} = \lim\limits_{x \to 1} \dfrac{x+1}{x+3} = \dfrac{2}{4} = \dfrac{1}{2}$．

求 $\dfrac{0}{0}$ 型未定式极限常用的方法是，先将函数的分子、分母因式分解，然后约去公共的"零因式"，最后代入求函数值．

例 5　求 $\lim\limits_{x \to \infty} \dfrac{2x^2 - 5}{5x^2 + x - 7}$．

解　因为 $x \to \infty$ 时，分子与分母的极限都为无穷大，故不能用商的极限运算法则．可先将分子与分母同时除以 x^2，再求解．

$$\lim_{x \to \infty} \frac{2x^2 - 5}{5x^2 + x - 7} = \lim_{x \to \infty} \frac{2 - \dfrac{5}{x^2}}{5 + \dfrac{1}{x} - \dfrac{7}{x^2}} = \frac{\lim\limits_{x \to \infty} \left(2 - \dfrac{5}{x^2}\right)}{\lim\limits_{x \to \infty} \left(5 + \dfrac{1}{x} - \dfrac{7}{x^2}\right)} = \frac{2}{5}.$$

例 6　求 $\lim\limits_{x \to \infty} \dfrac{2x^2 + 7x + 5}{3x^5 - x^2 - 1}$．

解　先将分子与分母同时除以 x^5，再求极限，得

$$\lim_{x \to \infty} \frac{2x^2 + 7x + 5}{3x^5 - x^2 - 1} = \lim_{x \to \infty} \frac{\dfrac{2}{x^3} + \dfrac{7}{x^4} + \dfrac{5}{x^5}}{3 - \dfrac{1}{x^3} - \dfrac{1}{x^5}} = \frac{0}{3} = 0.$$

例 7　求 $\lim\limits_{x \to \infty} \dfrac{5x^3 - 2x^2 + 1}{3x^2 - 7x + 5}$．

解　用 x^3 除分子与分母，并利用例 4 的思路，有

$$\lim_{x \to \infty} \frac{5x^3 - 2x^2 + 1}{3x^2 - 7x + 5} = \lim_{x \to \infty} \frac{5 - \dfrac{2}{x} + \dfrac{1}{x^3}}{\dfrac{3}{x} - \dfrac{7}{x^2} \dfrac{5}{x^3}} = \infty.$$

根据例5、例6、例7,可得以下一般结论:

若 $f(x) = \dfrac{P_n(x)}{Q_m(x)} = \dfrac{a_0 x^n + a_1 x^{n-1} + \cdots + a_{n-1} x + a_n}{b_0 x^m + b_1 x^{m-1} + \cdots + b_{m-1} x + b_m}$, 则

$$\lim_{x \to \infty} f(x) = \lim_{x \to \infty} \dfrac{P_n(x)}{Q_m(x)} = \begin{cases} \dfrac{a_0}{b_0}, & n = m, \\ 0, & n < m, \\ \infty, & n > m. \end{cases}$$

求分式的极限时,若分子、分母的极限都是无穷大,通常称这种极限为 $\dfrac{\infty}{\infty}$ **型未定式**. 例5、例6、例7 都是 $\dfrac{\infty}{\infty}$ 型未定式.

例 8 求 $\lim\limits_{x \to 1} \left(\dfrac{x}{x-1} - \dfrac{2}{x^2-1} \right)$.

分析 当 $x \to 1$ 时,$\dfrac{x}{x-1} \to \infty$,$\dfrac{2}{x^2-1} \to \infty$. 而 $\infty - \infty$ 不能运算,此种极限称为 $\infty - \infty$ **型未定式**. 对此可先通分化简,再求极限.

解 $\lim\limits_{x \to 1} \left(\dfrac{x}{x-1} - \dfrac{2}{x^2-1} \right) = \lim\limits_{x \to 1} \dfrac{x(x+1) - 2}{x^2 - 1} = \lim\limits_{x \to 1} \dfrac{x^2 + x - 2}{x^2 - 1}$

$= \lim\limits_{x \to 1} \dfrac{(x-1)(x+2)}{(x-1)(x+1)} = \lim\limits_{x \to 1} \dfrac{x+2}{x+1} = \dfrac{3}{2}.$

例 9 求 $\lim\limits_{x \to 0} \dfrac{1 - \sqrt{1+x}}{x}$.

分析 当 $x \to 0$ 时,分子与分母的极限都为 0,且分母为无理式. 对此可先有理化,再求极限.

解 $\lim\limits_{x \to 0} \dfrac{1 - \sqrt{1+x}}{x} = \lim\limits_{x \to 0} \dfrac{(1 - \sqrt{1+x})(1 + \sqrt{1+x})}{x(1 + \sqrt{1+x})} = \lim\limits_{x \to 0} \dfrac{1 - 1 - x}{x(1 + \sqrt{1+x})}$

$= \lim\limits_{x \to 0} \dfrac{-1}{1 + \sqrt{1+x}} = -\dfrac{1}{2}.$

习题 1.5

1. 求下列极限:

(1) $\lim\limits_{x \to 0} (x^2 - 2x + 3)$;

(2) $\lim\limits_{x \to 1} (3x^2 - 2x + 1)$;

(3) $\lim\limits_{x \to 1} \dfrac{x^2 - 2}{x + 3}$;

(4) $\lim\limits_{x \to 2} \dfrac{x^2 - 4}{x - 2}$;

(5) $\lim\limits_{x \to 2} \dfrac{x^2 - 3x + 2}{x - 2}$;

(6) $\lim\limits_{x \to 2} \dfrac{x^2 - 4}{x^2 + x - 6}$;

(7) $\lim\limits_{x \to \infty} \dfrac{3x^2 - x + 5}{5x^2 + 2x - 3}$;

(8) $\lim\limits_{x \to +\infty} \dfrac{x^2 - 2}{2x^3 + 3}$;

(9) $\lim\limits_{x \to +\infty} \dfrac{x^2 - 1}{x + 3}$;

(10) $\lim\limits_{x \to \infty} \dfrac{x - \sin x}{x + \sin x}$;

(11) $\lim\limits_{x \to 2} \left(\dfrac{1}{2-x} - \dfrac{4}{4-x^2} \right)$;

(12) $\lim\limits_{x \to 1} \left(\dfrac{1}{x-1} - \dfrac{3-x^2}{x^2-1} \right)$;

(13) $\lim\limits_{x \to 0} \dfrac{x}{1 - \sqrt{1-x}}$;

(14) $\lim\limits_{x \to 3} \dfrac{\sqrt{x+1} - 2}{x - 3}$.

2. 已知 $\lim\limits_{x \to 3} \dfrac{x^2 - 2x + k}{x - 3} = 4$，求 k 值.

1.6 两个重要极限

1.6.1 第一重要极限 $\lim\limits_{x \to 0} \dfrac{\sin x}{x} = 1$

当 x 的绝对值逐渐变小时，我们来考察 $\dfrac{\sin x}{x}$ 的变化趋势. 当 $x \to 0$ 时，直接计算 $\dfrac{\sin x}{x}$ 的函数值得表 1-3.

表 1-3

x	± 1.000	± 0.100	± 0.010	± 0.001	...
$\dfrac{\sin x}{x}$	0.84147098	0.99833417	0.99998334	0.99999984	...

函数 $f(x) = \dfrac{\sin x}{x}$ 的图像如图 1-26 所示.

可见，当 $x \to 0$ 时，$\dfrac{\sin x}{x}$ 的值无限接近于 1. 根据极限的定义，有

$$\lim_{x \to 0} \dfrac{\sin x}{x} = 1.$$

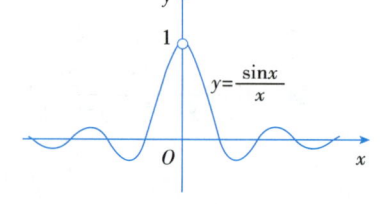

图 1-26

例 1 求 $\lim\limits_{x \to 0} \dfrac{\tan x}{x}$.

解 这是 $\dfrac{0}{0}$ 型未定式. 考虑 $\tan x = \dfrac{\sin x}{\cos x}$，可以利用第一重要极限与极限的乘法运算法则，有

$$\lim_{x \to 0} \dfrac{\tan x}{x} = \lim_{x \to 0} \dfrac{\sin x}{\cos x} \cdot \dfrac{1}{x} = \lim_{x \to 0} \dfrac{\sin x}{x} \cdot \dfrac{1}{\cos x} = 1.$$

例 2 求 $\lim\limits_{x \to 0} \dfrac{\sin 3x}{x}$.

解 由于

$$\dfrac{\sin 3x}{x} = \dfrac{3\sin 3x}{3x},$$

令 $3x = t$，当 $x \to 0$ 时，$t \to 0$. 由第一重要极限得

$$\lim_{x \to 0} \dfrac{\sin 3x}{x} = \lim_{x \to 0} \dfrac{3\sin 3x}{3x} = 3\lim_{t \to 0} \dfrac{\sin t}{t} = 3.$$

从上例可以看出，若将极限 $\lim\limits_{x \to 0} \dfrac{\sin x}{x} = 1$ 中的自变量 x 换成 x 的函数 $\varphi(x)$，则有

$$\lim_{\varphi(x) \to 0} \dfrac{\sin \varphi(x)}{\varphi(x)} = 1.$$

例 3 求 $\lim\limits_{x \to 0} \dfrac{1 - \cos x}{x^2}$.

解 $\lim\limits_{x\to 0}\dfrac{1-\cos x}{x^2} = \lim\limits_{x\to 0}\dfrac{2\sin^2\frac{x}{2}}{x^2} = \dfrac{1}{2}\lim\limits_{x\to 0}\dfrac{\sin^2\frac{x}{2}}{\left(\frac{x}{2}\right)^2} = \dfrac{1}{2}\lim\limits_{x\to 0}\left(\dfrac{\sin\frac{x}{2}}{\frac{x}{2}}\right)^2 = \dfrac{1}{2}.$

例 4 求 $\lim\limits_{x\to 0}\dfrac{\sin x^3}{(\sin x)^3}.$

解 $\lim\limits_{x\to 0}\dfrac{\sin x^3}{(\sin x)^3} = \lim\limits_{x\to 0}\dfrac{\frac{\sin x^3}{x^3}}{\frac{(\sin x)^3}{x^3}} = \dfrac{\lim\limits_{x\to 0}\frac{\sin x^3}{x^3}}{\lim\limits_{x\to 0}\left(\frac{\sin x}{x}\right)^3} = 1.$

例 5 求 $\lim\limits_{x\to 0}\dfrac{1}{x^2}\sin^2\dfrac{x}{3}.$

解 $\lim\limits_{x\to 0}\dfrac{1}{x^2}\sin^2\dfrac{x}{3} = \lim\limits_{x\to 0}\left(\dfrac{\sin\frac{x}{3}}{x}\right)^2 = \lim\limits_{x\to 0}\left(\dfrac{\sin\frac{x}{3}}{\frac{x}{3}}\right)^2 \cdot \dfrac{1}{9} = \left(\lim\limits_{x\to 0}\dfrac{\sin\frac{x}{3}}{\frac{x}{3}}\right)^2 \cdot \dfrac{1}{9} = \dfrac{1}{9}.$

1.6.2 第二重要极限 $\lim\limits_{x\to\infty}\left(1+\dfrac{1}{x}\right)^x = e$

第二重要极限

当 $|x|$ 逐渐增大时,列表观察函数 $\left(1+\dfrac{1}{x}\right)^x$ 的值的变化趋势(表 1-4).

表 1-4

x	10	100	1000	10000	100000	...	$\to +\infty$
$\left(1+\dfrac{1}{x}\right)^x$	2.5937	2.7048	2.7169	2.71815	2.71827	...	$\to e$

x	-10	-100	-1000	-10000	-100000	...	$\to -\infty$
$\left(1+\dfrac{1}{x}\right)^x$	2.8680	2.7320	2.7196	2.71842	2.71830	...	$\to e$

可以看出,当 $x\to\infty$ 时,$\left(1+\dfrac{1}{x}\right)^x$ 的值无限接近于无理数 e,由极限的定义得

$$\lim\limits_{x\to\infty}\left(1+\dfrac{1}{x}\right)^x = e.$$

令 $t = \dfrac{1}{x}$,则 $x\to\infty$ 时,$t\to 0$,于是有 $\lim\limits_{x\to\infty}\left(1+\dfrac{1}{x}\right)^x = \lim\limits_{t\to 0}(1+t)^{\frac{1}{t}}$,所以公式又可以写为

$$\lim\limits_{t\to 0}(1+t)^{\frac{1}{t}} = e.$$

例 6 求 $\lim\limits_{x\to\infty}\left(1+\dfrac{2}{x}\right)^x.$

解 由第二重要极限得

$$\lim\limits_{x\to\infty}\left(1+\dfrac{2}{x}\right)^x = \lim\limits_{x\to\infty}\left(1+\dfrac{2}{x}\right)^{\frac{x}{2}\cdot 2} = \lim\limits_{x\to\infty}\left[\left(1+\dfrac{2}{x}\right)^{\frac{x}{2}}\right]^2 = e^2.$$

例 7 求 $\lim\limits_{x\to\infty}\left(1-\dfrac{1}{x}\right)^x.$

解 注意到 $\left(1-\dfrac{1}{x}\right)^x$ 与 $\left(1+\dfrac{1}{x}\right)^x$ 差一个符号,不能直接应用第二重要极限.

$$\lim_{x\to\infty}\left(1-\frac{1}{x}\right)^x = \lim_{x\to\infty}\left[1+\frac{1}{(1-x)}\right]^x = e^{-1}.$$

从上例可以看出,若将第二重要极限中的自变量 x 换成 x 的函数 $\varphi(x)$,则有

$$\lim_{\varphi(x)\to\infty}\left[1+\frac{1}{\varphi(x)}\right]^{\varphi(x)} = e,$$

或

$$\lim_{\varphi(x)\to 0}\left[1+\varphi(x)\right]^{\frac{1}{\varphi(x)}} = e.$$

例 8 求 $\lim\limits_{x\to 0}(1+3x)^{\frac{2}{x}}$.

解 $\lim\limits_{x\to 0}(1+3x)^{\frac{2}{x}} = \lim\limits_{x\to 0}\left[(1+3x)^{\frac{1}{3x}}\right]^6 = \left[\lim\limits_{x\to 0}(1+3x)^{\frac{1}{3x}}\right]^6 = e^6.$

例 9 求 $\lim\limits_{x\to\infty}\left(\dfrac{x+2}{x-3}\right)^x$.

解 $\lim\limits_{x\to\infty}\left(\dfrac{x+2}{x-3}\right)^x = \lim\limits_{x\to\infty}\left(\dfrac{1+\frac{2}{x}}{1-\frac{3}{x}}\right)^x = \dfrac{\lim\limits_{x\to\infty}\left(1+\frac{2}{x}\right)^x}{\lim\limits_{x\to\infty}\left(1-\frac{3}{x}\right)^x} = \dfrac{e^2}{e^{-3}} = e^5.$

习题 1.6

1. 求下列极限:

(1) $\lim\limits_{x\to 0}\dfrac{\sin 3x}{4x}$;

(2) $\lim\limits_{x\to 0}x\cot 3x$;

(3) $\lim\limits_{x\to 0}\dfrac{\sin 3x}{\sin 5x}$;

(4) $\lim\limits_{x\to 1}\dfrac{\sin(x-1)}{x^2-1}$;

(5) $\lim\limits_{x\to 0}(1+2x)^{\frac{1}{x}}$;

(6) $\lim\limits_{x\to\infty}\left(1+\dfrac{3}{x}\right)^x$;

(7) $\lim\limits_{x\to 0}(1-x)^{\frac{1}{x}}$;

(8) $\lim\limits_{x\to\infty}\left(1-\dfrac{2}{x}\right)^x$;

(9) $\lim\limits_{x\to\frac{\pi}{2}}(1+2\cos x)^{\sec x}$;

(10) $\lim\limits_{x\to\infty}\left(\dfrac{x+1}{x}\right)^{3x}$.

2. 已知 $\lim\limits_{x\to 0}\dfrac{\sin 3x}{kx} = 2$,求 k 的值.

1.7 无穷小的比较

在 1.4 节中,我们已经介绍了无穷小,知道两个无穷小的和、差、积都是无穷小,那么,两个无穷小的商是否仍是无穷小呢?可以发现,当 $x\to 0$ 时,$x, x^2, \sin x, 2x$ 都是无穷小,但是

$$\lim_{x\to 0}\dfrac{x^2}{x} = 0, \lim_{x\to 0}\dfrac{x}{x^2} = \infty, \lim_{x\to 0}\dfrac{2x}{x} = 2, \lim_{x\to 0}\dfrac{\sin x}{x} = 1.$$

这些例子说明,同为无穷小,但是趋于 0 的速度有快有慢,为了比较无穷小趋近于 0 时速度的快慢,我们引入无穷小阶的概念.

设 α 与 β 是自变量同一变化过程中的两个无穷小.

(1) 若 $\lim \dfrac{\beta}{\alpha} = 0$,则称 β 是 α 的**高阶无穷小**,记作 $\beta = O(\alpha)$;

(2) 若 $\lim \dfrac{\beta}{\alpha} = \infty$,则称 β 是 α 的**低阶无穷小**;

(3) 若 $\lim \dfrac{\beta}{\alpha} = C$($C$ 为非零常数),则称 β 与 α 是**同阶无穷小**,特别地,若 $C = 1$,则称 β 与 α 是**等价无穷小**,记作 $\alpha \sim \beta$.

下面我们给出一些常用的等价无穷小:

当 $x \to 0$ 时,$\sin x \sim x$,$\tan x \sim x$,$1 - \cos x \sim \dfrac{1}{2}x^2$,$\ln(1+x) \sim x$,$e^x - 1 \sim x$.

例 1 证明当 $x \to 0$ 时,$\sqrt{1+x} - 1 \sim \dfrac{x}{2}$.

证明 因为
$$\lim_{x \to 0} \dfrac{\sqrt{1+x} - 1}{\dfrac{x}{2}} = \lim_{x \to 0} \dfrac{2(\sqrt{1+x} - 1)}{x}$$

$$= \lim_{x \to 0} \dfrac{2(\sqrt{1+x} - 1)(\sqrt{1+x} + 1)}{x(\sqrt{1+x} + 1)}$$

$$= \lim_{x \to 0} \dfrac{2(1+x-1)}{x(\sqrt{1+x} + 1)}$$

$$= \lim_{x \to 0} \dfrac{2}{\sqrt{1+x} + 1}$$

$$= 1.$$

所以,由等价无穷小的概念可知

$$\sqrt{1+x} - 1 \sim \dfrac{x}{2}.$$

关于等价无穷小,有下面的结论:

定理 设 $\alpha \sim \alpha'$,$\beta \sim \beta'$,且 $\lim \dfrac{\beta'}{\alpha'}$ 存在,则 $\lim \dfrac{\beta}{\alpha} = \lim \dfrac{\beta'}{\alpha'}$.

事实上,$\lim \dfrac{\beta}{\alpha} = \lim \left(\dfrac{\beta}{\beta'} \cdot \dfrac{\beta'}{\alpha'} \cdot \dfrac{\alpha'}{\alpha} \right) = \lim \dfrac{\beta'}{\alpha'}$.

该定理表明,求两个无穷小之比的极限时,可借助等价无穷小的代换简化运算.

例 2 求 $\lim\limits_{x \to 0} \dfrac{\sin 2x}{\tan 4x}$.

解 因为 $x \to 0$ 时,$\sin 2x \sim 2x$,$\tan 4x \sim 4x$,所以

$$\lim_{x \to 0} \dfrac{\sin 2x}{\tan 4x} = \lim_{x \to 0} \dfrac{2x}{4x} = \dfrac{1}{2}.$$

例 3 求 $\lim\limits_{x \to 0} \dfrac{x \ln(1+x)}{1 - \cos x}$.

解 因为 $x \to 0$ 时,$\ln(1+x) \sim x$,$1 - \cos x \sim \dfrac{1}{2}x^2$,所以

$$\lim_{x\to 0}\frac{x\cdot\ln(1+x)}{1-\cos x}=\lim_{x\to 0}\frac{x\cdot x}{\frac{1}{2}x^2}=2.$$

习题 1.7

1. 当 $x\to 0$ 时,下列函数哪些是 x 的高阶无穷小？哪些是 x 的低阶的无穷小？哪些是 x 的同阶的无穷小？

(1) $\sqrt[3]{x^2}$；　　　(2) $\tan 3x$；　　　(3) $\dfrac{x}{1-x}$；　　　(4) $\sin x^2$.

2. 当 $x\to 0$ 时，$\sin^4 x$ 与 $3x^2$ 相比,哪个函数为高阶无穷小？

3. 证明：当 $x\to 0$ 时，$1-\sqrt{1-2x^2}\sim x^2$.

4. 求下列极限：

(1) $\lim\limits_{x\to 0}\dfrac{\tan 3x}{\sin 2x}$；　　　　　　(2) $\lim\limits_{x\to 0}\dfrac{\sin 5x}{\ln(1+x)}$.

1.8 函数的连续性

客观世界的许多现象和事物是运动变化的,其运动变化的过程往往是连续不断的,如植物生长、物种变化等. 这些连续不断发展变化的事物在量的方面的反映就是函数的连续性. 本节首先介绍连续函数的概念，其次讨论连续函数的运算性质及初等函数的连续性,最后从直观上介绍闭区间上连续函数的几个重要性质.

1.8.1 连续函数的概念

1. 函数的增量

设变量 u 从它的初值 u_0 变到终值 u_1，终值与初值之差 u_1-u_0 称为变量 u 的**增量**，或称为 u 的**改变量**，记为 Δu，即 $\Delta u=u_1-u_0$.

说明：Δu 可正可负，也可以等于 0.

设函数 $y=f(x)$ 在点 x_0 的某邻域内有定义，当自变量 x 在 x_0 处取得增量 Δx（x 从 x_0 变到 $x_0+\Delta x$），相应地，函数 $y=f(x)$ 从 $f(x_0)$ 变到 $f(x_0+\Delta x)$，则 $\Delta y=f(x_0+\Delta x)-f(x_0)$ 称为**函数的增量**（图 1-27）.

例 1 设函数 $f(x)=x^2$，当自变量 x 由 1 变到 1.01 时，求自变量的增量 Δx 和函数的增量 Δy.

解 自变量的增量为 $\Delta x=1.01-1=0.01$，

函数的增量 $\Delta y=f(1.01)-f(1)=1.01^2-1^2=0.0201$.

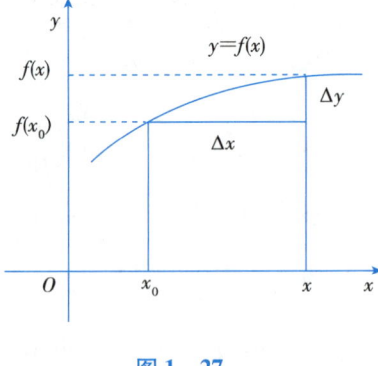

图 1-27

2. 函数的连续性

我们知道气温是时间 t 的函数 $T(t)$，而且 T 随着 t 的变化而连续变化. 事实上，当时间 t 的变化很小时，气温的变化也是很微小的，即当 $\Delta t\to 0$ 时，$\Delta T\to 0$.

一般地，设函数 $f(x)$ 在点 x_0 的某领域内有定义，如果当自变量 x 在点 x_0 处的增量 Δx 趋近于零时，函数 $f(x)$ 相应的增量 $\Delta y=f(x_0+\Delta x)-f(x_0)$ 也趋近于零，即

$$\lim_{\Delta x \to 0} \Delta y = 0 \text{ 或 } \lim_{\Delta x \to 0}[f(x_0 + \Delta x) - f(x_0)] = 0,$$

则称函数 $f(x)$ 在点 x_0 处**连续**,称点 x_0 为函数 $f(x)$ 的**连续点**. 否则称函数 $f(x)$ 在点 x_0 处间断,点 x_0 为函数 $f(x)$ 的**间断点**.

定义表明,函数在一点连续的本质特征是,自变量变化很小时,对应的函数值的变化也很小. 例如,函数 $y = x^2$ 在 $x_0 = 1$ 处是连续的,因为

$$\lim_{\Delta x \to 0} \Delta y = \lim_{\Delta x \to 0}[f(1 + \Delta x) - f(1)] = \lim_{\Delta x \to 0}[(1 + \Delta x)^2 - 1^2] = \lim_{\Delta x \to 0}[2\Delta x + (\Delta x)^2] = 0.$$

例 2 用连续的定义证明 $y = 3x^2 - 1$ 在点 $x_0 = 2$ 处连续.

证明 当自变量 x 在点 $x_0 = 2$ 处有增量 Δx 时,对应的函数增量为

$$\Delta y = f(x_0 + \Delta x) - f(x_0) = [3 \cdot (2 + \Delta x)^2 - 1] - (3 \times 2^2 - 1) = 12\Delta x + 3(\Delta x)^2.$$

故

$$\lim_{\Delta x \to 0} \Delta y = \lim_{\Delta x \to 0}[12\Delta x + 3(\Delta x)^2] = 0.$$

由连续的定义可知,函数 $y = 3x^2 - 1$ 在点 $x_0 = 2$ 处连续.

在上述定义中,若令 $x = x_0 + \Delta x$,即 $\Delta x = x - x_0$,则当 $\Delta x \to 0$ 时,也就是当 $x \to x_0$ 时,有

$$\lim_{\Delta x \to 0} \Delta y = \lim_{\Delta x \to 0}[f(x_0 + \Delta x) - f(x_0)] = \lim_{x \to x_0}[f(x) - f(x_0)] = 0,$$

即

$$\lim_{x \to x_0} f(x) = f(x_0).$$

由此,我们得到函数在一点连续的另一种叙述:

设函数 $f(x)$ 在点 x_0 的某邻域内有定义,如果函数 $f(x)$ 当 $x \to x_0$ 时的极限存在,且等于它在点 x_0 处的函数值 $f(x_0)$,即 $\lim\limits_{x \to x_0} f(x) = f(x_0)$,则称函数 $f(x)$ 在点 x_0 处连续.

可以看出,函数 $f(x)$ 在点 x_0 处连续须同时满足以下三个条件:

(1) $f(x)$ 在点 x_0 处有定义;

(2) $\lim\limits_{x \to x_0} f(x)$ 存在;

(3) $\lim\limits_{x \to x_0} f(x)$ 等于该点的函数值 $f(x_0)$.

这三个条件只要有一个不满足,函数 $y = f(x)$ 在点 x_0 处就不连续. 通常我们可以利用这三个条件判断函数在一点是否连续.

例 3 考察函数 $f(x) = \begin{cases} \dfrac{\sin x}{x}, & x \neq 0, \\ 1, & x = 0, \end{cases}$ 在 $x = 0$ 处的连续性.

解 由于 $f(0) = 1$,而 $\lim\limits_{x \to 0} f(x) = \lim\limits_{x \to 0} \dfrac{\sin x}{x} = 1$,故有 $\lim\limits_{x \to 0} f(x) = f(0)$,所以函数 $f(x)$ 在点 $x = 0$ 处连续.

例 4 考察函数 $f(x) = \begin{cases} x^2, & x \neq 0, \\ 1, & x = 0, \end{cases}$ 在 $x = 0$ 处的连续性(图 1 - 28).

解 因为 $\lim\limits_{x \to 0} f(x) = \lim\limits_{x \to 0} x^2 = 0 \neq f(0) = 1$,故 $f(x)$ 在 $x = 0$ 处不连续.

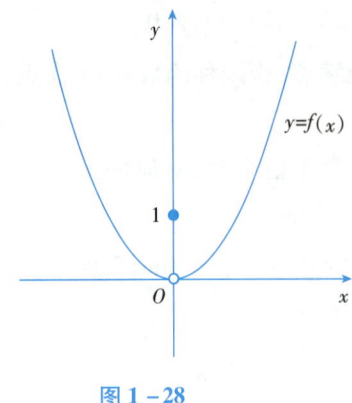

图 1-28

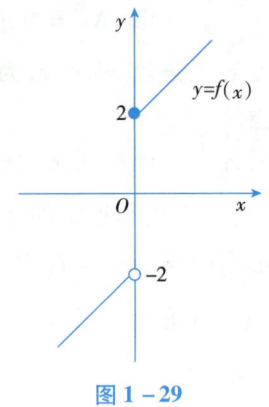

图 1-29

例 5 考察函数 $f(x) = \begin{cases} x+2, & x \geq 0, \\ x-2, & x < 0, \end{cases}$ 在 $x=0$ 处的连续性（图 1-29）.

解 函数 $f(x)$ 在点 $x=0$ 处有定义，且 $f(0)=2$. 但

$$\lim_{x \to 0^+} f(x) = \lim_{x \to 0^+}(x+2) = 2, \lim_{x \to 0^-} f(x) = \lim_{x \to 0^-}(x-2) = -2,$$

所以 $f(x)$ 在点 $x=0$ 处的极限不存在，故 $f(x)$ 在点 $x=0$ 处不连续.

例 6 考察函数 $f(x) = \begin{cases} \dfrac{1}{x}, & x \neq 0, \\ 0, & x = 0, \end{cases}$ 在点 $x=0$ 处的连续性.

解 因为 $\lim\limits_{x \to 0} f(x) = \lim\limits_{x \to 0} \dfrac{1}{x} = \infty$，即 $\lim\limits_{x \to 0} f(x)$ 不存在，所以函数 $f(x)$ 在点 $x=0$ 处不连续，即函数 $f(x)$ 在点 $x=0$ 处间断.

从上述例题可以看到，虽然函数 $f(x)$ 在点 $x=0$ 处间断，但间断的原因不同. 为此，我们按照函数在间断点的极限特点将间断点分为两类：

（1）设 x_0 为函数 $f(x)$ 的一个间断点，若 $f(x)$ 在点 x_0 处的左右极限均存在，则称 x_0 为函数 $y = f(x)$ 的**第一类间断点**. 其中，左右极限相等的，称 x_0 为**可去间断点**，如例 4 中的 $x=0$；左右极限不相等的，称 x_0 为**跳跃间断点**，如例 5 中的 $x=0$.

（2）设 x_0 为函数 $f(x)$ 的一个间断点，若 $f(x)$ 在点 x_0 处的左右极限至少有一个不存在，则称 x_0 为函数 $f(x)$ 的**第二类间断点**. 如例 6 中的 $x=0$ 为第二类间断点，但因为 $x \to 0$ 时 $f(x) \to \infty$，这种间断点称为**无穷间断点**；又如，$x=0$ 是函数 $y = \sin\dfrac{1}{x}$ 的间断点，当 $x \to 0$ 时，$y = \sin\dfrac{1}{x}$ 在 -1 与 $+1$ 之间无限次振荡，称 $x=0$ 为**振荡间断点**，也是第二类间断点.

3. 函数在区间上连续

函数在一点连续的定义，拓展到一个区间上，就得到函数在区间上连续的概念.

若函数 $f(x)$ 在开区间 (a,b) 内的每一点都连续，则称函数 $f(x)$ 在**开区间 (a,b) 内连续**；若函数 $f(x)$ 在开区间 (a,b) 内连续，在左端点 a 处有 $\lim\limits_{x \to a^+} f(x) = f(a)$，右端点 b 处有 $\lim\limits_{x \to b^-} f(x) = f(b)$，则称函数 $f(x)$ 在**闭区间 $[a,b]$ 上连续**.

在几何上，连续函数的图像是一条连续不断的曲线.

例 7 讨论函数 $y = |x|$ 在 $(-\infty, +\infty)$ 内的连续性.

解 当 $x>0$ 时,$y=x$. 任取 $x_0 \in (0,+\infty)$,有 $\Delta y = (x_0+\Delta x) - x_0 = \Delta x$,

因此,当 $\Delta x \to 0$ 时,有 $\lim\limits_{\Delta x \to 0} \Delta y = \lim\limits_{\Delta x \to 0} \Delta x = 0$,所以 $y=|x|$ 在点 x_0 连续. 由 x_0 的任意性,得 $y=|x|$ 在 $(0,+\infty)$ 内连续;

同理可得,$y=|x|$ 在 $(-\infty,0)$ 内连续.

又因为
$$\lim_{x \to 0^-}|x| = \lim_{x \to 0^-}(-x) = 0 = f(0), \lim_{x \to 0^+}|x| = \lim_{x \to 0^+}x = 0 = f(0),$$
从而函数 $y=|x|$ 在 $x=0$ 处连续.

综上所述,$y=|x|$ 在 $(-\infty,+\infty)$ 内连续.

1.8.2 初等函数的连续性

由基本初等函数的图像可知,基本初等函数在其定义域内都是连续的. 对于初等函数,我们有下面的结论:

初等函数在其定义区间内是连续的.

根据这个结论,求初等函数的连续区间就是求其定义区间. 如果 $f(x)$ 是初等函数,x_0 是其定义域内的一点,那么求 $\lim\limits_{x \to x_0} f(x)$ 时,只需将 x_0 代入函数 $f(x)$ 的表达式中,求出函数值 $f(x_0)$ 即可.

例8 求 $\lim\limits_{x \to 0} 2e^x(\sin x + 1)$.

解 因为 $2e^x(\sin x + 1)$ 是初等函数,其定义域为 $(-\infty,+\infty)$,又 $x=0$ 在其定义域内,所以
$$\lim_{x \to 0} 2e^x(\sin x + 1) = 2e^0(\sin 0 + 1) = 2.$$

例9 求函数 $f(x) = \dfrac{1}{\sqrt{x^2-3x+2}}$ 的连续区间.

解 因为 $f(x) = \dfrac{1}{\sqrt{x^2-3x+2}}$ 是初等函数,求其连续区间只需求函数的定义区间即可.

由 $x^2 - 3x + 2 > 0$,得函数 $f(x)$ 连续区间为 $(-\infty,1) \cup (2,+\infty)$.

1.8.3 闭区间上连续函数的性质

闭区间上的连续函数,有一些很重要的性质.

1. 最值定理

先介绍最大值与最小值的概念.

设函数 $f(x)$ 在区间 I 上有定义,若有 $x_0 \in I$,使得对于 $\forall x \in I$,都有 $f(x) \leq f(x_0)$(或 $f(x) \geq f(x_0)$),则称 $f(x_0)$ 是函数 $f(x)$ 在区间 I 上的**最大值**(或**最小值**). 最大值与最小值统称为**最值**.

定理 若函数 $f(x)$ 在闭区间 $[a,b]$ 上连续,则函数 $f(x)$ 在 $[a,b]$ 上必有最大值和最小值.

如图 1-30 所示,函数 $f(x)$ 在 $[a,b]$ 上连续,在点 x_1 处取到最小值 m,在点 x_2 处取到最大值 M.

注意:定理中的"闭区间"与"连续"两个条件不同时具备时,结论不能保证成立. 如函数 $f(x) = x$ 在 $(0,1)$ 内连续,但 $f(x) = x$ 在 $(0,1)$ 内既无最大值又无最小值.

又如,函数 $f(x) = \begin{cases} -x+1, & 0 \leq x < 1, \\ 1, & x=1, \\ -x+3, & 1 < x \leq 2, \end{cases}$ 在闭区间 $[0,2]$ 上有定义,但 $x=1$ 是间断点,它在闭区

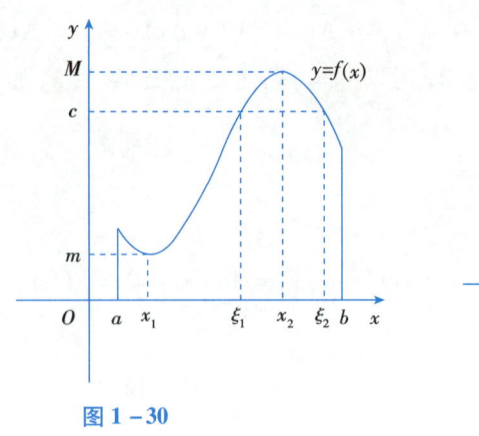
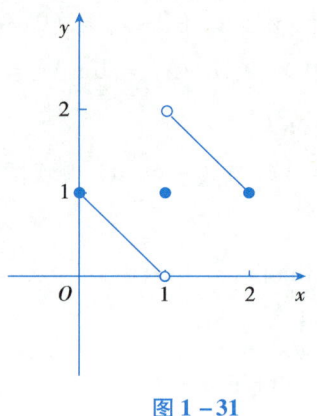

图 1 – 30　　　　　　　　　图 1 – 31

间 $[0,2]$ 上既无最大值又无最小值(图 1 – 31).

2. 介值定理

设函数 $y = f(x)$ 在闭区间 $[a,b]$ 上连续，m 与 M 分别是 $f(x)$ 在闭区间 $[a,b]$ 上的最小值和最大值，则对介于 m 与 M 之间的任一值 c，至少存在一点 $\xi \in [a,b]$，使 $f(\xi) = c$.

如图 1 – 30 所示，连续曲线 $f(x)$ 与直线 $y = c$ 交于两点，即有 $\xi_1, \xi_2 \in (a,b)$，使 $f(\xi_1) = f(\xi_2) = c$.

3. 零点定理

设函数 $y = f(x)$ 在闭区间 $[a,b]$ 上连续，且 $f(a) \cdot f(b) < 0$，则在开区间 (a,b) 内，至少存在一点 ξ，使 $f(\xi) = 0$.

如图 1 – 32 所示，连续曲线 $f(x)$ 与 x 轴交于点 ξ，即 $f(\xi) = 0$.

例 10　证明方程 $x^3 - 4x + 1 = 0$ 在区间 $(0,1)$ 内至少有一个根.

证明　因为函数 $f(x) = x^3 - 4x + 1$ 是初等函数，所以，在闭区间 $[0,1]$ 上连续. 且 $f(0) = 1 > 0, f(1) = -2 < 0$,

由零点定理知，至少存在一点 $\xi \in (0,1)$，使 $f(\xi) = 0$,

即 ξ 是方程 $f(x) = 0$ 的一个根，因此方程 $x^3 - 4x + 1 = 0$ 在区间 $(0,1)$ 内至少有一个根.

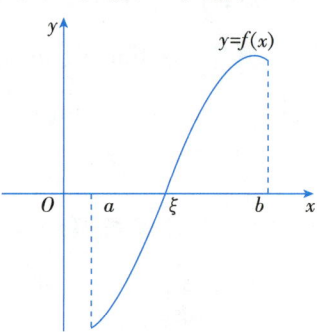

图 1 – 32

习题 1.8

1. 若函数 $f(x) = \begin{cases} -2x + 1, & x \leq 1, \\ x - a, & x > 1, \end{cases}$ 在 $x = 1$ 处连续，求 a 值.

2. 若函数 $f(x) = \begin{cases} \dfrac{x^2 - 16}{x - 4}, & x \neq 4, \\ a, & x = 4, \end{cases}$ 在 $(-\infty, +\infty)$ 连续，求 a 值.

3. 求下列函数的间断点，并判断其类型.

(1) $f(x) = x\cos\dfrac{1}{x}$;

(2) $f(x) = \dfrac{\sin x}{x}$;

(3) $f(x) = \begin{cases} \sin\dfrac{1}{x}, & x > 0, \\ x - 1, & x \leq 0; \end{cases}$

(4) $f(x) = \dfrac{\dfrac{1}{x} - \dfrac{1}{x+1}}{\dfrac{1}{x-1} - \dfrac{1}{x}}$.

4. 求下列极限：

(1) $\lim\limits_{x \to 0} \dfrac{1}{\sqrt{x^2 + 16} - 3}$；

(2) $\lim\limits_{x \to 0} \dfrac{\ln(1 + 2x^2)}{\mathrm{e}^x \cos x}$.

5. 证明方程 $x^5 - 2x^2 + x + 1 = 0$ 在 $(-1, 1)$ 内至少有一个实根.

6. 证明方程 $x = a\sin x + b\ (a > 0, b > 0)$ 至少有一个不超过 $a + b$ 的正根.

*1.9　常用的经济函数

在经济生活中，很多经济问题需要转化为数学问题，用数学方法解决，即建立经济问题中各种变量之间的函数关系. 本节介绍几种常用的经济函数.

1.9.1　需求函数与供给函数

1. 需求函数

某种商品的市场需求量 Q 与该商品的价格 P 密切相关，通常降低商品价格会使需求量增加；提高商品价格会使需求量减少. 如果不考虑其他因素的影响，需求量 Q 可以看作价格 P 的函数，称为**需求函数**，记作

$$Q = f(P).$$

一般来说，需求函数为价格 P 的单调减少函数，即商品的需求量随价格的上涨而减少，随价格的下降而增加. 需求函数的图像称为需求曲线（图 1 - 33）.

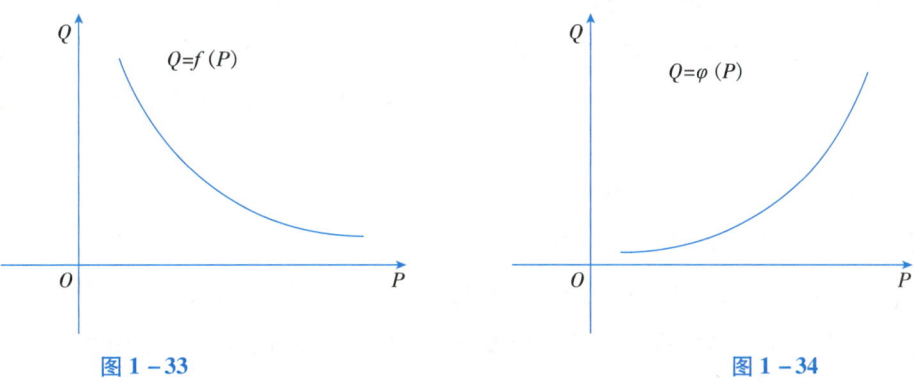

图 1 - 33　　　　　　　　　　　图 1 - 34

需求函数 $Q = f(P)$ 的反函数 $P = f^{-1}(Q)$，也称需求函数，有时称**价格函数**.

2. 供给函数

某种商品的市场供给量 Q 受商品价格 P 的制约，价格上涨将刺激生产者向市场提供更多的商品，使供给量增加；反之，价格下跌将使供给量减少. 供给量 Q 也可看作价格 P 的函数，称为**供给函数**，记作

$$Q = \varphi(P).$$

一般来说，供给函数为价格 P 的单调增加函数，即商品的供给量随价格的上涨而增加，随价格的下降而减少. 供给函数的图像称为供给曲线（图 1 - 34）.

3. 市场均衡

对同一种商品而言，如果市场需求量 Q_d 等于供给量 Q_s，这种商品就达到了**市场均衡**，即

$$Q_d = Q_s.$$

满足市场均衡条件的价格 $\overline{P}$ 称为**均衡价格**,数量 $\overline{Q}$ 称为**均衡数量**.在同一坐标系中(图 1-35),需求曲线和供给曲线的交点 $(\overline{P},\overline{Q})$ 称为**供需均衡点**.

例 1 市场上对某种商品的需求函数为 $Q_d = 2000 - 20P$,该商品的供给函数为 $Q_s = -1000 + 40P$.试确定该商品的均衡价格 $\overline{P}$ 和均衡数量 $\overline{Q}$.

解 由市场均衡条件 $Q_d = Q_s$,得
$$2000 - 20P = -1000 + 40P,$$
解得,均衡价格 $\overline{P} = 50$,均衡数量 $\overline{Q} = 1000$.

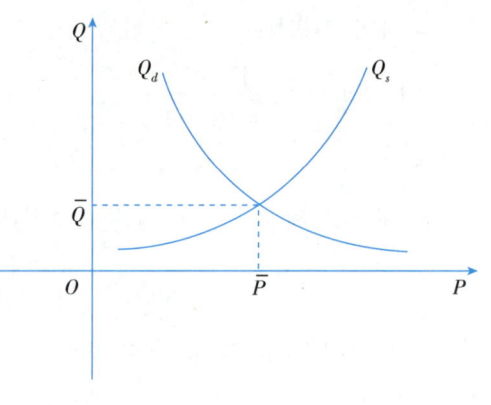

图 1-35

即该商品的均衡价格为 50 元,均衡数量为 1000 件.当价格低于 50 元时,需求大于供给;当价格高于 50 元时,供给大于需求.

1.9.2 成本函数、收益函数与利润函数

1. 成本函数

生产特定产量的产品所需要的成本总额为**总成本**,由固定成本和变动成本组成.

没有生产产品时的支出,在一定限度内不随产量变动而变动的费用为**固定成本**.如厂房费用、机器折旧费用,一般管理费用、管理人员的工资等.

随产量变动而变动的费用为**变动成本**,如原材料、燃料和动力费用,生产工人的工资等.

若用 Q 表示产量,C 表示总成本,则 C 与 Q 之间的函数关系称为**总成本函数**,记作
$$C(Q) = C_0 + C_1(Q),$$
其中,C_0 是固定成本,$C_1(Q)$ 是变动成本.

总成本函数是单调增函数,这是因为当产量增加时,成本总额必然随之增加.在尚没生产商品时,也需要支出,这与产量无关的支出是固定成本.因此可将 $C(0)$ 理解为固定成本,即 $C(0) = C_0$.

平均每生产一个单位产品的成本为**平均成本**,记作 $\overline{C}(Q)$.若已知总成本函数 $C(Q)$,则**平均成本函数**为
$$\overline{C}(Q) = \frac{C(Q)}{Q}.$$

2. 收益函数

生产者出售商品所得到的收入为**收益**.将一定量产品出售后所得到的全部收入为**总收益**,记作 R.总收益取决于商品的价格 P 和销量 Q.

若以销量 Q 为自变量,总收益 R 为因变量,则 R 与 Q 之间的函数关系称为**总收益函数**,记作
$$R = R(Q) = P \cdot Q = f^{-1}(Q) \cdot Q.$$

出售一定量的商品时,每单位商品所得的平均收入为**平均收益**,每单位商品的售价为**平均收益函数**,记作 $\overline{R}(Q)$,即
$$\overline{R}(Q) = \frac{R(Q)}{Q} = P.$$

3. 利润函数

销售收入扣除生产成本后的盈余为**利润**,用 L 表示. 在产量与销量一致的情况下,总收益函数 $R(Q)$ 与总成本函数 $C(Q)$ 之差为**总利润函数**,记作

$$L(Q) = R(Q) - C(Q).$$

单位商品所获得的利润称为**平均利润**,平均利润函数用 $\bar{L}(Q)$ 表示,即

$$\bar{L}(Q) = \frac{L(Q)}{Q}.$$

例 2 已知生产某种商品 Q 件时的总成本为 $C(Q) = 10 + 2Q + 0.4Q^2$(单位:万元),如果每出售一件该商品的收益为 10 万元,求:

(1) 该商品的利润函数;

(2) 生产 10 件该商品时的总利润;

(3) 生产 15 件该商品时的总利润.

解 (1) 由题意可知,该商品的收益函数是

$$R(Q) = 10Q,$$

则利润函数为

$$L(Q) = R(Q) - C(Q) = 10Q - (10 + 2Q + 0.4Q^2) = 8Q - 10 - 0.4Q^2.$$

(2) 生产 10 件该商品时的总利润为

$$L(10) = 8 \times 10 - 10 - 0.4 \times 10^2 = 30(万元).$$

(3) 生产 15 件该商品时的总利润为

$$L(15) = 8 \times 15 - 10 - 0.4 \times 15^2 = 20(万元)$$

从这个例子可以看到,生产 15 件该商品的总利润比生产 10 件该商品的总利润少,即利润不一定随着产量的增加而增加. 在生产中,如何决定生产规模以获得最大利润,我们将在后面章节继续学习.

习题 1.9

1. 已知某商品的需求函数和供给函数分别为 $Q_d = 14 - 3P, Q_s = 2 + 6P$,试求该商品的均衡价格和均衡数量.

2. 生产某种型号的汽车,固定成本为 $C_0(C_0 > 0)$ 元,每生产一台这样的汽车,总成本增加 $P_0(P_0 > 0)$ 元,试写出生产这种汽车的总成本函数和平均成本函数.

3. 某公司出售电热水壶,并规定:对于不超过 150 个的订购合同,每个电热水壶售价定为 200 元;对超出 150 个的订购合同,超过 150 个的部分每个电热水壶的售价按八折销售. 试写出该公司销售电热水壶获得的总收益与售出电热水壶个数的函数关系.

复习与提问

一、知识框图

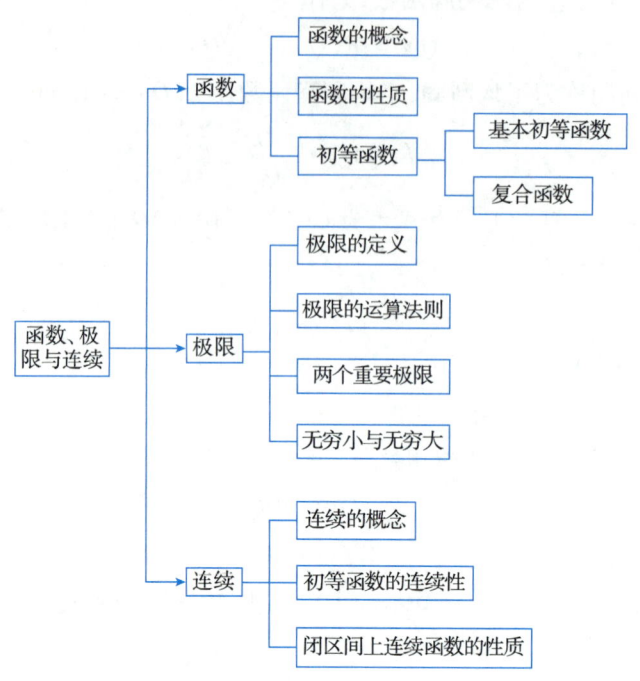

二、内容总结

1. 函数

（1）函数的两要素是_____、_____.

（2）基本初等函数包括_____、_____、_____、_____、_____、_____.

（3）由基本初等函数经过有限次四则运算或有限次复合构成,且可用一个解析式表示的函数,称为_____.

2. 函数的极限

（1）若当 n 无限增大时,数列 $\{x_n\}$ 无限接近于一个确定的常数 A,则称常数 A 为_____、或称数列 $\{x_n\}$ 收敛于 A,记作_____.

（2）设函数 $f(x)$ 在 $|x| > a$ 时有定义（$a > 0$），如果当自变量 x 的绝对值无限增大时,函数 $f(x)$ 无限接近于一个确定的常数 A,则称常数 A 为_____,记作_____.

（3）$\lim\limits_{x \to \infty} f(x) = A$ 的充要条件是_____.

（4）设函数 $f(x)$ 在 x_0 的附近有定义,如果当 x 无限趋近于 x_0 时, $f(x)$ 无限接近于一个确定的常数 A,则称常数 A 为函数 $f(x)$ 当 $x \to x_0$ 时的极限,记作_____.

（5）$\lim\limits_{x \to x_0} f(x) = A$ 的充要条件是_____.

（6）若函数 $f(x)$ 在自变量 x 的某一变化过程中以 0 为极限,则称函数 $f(x)$ 为这一变化过程中的_____.

（7）有界函数与无穷小的乘积为_____.

（8）$\lim\limits_{x \to 0} \dfrac{\sin x}{x} = $_____, $\lim\limits_{x \to \infty} \left(1 + \dfrac{1}{x}\right)^x = $_____.

3. 函数的连续性

（1）函数 $f(x)$ 在点 x_0 处连续，用极限表示为_____．

（2）函数 $f(x)$ 在点 x_0 处连续需同时满足三个条件，分别为_____，_____，_____．

（3）初等函数在其定义区间内是_____．

（4）闭区间上连续函数的性质：

（性质1 最值定理）若函数 $f(x)$ 在闭区间 $[a,b]$ 上连续，则函数 $f(x)$ 在 $[a,b]$ 上必有_____和_____．

（性质2 介值定理）设函数 $f(x)$ 在闭区间 $[a,b]$ 上连续，m 与 M 分别是 $f(x)$ 在闭区间 $[a,b]$ 上的最小值和最大值，则对介于 m 与 M 之间的任一值 c，至少存在一点 $\xi \in [a,b]$，使_____．

（性质2 零点定理）设函数 $f(x)$ 在闭区间 $[a,b]$ 上连续，且 $f(a) \cdot f(b) < 0$，则在开区间 (a,b) 内，至少存在一点 ξ，使_____．

复习题1

一、选择题

1. 函数 $f(x) = x^3$ 是（　　）．

A. 有界函数　　　　B. 单调函数　　　　C. 周期函数　　　　D. 偶函数

2. 函数 $f(x) = \ln x$ 的定义域是（　　）．

A. $(0, +\infty)$　　　　　　　　　　　B. $[0, +\infty)$

C. $(-\infty, +\infty)$　　　　　　　　D. $(-\infty, 0) \cup (0, +\infty)$

3. 设函数 $f(x) = x^2 - 1$，则 $f(1) = $（　　）．

A. 无定义　　　　B. 1　　　　C. -1　　　　D. 0

4. 下列函数 $f(x)$ 与 $g(x)$ 相等的是（　　）．

A. $f(x) = x^2, g(x) = \sqrt{x^4}$　　　　　　B. $f(x) = x, g(x) = (\sqrt{x})^2$

C. $f(x) = \dfrac{\sqrt{x-1}}{\sqrt{x+1}}, g(x) = \sqrt{\dfrac{x-1}{x+1}}$　　　　D. $f(x) = \dfrac{x^2-1}{x-1}, g(x) = x+1$

5. 下列函数中为奇函数的是（　　）．

A. $y = \dfrac{\sin x}{x^2}$　　B. $y = xe^{-\frac{2}{x}}$　　C. $y = \dfrac{2^x - 2^{-x}}{2}\sin x$　　D. $y = x^2\cos x + x\sin x$

6. 函数 $y = f(x)$ 与其反函数 $y = f^{-1}(x)$ 的图像关于直线（　　）对称．

A. $y = 0$　　　　B. $x = 0$　　　　C. $y = x$　　　　D. $y = -x$

7. 函数 $f(x)$ 在点 x_0 有定义是它在该点处有极限的（　　）．

A. 必要但非充分条件　　B. 充分但非必要条件　　C. 充分条件　　D. 无关条件

8. 当 $x \to \infty$ 时，下列函数中是无穷小量的是（　　）．

A. $\dfrac{1}{x}$　　　　B. $\ln x$　　　　C. x^2　　　　D. e^x

9. 当 $x \to 0$ 时，$\sin x$ 是 x 的（　　）无穷小．

A. 等价   B. 同阶但不等价   C. 较高阶   D. 较低阶

10. 设函数 $f(x) = \begin{cases} \sin x, & x < 0, \\ 1, & x = 0, \\ x^2, & x > 0, \end{cases}$ 则函数 $f(x)$ 在 $x = 0$ 处（　　）.

A. 无极限，但连续   B. 无极限，且不连续

C. 有极限，但不连续   D. 有极限，且连续

二、填空题

1. 函数 $f(x) = \sqrt{x}$ 的定义域为＿＿＿＿＿＿.

2. 函数 $y = 10^{x-1} - 2$ 的反函数是＿＿＿＿＿＿.

3. 函数 $y = e^{\sin x}$ 是由＿＿＿＿＿，＿＿＿＿＿ 复合而成的.

4. 设 $f(x) = \begin{cases} x - 1, & x < 0, \\ 1, & x = 0, \\ x^2, & x > 0, \end{cases}$ 则 $\lim\limits_{x \to 0^-} f(x) = \underline{\qquad}$，$\lim\limits_{x \to 0^+} f(x) = \underline{\qquad}$.

5. $\lim\limits_{x \to \infty} \left(1 - \dfrac{1}{x}\right)^{2x} = \underline{\qquad}$.

三、解答题

1. 求下列极限：

(1) $\lim\limits_{x \to 1} \dfrac{x^2 + 2x - 3}{x - 1}$；

(2) $\lim\limits_{x \to \infty} \dfrac{\sin x}{x}$；

(3) $\lim\limits_{x \to \infty} \dfrac{(4x - 7)^{81}(5x - 8)^{19}}{(2x - 3)^{100}}$；

(4) $\lim\limits_{x \to 0} \left(\dfrac{1 + x}{1 - x}\right)^{\frac{1}{x}}$；

(5) $\lim\limits_{x \to 0} \dfrac{1 - \cos 2x}{x \sin x}$.

2. 已知 $\lim\limits_{x \to 2} \dfrac{x^2 + ax + b}{x^2 - x - 2} = 2$，求 a、b 的值.

3. 若函数 $f(x) = \begin{cases} x^2 + a, & x \geq 1, \\ \cos \pi x, & x < 1 \end{cases}$ 在 **R** 上连续，求 a 的值.

4. 证明方程 $x - 2\sin x = 3$ 至少有一个正实根.

阅读与欣赏

中国极限思想的萌芽与发展

极限思想是数学中的一个重要概念，它涉及对无限趋近过程的描述和理解. 在我国古代的数学和哲学著作中，已经蕴含了丰富的极限思想萌芽，这些思想随着历史的发展而逐渐成熟和完善.

极限思想的萌芽最早可追溯到公元前 7 世纪，老子和庄子哲学思想和著作中包含了无限可分性和极限思想的理论. 庄子在其著作《庄子·天下篇》中提出："一尺之棰，日取其半，万世不竭."这句话蕴含着无限可分的思想，也是最早的极限思想的萌芽，是对无穷小分割的一种直观描述，体现了古人对无限可分性的初步认识. 老子在《道德经》第四十二章提出："道生一，一生二，二生三，三生万物."这句话蕴含着无限的思想，体现了一种动态的趋近过程. 公元前 4 世纪墨子在其著作《墨经》中提出了

关于有穷、无穷,无穷大、无限可分和极限的早期概念.

魏晋南北朝时期,极限思想的进一步发展.刘徽在《九章算术注》中利用"割圆术"计算圆面积,用"圆内接正多边形的面积"来无限逼近"圆面积"."割之弥细,失之弥少,割之又割,以至于不可割,则与圆合体而无所失矣"这就表明,把圆周分割得越细,误差就越小,其内接正多边形的周长就越是接近圆周.刘徽的割圆术与阿基米德的割圆术思想是一致的,古希腊的阿基米德算到了正96边形,但是刘徽并没有就此止步,他一直算到3072边形,其极限理论和无穷小方法在当时世界是最先进的.

刘徽之后,祖冲之和他的儿子祖暅对刘徽的数学思想和方法进行了推广和发展.祖暅原理包含了求积的无限小方法,这种方法是积分学的重要思想,也是"微元法"的思想.

进入唐宋时期,我国的数学研究进一步深入,极限思想也得到了更为广泛的应用.例如,唐代数学家王孝通在其著作《缉古算经》中就运用了极限方法来求解一些复杂的几何问题.同时,这一时期的数学家们开始尝试将极限思想与代数方程相结合,为后来的数学发展奠定了基础.

到了元明清时期,我国的极限思想已经趋于成熟.明代数学家徐光启在《几何原本》的译注中对极限概念进行了较为系统的阐述.在这一时期,数学家们不仅继续沿用传统的极限方法来解决实际问题,还对其进行理论上的总结和升华.

数学实验

Matlab 应用之求函数的极限

一、相关命令

Matlab 符号运算工具箱提供了求极限的命令函数 limit,具体如下:

limit(f,x,a)用来求当 $x \to a$ 时,表达式 f 的极限;

limit(f,x,a,'left')用来求当 $x \to a^-$ 时,表达式 f 的极限;

limit(f,x,a,'right')用来求当 $x \to a^+$ 时,表达式 f 的极限;

limit(f,x,inf)用来求当 $x \to \infty$ 时,表达式 f 的极限;

limit(f,x,+inf)用来求当 $x \to +\infty$ 时,表达式 f 的极限;

limit(f,x,-inf)用来求当 $x \to -\infty$ 时,表达式 f 的极限.

二、操作实例

1. 利用 Matlab 计算当 $x \to a$ 时函数的极限

例 1 求极限 $\lim\limits_{x\to 0}\dfrac{1-e^x}{2x}$.

解 在命令行窗口中输入

>> syms x　　　　　　　　　　　% 定义符号变量 x

>> limit((1-exp(x)/2*x,x,0)

按 Enter 键,得到以下计算结果:

ans =

-1/2

即 $\lim\limits_{x\to 0}\dfrac{1-e^x}{2x} = -\dfrac{1}{2}$.

例 2 求极限 $\lim\limits_{x\to 0} e^{\frac{1}{x}}$.

解 在命令行窗口中输入

```
>> syms x                                    %定义符号变量 x
>> limit(exp(x^(-1)),x,0,'left')             %计算左极限
```

按 Enter 键,得到以下计算结果:

ans =

0

```
>> limit(exp(x^(-1)),x,0,'right')            %计算右极限
```

按 Enter 键,得到以下计算结果:

ans =

Inf

所以 $\lim\limits_{x\to 0} e^{\frac{1}{x}}$ 极限不存在.

本题可以直接输入

```
>> limit(exp(x^(-1)),x,0)                    %直接计算极限
```

按 Enter 键,得到以下计算结果:

ans =

NaN   %返回 NaN

即 $\lim\limits_{x\to 0} e^{\frac{1}{x}}$ 极限不存在.

注意:当极限不存在时,返回 NaN.

2. 利用 Matlab 计算当 $x \to \infty$ 时函数的极限

例 3 求极限 $\lim\limits_{n\to\infty} \dfrac{3n^3+2}{5n^3-1}$.

解 在命令行窗口中输入

```
>> syms n                                    %定义符号变量 n
>> limit((3*n^3+2)/(5*n^3-1),n,inf)          %计算极限
```

按 Enter 键,得到以下计算结果:

ans =

3/5

即 $\lim\limits_{n\to\infty} \dfrac{3n^3+2}{5n^3-1} = \dfrac{3}{5}$.

例 4 求极限 $\lim\limits_{x\to\infty} \arctan x$.

解 在命令行窗口中输入

```
>> syms x
>> limit(atan(x),x,+inf)                     %计算 x→+∞ 时的极限
```

按 Enter 键,得到以下计算结果:

ans = pi/2

```
>> limit(atan(x),x,-inf)          % 计算 $x \to -\infty$ 时的极限
```
按 Enter 键,得到以下计算结果:

ans = -pi/2

即 $\lim\limits_{x \to +\infty} \arctan x = \dfrac{\pi}{2}, \lim\limits_{x \to -\infty} \arctan x = -\dfrac{\pi}{2}$,

因 $\lim\limits_{x \to +\infty} \arctan x \neq \lim\limits_{x \to -\infty} \arctan x$,所以 $\lim\limits_{x \to \infty} \arctan x$ 不存在.

第二章 导数与微分

在自然科学、工程技术和经济管理的研究中,会遇到许多非均匀变化的问题,如非恒定电流的瞬时电流、边际分析等,这些问题的解决需要微分学的知识.微分学包括导数与微分以及它们的应用等,是高等数学最重要的组成部分,也是现代数学许多分支的基础.

导数以函数的极限和连续性作为理论基础,解决函数的变化率问题.本章首先从实例出发引入导数的概念,然后介绍导数的基本公式和运算法则,解决函数的导数与微分问题.

学习目标

1. 理解导数和微分的概念,理解导数、微分的几何意义;
2. 掌握导数的四则运算法则和复合函数的求导法则,熟练掌握基本初等函数的导数公式;
3. 会用四则运算法则和链式法则求函数的导数;
4. 会求隐函数和参数式所确定的函数的导数;
5. 培养探索精神,增强自信心.

2.1 导数的概念

2.1.1 导数的概念

1. 导数概念的引入

导数的概念起源于几何学中的切线问题和物理学中的瞬时速度问题,下面我们通过极限的概念加以描述.

(1)切线斜率

在平面几何中,我们将圆的切线定义为"与圆只有一个交点的直线",但是如果把圆的切线定义推广到一般的曲线上是不适用的.如图 2-1 所示,直线 P_0P 与曲线 $y=f(x)$ 交于两个点,但是曲线 $y=f(x)$ 的切线.

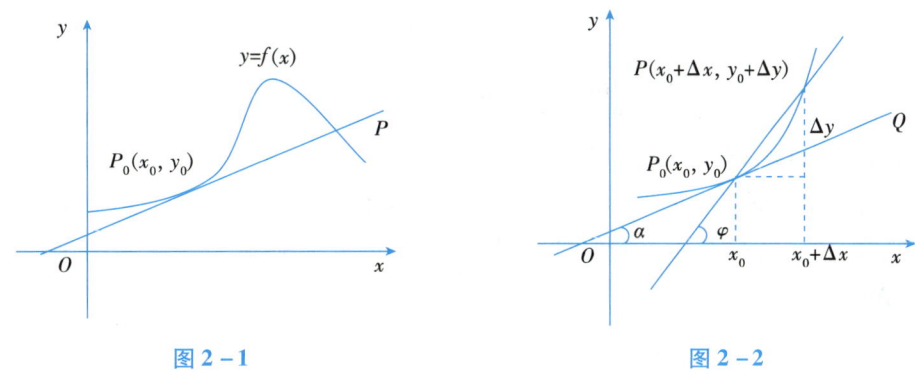

图 2-1　　　　　　　　　　图 2-2

为此,首先给出曲线在其上一点切线的定义. 设点 $P_0(x_0,y_0)$ 为曲线 $y=f(x)$ 上任一点,在曲线上另取一点 $P(x_0+\Delta x, y_0+\Delta y)$,连接 P_0P,当点 P 沿曲线趋于 P_0 时,直线 P_0P 趋于极限位置 P_0Q,称直线 P_0Q 为曲线 $y=f(x)$ 在点 P_0 处的**切线**(图 2-2). 由切线的定义,切线 P_0Q 的斜率

$$k=\tan\alpha=\lim_{\Delta x\to 0}\tan\varphi=\lim_{\Delta x\to 0}\frac{\Delta y}{\Delta x}=\lim_{\Delta x\to 0}\frac{f(x_0+\Delta x)-f(x_0)}{\Delta x}.$$

(2)变速直线运动的瞬时速度

由物理学的知识可知,物体作匀速直线运动时,它在任一时刻的速度为 $v=\dfrac{s}{t}$,其中,s 为物体的位移,t 为时间. 如果物体作变速直线运动,运动方程为 $s=s(t)$,该如何确定物体在时刻 t_0 的速度呢?

当时间 t 从 t_0 变化到 $t_0+\Delta t$ 时,物体的位移为 $\Delta s=s(t_0+\Delta t)-s(t_0)$,则物体在 t_0 到 $t_0+\Delta t$ 这段时间内的平均速度为

$$\bar{v}=\frac{\Delta s}{\Delta t}=\frac{s(t_0+\Delta t)-s(t_0)}{\Delta t}.$$

当 Δt 很小时,可用 $\bar{v}$ 近似地表示物体在 t_0 时刻的速度. 显然,Δt 越小,近似程度越好. 当 Δt 无限趋于 0 时,平均速度 $\bar{v}$ 将无限趋于物体在 t_0 时刻的速度. 为此,物体在时刻 t_0 的瞬时速度定义为平均速度 $\bar{v}$ 在 $\Delta t\to 0$ 时的极限. 即

$$v(t_0)=\lim_{\Delta t\to 0}\frac{\Delta s}{\Delta t}=\lim_{\Delta t\to 0}\frac{s(t_0+\Delta t)-s(t_0)}{\Delta t}.$$

以上两个问题,一个是几何中曲线的切线斜率,另一个是物理中的瞬时速度. 虽然实际意义不同,但仅从数学上看,它们的本质是完全相同的,都可归结为同一类型的极限:当自变量的增量趋于 0 时,函数值的增量与自变量的增量之比的极限. 在现实生活中,还有许多非均匀变化的问题,也可以归结为这种形式的极限. 因此,不考虑这些问题的实际意义,只抽取它们共同的特点,就可得到函数的导数概念.

2. 导数的定义

设函数 $y=f(x)$ 在点 x_0 的某邻域内有定义,当自变量 x 从 x_0 变到 $x_0+\Delta x$ 时,函数相应的增量为 $\Delta y=f(x_0+\Delta x)-f(x_0)$. 如果当 $\Delta x\to 0$ 时,极限 $\lim\limits_{\Delta x\to 0}\dfrac{\Delta y}{\Delta x}$ 存在,则称函数 $y=f(x)$ 在点 x_0 处**可导**,并称此极限值为函数 $y=f(x)$ 在点 x_0 处的**导数**,记作

$$f'(x_0),\ y'\Big|_{x=x_0},\ \frac{\mathrm{d}y}{\mathrm{d}x}\Big|_{x=x_0}\ \text{或}\ \frac{\mathrm{d}f}{\mathrm{d}x}\Big|_{x=x_0}.$$

即
$$f'(x_0) = \lim_{\Delta x \to 0} \frac{\Delta y}{\Delta x} = \lim_{\Delta x \to 0} \frac{f(x_0 + \Delta x) - f(x_0)}{\Delta x}.$$

若极限不存在,则称函数 $y = f(x)$ 在点 x_0 处**不可导**.

若函数 $y = f(x)$ 在区间 (a,b) 内每一点都可导,则称函数 $y = f(x)$ 在区间 (a,b) 内可导. 对区间 (a,b) 内任意给定的值 x,都有一个确定的导数值与之对应,从而确定一个新的函数,称此函数为 $y = f(x)$ 的**导函数**,记为

$$f'(x),\ y',\ \frac{dy}{dx} \text{ 或 } \frac{df}{dx}.$$

即

$$f'(x) = \lim_{\Delta x \to 0} \frac{\Delta y}{\Delta x} = \lim_{\Delta x \to 0} \frac{f(x + \Delta x) - f(x)}{\Delta x}.$$

显然,函数 $y = f(x)$ 在点 x_0 处的导数值等于其导函数 $f'(x)$ 在 x_0 处的函数值,即

$$f'(x_0) = f'(x)\big|_{x = x_0}.$$

为方便起见,在不引起混淆的情况下,**导函数**简称**导数**. 在求导数时,如果没有指明是求函数在某一点的导数,都是指求导函数.

容易知道,函数增量与自变量增量之比 $\frac{\Delta y}{\Delta x}$ 是函数在区间 $[x_0, x_0 + \Delta x]$ 上的平均变化率,而导数 $f'(x_0)$ 是函数 $y = f(x)$ 在点 x_0 处的瞬时变化率,它反映了函数 $y = f(x)$ 在点 x_0 处变化的快慢程度.

由导数的定义可知,求函数 $y = f(x)$ 的导数可分为三个步骤:

(1) 计算函数的增量:$\Delta y = f(x + \Delta x) - f(x)$;

(2) 计算函数的增量与自变量增量之比 $\frac{\Delta y}{\Delta x}$;

(3) 取极限:$f'(x) = \lim\limits_{\Delta x \to 0} \frac{\Delta y}{\Delta x}$.

例 1 已知函数 $f(x) = x^2$,求 $f'(1)$.

解 首先计算函数的增量:

当自变量的增量为 Δx 时,函数相应的增量

$$\Delta y = f(1 + \Delta x) - f(1) = (1 + \Delta x)^2 - 1^2 = 2\Delta x + (\Delta x)^2.$$

然后计算函数的增量与自变量增量之比 $\frac{\Delta y}{\Delta x}$:

$$\frac{\Delta y}{\Delta x} = \frac{2\Delta x + (\Delta x)^2}{\Delta x}.$$

最后取极限:

$$f'(1) = \lim_{\Delta x \to 0} \frac{\Delta y}{\Delta x} = \lim_{\Delta x \to 0} (2 + \Delta x) = 2.$$

例 2 求函数 $f(x) = C$ 的导数.

解 首先计算函数的增量:

当自变量的增量为 Δx 时,函数相应的增量

$$\Delta y = f(x + \Delta x) - f(x) = C - C = 0.$$

然后计算函数的增量与自变量增量之比 $\dfrac{\Delta y}{\Delta x}$:

$$\frac{\Delta y}{\Delta x} = \frac{0}{\Delta x}.$$

最后取极限:

$$f'(x) = \lim_{\Delta x \to 0} \frac{\Delta y}{\Delta x} = \lim_{\Delta x \to 0} 0 = 0. \text{ 即 } (C)' = 0.$$

也就是说,常数的导数为 0.

例 3 求函数 $f(x) = x^3$ 的导数 $f'(x)$,并求 $f'(0)$,$f'(1)$.

解 函数的增量 $\Delta y = f(x + \Delta x) - f(x) = (x + \Delta x)^3 - x^3 = 3x^2\Delta x + 3x(\Delta x)^2 + (\Delta x)^3$,函数的增量与自变量增量之比为

$$\frac{\Delta y}{\Delta x} = \frac{3x^2\Delta x + 3x(\Delta x)^2 + (\Delta x)^3}{\Delta x},$$

取极限得

$$f'(x) = \lim_{\Delta x \to 0} \frac{\Delta y}{\Delta x} = \lim_{\Delta x \to 0} [3x^2 + 3x\Delta x + (\Delta x)^2] = 3x^2, \text{ 即 } (x^3)' = 3x^2.$$

再将 $x = 0$、$x = 1$ 分别代入导函数 $f'(x) = 3x^2$ 得

$$f'(0) = 3 \times 0^2 = 0, f'(1) = 3 \times 1^2 = 3.$$

一般地,如果 $f(x) = x^n$(n 为正整数),类似地推导可得 $(x^n)' = nx^{n-1}$.事实上,对任意的实数 α,可以证明 $(x^\alpha)' = \alpha x^{\alpha-1}$.

2.1.2 可导性与连续性的关系

由导数的定义可知,如果函数 $y = f(x)$ 在点 x_0 处可导,则有 $f'(x_0) = \lim\limits_{\Delta x \to 0}\dfrac{\Delta y}{\Delta x}$,那么 $\lim\limits_{\Delta x \to 0} \Delta y = f'(x_0) \lim\limits_{\Delta x \to 0} \Delta x = 0$,即 $y = f(x)$ 在点 x_0 处连续.从而有以下定理:

可导与连续的关系

定理 若函数 $y = f(x)$ 在点 x_0 处可导,则 $y = f(x)$ 在点 x_0 处连续.

上述定理表明,可导一定连续,那么连续是否一定可导呢?

例 4 已知函数 $f(x) = |x|$,讨论其在 $x = 0$ 处是否可导.

解 当自变量的增量为 Δx,函数相应的增量

$$\Delta y = f(0 + \Delta x) - f(0) = |0 + \Delta x| - |0| = |\Delta x|.$$

函数的增量与自变量增量之比为 $\dfrac{\Delta y}{\Delta x} = \dfrac{|\Delta x|}{\Delta x}$.

最后取极限,当 $\Delta x < 0$ 时,$|\Delta x| = -\Delta x$;当 $\Delta x > 0$ 时,$|\Delta x| = \Delta x$,则

$$\lim_{\Delta x \to 0^-} \frac{\Delta y}{\Delta x} = \lim_{\Delta x \to 0^-} \frac{|\Delta x|}{\Delta x} = \lim_{\Delta x \to 0^-} \frac{-\Delta x}{\Delta x} = -1;$$

$$\lim_{\Delta x \to 0^+} \frac{\Delta y}{\Delta x} = \lim_{\Delta x \to 0^+} \frac{|\Delta x|}{\Delta x} = \lim_{\Delta x \to 0^+} \frac{\Delta x}{\Delta x} = 1.$$

从而 $\lim\limits_{\Delta x \to 0}\dfrac{\Delta y}{\Delta x}$ 不存在,即 $f'(0)$ 不存在,也就是 $f(x) = |x|$ 在 $x = 0$ 处不可导.

由上例可知,连续是可导的必要条件,但不是充分条件.

2.1.3 导数的几何意义

从对切线斜率的分析中我们抽象出了导数的定义,可以看出函数 $f(x)$ 在点 x_0 处的导数 $f'(x_0)$ 在几何上表示曲线 $y = f(x)$ 在点 $P_0(x_0, f(x_0))$ 处**切线的斜率**. 即

$$f'(x_0) = \tan\alpha.$$

其中,α 是切线的倾斜角.

根据导数的几何意义及直线的点斜式方程可知,如果函数 $f(x)$ 在点 x_0 处可导,则曲线 $y = f(x)$ 在点 $P_0[x_0, f(x_0)]$ 处的切线方程为

$$y - f(x_0) = f'(x_0)(x - x_0).$$

法线方程为

$$y - f(x_0) = -\frac{1}{f(x_0)}(x - x_0).$$

例 5 求曲线 $y = x^2$ 在点 $(2,4)$ 处的切线方程及法线方程.

解 由 $y' = 2x$ 得,曲线在 $x = 2$ 处的切线斜率 $k = f'(2) = 4$,所以切线方程为

$$y - 4 = 4(x - 2),$$

即

$$4x - y - 4 = 0.$$

法线方程为

$$y - 4 = -\frac{1}{4}(x - 2).$$

即

$$x + 4y - 18 = 0.$$

习题 2.1

1. 若函数 $f(x)$ 在 x_0 处可导,且 $\lim\limits_{h \to 0} \dfrac{f(x_0 + h) - f(x_0 - h)}{h} = A$,则 $A = ($ $)$.

A. $f'(x_0)$ B. $2f'(x_0)$ C. 0 D. $\dfrac{1}{2}f'(x_0)$

2. 利用导数的定义,求下列函数的导数.

(1) $f(x) = 2x + 3$;   (2) $f(x) = x^2 + 1$.

3. 求下列曲线在已知点处的切线方程及法线方程.

(1) $y = x^3$ 在点 $(1,1)$ 处;   (2) $y = \dfrac{1}{x}$ 在点 $\left(2, \dfrac{1}{2}\right)$ 处.

2.2 求导法则

在上一节我们介绍了如何用定义求导数,但当函数较复杂时,用定义求导数是非常困难的. 为此,下面介绍求函数导数的方法.

2.2.1 基本初等函数的导数公式

因为基本初等函数的导数公式是进行导数计算的基础,为了运算方便,下面先给出基本初等函数的导数公式,这些公式有的在前面已经得到,有的将随着导数运算法则的引入而得以证明.

(1) $(C)' = 0$ (C 为常数);   (2) $(x^\alpha)' = \alpha x^{\alpha - 1}$ (α 为实数);

(3) $(a^x)' = a^x \ln a$ ($a > 0$ 且 $a \neq 1$); (4) $(e^x)' = e^x$;

(5) $(\log_a x)' = \dfrac{1}{x \ln a}$ ($a > 0$ 且 $a \neq 1$); (6) $(\ln x)' = \dfrac{1}{x}$;

(7) $(\sin x)' = \cos x$; (8) $(\cos x)' = -\sin x$;

(9) $(\tan x)' = \sec^2 x = \dfrac{1}{\cos^2 x}$; (10) $(\cot x)' = -\csc^2 x = -\dfrac{1}{\sin^2 x}$;

(11) $(\sec x)' = \sec x \tan x$; (12) $(\csc x)' = -\csc x \cot x$;

(13) $(\arcsin x)' = \dfrac{1}{\sqrt{1-x^2}}$; (14) $(\arccos x)' = -\dfrac{1}{\sqrt{1-x^2}}$;

(15) $(\arctan x)' = \dfrac{1}{1+x^2}$; (16) $(\operatorname{arccot} x)' = -\dfrac{1}{1+x^2}$.

例 1 求下列函数的导数:

(1) $f(x) = \dfrac{1}{x}$; (2) $f(x) = x\sqrt{x}$;

(3) $f(x) = 3^x$; (4) $f(x) = \log_3 x$.

解 (1) $f(x) = \dfrac{1}{x} = x^{-1}$,由幂函数的求导公式得

$$f'(x) = -x^{-2} = -\dfrac{1}{x^2}.$$

(2) $f(x) = x\sqrt{x} = x^{\frac{3}{2}}$,由幂函数的求导公式得

$$f'(x) = \dfrac{3}{2} x^{\frac{1}{2}}.$$

(3) 由指数函数的求导公式得

$$f'(x) = (3^x)' = 3^x \ln 3.$$

(4) 由对数函数的求导公式得

$$f'(x) = (\log_3 x)' = \dfrac{1}{x \ln 3}.$$

2.2.2 导数的四则运算法则

定理 2.1 设函数 $u = u(x)$ 及 $v = v(x)$ 在点 x 处可导,则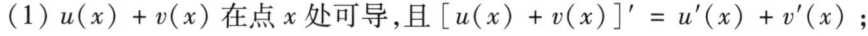

(1) $u(x) + v(x)$ 在点 x 处可导,且 $[u(x) + v(x)]' = u'(x) + v'(x)$;

(2) $u(x) - v(x)$ 在点 x 处可导,且 $[u(x) - v(x)]' = u'(x) - v'(x)$;

(3) $u(x) \cdot v(x)$ 在点 x 处可导,且 $[u(x) \cdot v(x)]' = u'(x) \cdot v(x) + u(x) \cdot v'(x)$,

特别地,C 为常数时,有 $[Cv(x)]' = Cv'(x)$;

(4) $\dfrac{u(x)}{v(x)}$ 在点 x 处可导,且 $\left[\dfrac{u(x)}{v(x)}\right]' = \dfrac{u'(x) \cdot v(x) - u(x) \cdot v'(x)}{v^2(x)}$(其中 $v(x) \neq 0$).

下面给出法则(1)的证明,其余的证明从略.

当自变量的增量为 Δx 时,函数 $u = u(x)$、$v = v(x)$ 及 $y = u(x) + v(x)$ 相应的增量分别为 Δu,Δv,Δy.

因为 $\Delta y = [u(x+\Delta x) + v(x+\Delta x)] - [u(x) + v(x)]$

$$= [u(x+\Delta x) - u(x)] + [v(x+\Delta x) - v(x)] = \Delta u + \Delta v,$$

所以
$$\frac{\Delta y}{\Delta x} = \frac{\Delta u}{\Delta x} + \frac{\Delta v}{\Delta x}, \quad \lim_{\Delta x \to 0} \frac{\Delta y}{\Delta x} = \lim_{\Delta x \to 0} \frac{\Delta u}{\Delta x} + \lim_{\Delta x \to 0} \frac{\Delta v}{\Delta x}.$$

由于函数 $u = u(x)$ 及 $v = v(x)$ 在点 x 处可导,所以
$$\lim_{\Delta x \to 0} \frac{\Delta u}{\Delta x} = u'(x), \quad \lim_{\Delta x \to 0} \frac{\Delta v}{\Delta x} = v'(x),$$

故有 $y'(x) = u'(x) + v'(x)$,这表明 $y = u(x) + v(x)$ 在点 x 处也可导,即
$$[u(x) + v(x)]' = u'(x) + v'(x).$$

对有限个可导函数的和、差、乘积的导数,上述法则都成立.

例 2 求下列函数的导数:

(1) $y = 2x^3 + \sin x - e^3$;   (2) $y = e^x \cos x$;   (3) $y = \dfrac{3^x}{x}$.

解 (1) 由代数和的运算法则,得
$$y' = (2x^3)' + (\sin x)' - (e^3)'$$
$$= 6x^2 + \cos x.$$

(2) 由乘积的运算法则,得
$$y' = (e^x)' \cos x + e^x (\cos x)'$$
$$= e^x \cos x - e^x \sin x = e^x (\cos x - \sin x).$$

(3) 由商的运算法则,得
$$y' = \frac{(3^x)' \cdot x - 3^x \cdot (x)'}{x^2}$$
$$= \frac{3^x \ln 3 \cdot x - 3^x}{x^2} = \frac{3^x (x \ln 3 - 1)}{x^2}.$$

例 3 求正切函数 $y = \tan x$ 的导数.

解 $y' = (\tan x)' = \left(\dfrac{\sin x}{\cos x}\right)' = \dfrac{(\sin x)' \cdot \cos x - \sin x \cdot (\cos x)'}{\cos^2 x}$
$$= \frac{\cos^2 x + \sin^2 x}{\cos^2 x} = \frac{1}{\cos^2 x} = \sec^2 x,$$

即
$$(\tan x)' = \sec^2 x.$$

类似地,可以推导出 $(\cot x)' = -\csc^2 x$.

例 4 已知函数 $y = \dfrac{\ln x}{x} - x^3 \cos x + \sin \dfrac{\pi}{2}$,求 $y'|_{x=1}$.

解 由导数的运算法则,得
$$y' = \left(\frac{\ln x}{x}\right)' - (x^3 \cos x)' + \left(\sin \frac{\pi}{2}\right)'$$
$$= \frac{(\ln x)' \cdot x - \ln x \cdot (x)'}{x^2} - [(x^3)' \cos x + x^3 (\cos x)']$$
$$= \frac{\frac{1}{x} \cdot x - \ln x \cdot 1}{x^2} - [3x^2 \cdot \cos x + x^3 \cdot (-\sin x)]$$

$$= \frac{1-\ln x}{x^2} - 3x^2\cos x + x^3\sin x.$$

将 $x = 1$ 代入上式,得
$$y'|_{x=1} = 1 - 3\cos 1 + \sin 1.$$

2.2.3 复合函数的求导法则

求函数 $y = (2x+1)^2$ 的导数时,可以将 $(2x+1)^2$ 展开,然后利用导数的四则运算法则进行计算,如果是 $y = (2x+1)^{100}$,如何求它的导数呢?考虑 $y = (2x+1)^{100}$ 是由 $y = u^{100}$ 与 $u = 2x+1$ 两个函数构成的复合函数,而对于复合函数的导数,有以下定理:

定理2.2 如果函数 $y = f(u)$,$u = \varphi(x)$ 都可导,那么复合函数 $y = f[\varphi(x)]$ 也可导,且
$$\frac{dy}{dx} = \frac{dy}{du} \cdot \frac{du}{dx},$$

或记作
$$\{f[\varphi(x)]\}' = f'(u) \cdot [\varphi'(x)] = f'[\varphi(x)] \cdot \varphi'(x).$$

即**复合函数的导数等于复合函数对中间变量的导数乘以中间变量对自变量的导数**.

复合函数的求导法则也称链式法则,它也适用于多层函数复合的情况.如设 $y = f(u)$,$u = g(v)$,$v = h(x)$,只要满足相应的条件,就有
$$\frac{dy}{dx} = \frac{dy}{du} \cdot \frac{du}{dv} \cdot \frac{dv}{dx} = f'(u) \cdot g'(v) \cdot h'(x).$$

例5 设函数 $y = (2x+1)^{100}$,求 y'.

解 $y = (2x+1)^{100}$ 是由 $y = f(u) = u^{100}$ 与 $u = \varphi(x) = 2x+1$ 复合而成的,于是
$$y' = f'(u) \cdot \varphi'(x) = (u^{100})' \cdot (2x+1)' = 100u^{99} \cdot 2 = 200(2x+1)^{99}.$$

例6 求函数 $y = \ln x^2$ 的导数.

解 $y = \ln x^2$ 是由 $y = f(u) = \ln u$,$u = \varphi(x) = x^2$ 复合而成的,于是
$$y' = f'(u) \cdot \varphi'(x) = (\ln u)' \cdot (x^2)' = \frac{1}{u} \cdot 2x = \frac{2}{x}.$$

在对复合函数求导时,如果写出了中间变量,最后必须用自变量的函数代换中间变量.当复合函数求导法则应用熟练后,可以不写出复合过程.

例7 求函数 $y = \sin^2 x$ 的导数.

解 $y' = 2\sin x(\sin x)' = 2\sin x\cos x = \sin 2x.$

例8 求函数 $y = e^{\sin 2x}$ 的导数,并求 $y'|_{x=0}$.

解 $y' = (e^{\sin 2x})' = e^{\sin 2x} \cdot (\sin 2x)' = e^{\sin 2x} \cdot \cos 2x \cdot (2x)' = e^{\sin 2x} \cdot \cos 2x \cdot 2 = 2\cos 2x e^{\sin 2x}.$
$$y'|_{x=0} = 2\cos 0 e^{\sin 0} = 2.$$

习题 2.2

1.求下列函数的导数:

(1) $y = x^2 + 3x - \ln 5$;

(2) $y = \sqrt{x} - \dfrac{3}{x^2}$;

(3) $y = \dfrac{1}{\sqrt{x}} + 2^x$;

(4) $y = x^2 \sin x$;

(5) $y = x^2 \ln x$;

(6) $y = \dfrac{e^x}{x}$;

(7) $y = \dfrac{x^2 - 1}{x}$;

(8) $y = \dfrac{x - 1}{x + 1}$;

(9) $y = \sec x$;

(10) $y = \csc x$.

2. 求下列函数在指定点的导数:

(1) $y = x^3 - 2x + 1$,$y' \big|_{x=1}$;

(2) $y = xe^x$,$y' \big|_{x=1}$.

3. 求下列函数的导数:

(1) $y = (3x - 2)^5$;

(2) $y = \cos 2x$;

(3) $y = 3e^{2x}$;

(4) $y = \ln 3x^2$;

(5) $y = \ln^2 x$;

(6) $y = \sqrt{x^2 + e^x}$;

(7) $y = \arcsin 2^x$;

(8) $y = \ln\cos\dfrac{1}{x}$.

2.3 高阶导数

设物体做直线运动,它的位移方程为 $s = s(t)$,那么其瞬时速度 v 是位移方程对时间 t 的导数 $s'(t)$,若速度 v 仍是时间 t 的函数,速度 $v(t)$ 对时间 t 的导数即为加速度 $a(t)$,即

$$a(t) = \frac{dv}{dt} = \frac{d}{dt}\left(\frac{ds}{dt}\right).$$

因此,$a(t)$ 可看作 $s(t)$ 对时间 t 求二次导数得到的.

一般地,函数 $f(x)$ 的导数 $f'(x)$ 仍是 x 的函数,如果函数 $f(x)$ 的导数 $f'(x)$ 仍可导,称 $f'(x)$ 的导数为函数 $f(x)$ 的**二阶导数**,记作 y'',$f''(x)$,$\dfrac{d^2y}{dx^2}$,$\dfrac{d^2f}{dx^2}$.

函数 $y = f(x)$ 在点 x_0 处的二阶导数记作

$$y''\big|_{x=x_0},\ f''(x_0),\ \frac{d^2y}{dx^2}\bigg|_{x=x_0},\ \frac{d^2f}{dx^2}\bigg|_{x=x_0}.$$

类似地,二阶导数 $f''(x)$ 的导数称作 $f(x)$ 的三阶导数,记作 y''',$f'''(x)$,$\dfrac{d^3y}{dx^3}$,$\dfrac{d^3f}{dx^3}$.

一般地,若函数 $f(x)$ 的 $n-1$ 阶导数 $f^{(n-1)}(x)$ 的导数存在,则称 $n-1$ 阶导数的导数为 $y = f(x)$ 的 n 阶导数,记作 $y^{(n)}$,$f^{(n)}(x)$,$\dfrac{d^ny}{dx^n}$,$\dfrac{d^nf}{dx^n}$.

我们把二阶及二阶以上的导数统称为**高阶导数**.相对于高阶导数,函数 $f(x)$ 的导数 $f'(x)$ 称为**一阶导数**.

例1 已知函数 $y = 2x^3 + \ln x$,求 y'' 及 $y''\big|_{x=1}$.

解 因为

$$y' = 6x^2 + \frac{1}{x},$$

所以
$$y'' = \left(6x^2 + \frac{1}{x}\right)' = 12x - \frac{1}{x^2},$$
$$y''\big|_{x=1} = 12 \times 1 - \frac{1}{1^2} = 11.$$

例 2 求函数 $y = a^x (a > 0, a \neq 1)$ 的 n 阶导数.

解 因为

$$y' = a^x \ln a,$$
$$y'' = (a^x \ln a)' = a^x (\ln a)^2,$$
$$y''' = [a^x (\ln a)^2]' = a^x (\ln a)^3,$$
……

所以
$$y^{(n)} = a^x (\ln a)^n.$$

特别地，$(e^x)^{(n)} = e^x$.

例 3 求函数 $y = x^n$ 的 n 阶导数.

解 因为
$$y' = nx^{n-1},$$
$$y'' = n(n-1)x^{n-2},$$
$$y''' = n(n-1)(n-2)x^{n-3},$$
……

所以
$$y^{(n)} = n!$$

求 n 阶导数时，先逐次求出一阶、二阶、三阶导数，从中发现、总结规律，从而求出 n 阶导数.

习题 2.3

1．求下列函数的二阶导数：

(1) $y = 2x^2 + x - 5$； (2) $y = \cos x$；

(3) $y = e^x - 3\sin x$； (4) $y = e^{3x}$；

(5) $y = (x + 10)^6$； (6) $y = \ln(1 - x^2)$.

2．已知函数 $y = x^4 + 3x^2 - 5x - 1$，求 $f''(1)$，$f'''(1)$.

3．求下列函数的 n 阶导数：

(1) $y = \ln x$； (2) $y = e^{ax}$.

2.4 隐函数和由参数方程确定的函数的导数

前面我们在介绍函数的导数时，遇到的函数都有这样的特点，因变量 y 可以直接表示成自变量 x 的函数，如 $y = x^2$，$y = \sin x + \ln x$ 等，这种函数称为**显函数**. 但是很多问题中，因变量 y 不可直接表示成自变量 x 的函数，对于这类函数，该如何求函数的导数呢？

2.4.1 隐函数的导数

如果函数 y 与自变量 x 之间的对应关系是由方程 $F(x,y) = 0$ 确定,这种函数称为**隐函数**,如 $3y + y^3 - x = 0$,$e^y + xy - e^x = 0$ 等.现在的问题是通过方程 $F(x,y) = 0$ 确定了 y 是 x 的函数,如何求 y'.若能将隐函数显化,从方程中解出 y,则可利用前面介绍的求导法则求得 y',但是并非所有方程确定的隐函数都能表示成显函数,如 $xy - e^y = 0$.

对于隐函数求导,可以采取这样的方法:首先将方程 $F(x,y) = 0$ 中 y 看作 x 的函数,其次方程两边分别对 x 求导,把其中的 y 看作中间变量,利用复合函数的求导法则,得到含有 y' 的方程,最后解出 y' 即可.

例 1 求由方程 $3y + y^3 - x = 0$ 所确定的隐函数 $y = f(x)$ 的导数.

解 将方程两边分别对 x 求导,得
$$3y' + 3y^2 y' - 1 = 0.$$
解出 y',得
$$y' = \frac{1}{3(y^2 + 1)}.$$

例 2 求曲线 $e^y + xy - e^x = 0$ 在点 $(0,0)$ 处的切线方程.

解 将方程的两边分别对 x 求导,得
$$e^y y' + y + xy' - e^x = 0.$$
解出 y',得
$$y' = \frac{e^x - y}{e^y + x}.$$
将点 $(0,0)$ 的坐标代入上式得
$$y' \Big|_{\substack{x=0 \\ y=0}} = 1.$$
故所求切线方程为 $y - 0 = 1 \cdot (x - 0)$,即 $x - y = 0$.

注意: 由于根据方程通常不能解出 $y = f(x)$ 的显函数式,因此在导数 y' 的表达式中往往同时含有 x 和 y.

在求导运算中,还会遇到显函数直接求导很困难或很麻烦的情形.如由一系列函数的乘、除、乘方、开方所构成的函数.又如幂指函数,即 $y = [f(x)]^{g(x)}$.对于这两类函数,可先对等式两边同时取对数,变成隐函数的形式,然后利用隐函数求导的方法求出它的导数,这种求导方法称为**对数求导法**.

对数求导法

例 3 求函数 $y = \dfrac{\sqrt{x-2}}{(x+1)^3(4-x)^2}$ 的导数.

解 将等式两边取自然对数,得
$$\ln y = \frac{1}{2}\ln(x-2) - 3\ln(x+1) - 2\ln(4-x).$$
两边对 x 求导,得
$$\frac{1}{y} y' = \frac{1}{2(x-2)}(x-2)' - \frac{3}{x+1}(x+1)' - \frac{2}{4-x}(4-x)'$$

$$= \frac{1}{2(x-2)} - \frac{3}{x+1} + \frac{2}{4-x},$$

则

$$y' = \frac{\sqrt{x-2}}{(x+1)^3(4-x)^2}\left[\frac{1}{2(x-2)} - \frac{3}{x+1} + \frac{2}{4-x}\right].$$

例4 求 $y = x^{\sin x}$ ($x > 0$) 的导数.

解 将等式两端取对数得

$$\ln y = \sin x \ln x.$$

两边对 x 求导得

$$\frac{1}{y}y' = \cos x \ln x + \frac{\sin x}{x},$$

所以

$$y' = y\left(\cos x \ln x + \frac{\sin x}{x}\right) = x^{\sin x}\left(\cos x \ln x + \frac{\sin x}{x}\right).$$

注意： 运用对数求导法时,在 y' 的表达式中不允许保留 y,而要用相应的 x 的函数取代它.

2.4.2 由参数方程确定的函数的导数

在一些问题中,函数 y 与自变量 x 的函数关系通过**参数方程**表示,如

$$\begin{cases} x = \varphi(t), \\ y = \psi(t) \end{cases} \quad (t \text{ 为参数}).$$

一般情况下,通过消去参数 t 得到显函数 $y = f(x)$ 比较困难. 若将由参数方程确定的函数看作复合函数 $y = \psi(t)$, $t = \varphi^{-1}(x)$,则由复合函数的求导法则,有

$$\frac{dy}{dx} = \frac{dy}{dt} \cdot \frac{dt}{dx}.$$

又

$$\frac{dt}{dx} = \frac{1}{\frac{dx}{dt}},$$

所以

$$\frac{dy}{dx} = \frac{\frac{dy}{dt}}{\frac{dx}{dt}} = \frac{\psi'(t)}{\varphi'(t)} \quad [\varphi'(t) \neq 0].$$

如果 $x = \varphi(t)$ 和 $y = \psi(t)$ 二阶可导,则可对上式关于 t 再求导得到由参数方程确定函数的二阶导数公式,即

$$\frac{d^2y}{dx^2} = \frac{d}{dx}\left(\frac{dy}{dx}\right) = \frac{d}{dt}\left[\frac{\psi'(t)}{\varphi'(t)}\right] \cdot \frac{dt}{dx}$$

$$= \frac{\psi''(t)\varphi'(t) - \psi'(t)\varphi''(t)}{[\varphi'(t)]^2} \cdot \frac{1}{\varphi'(t)} = \frac{\psi''(t)\varphi'(t) - \psi'(t)\varphi''(t)}{[\varphi'(t)]^3},$$

这就是由参数方程确定的函数的求导公式.

例 5 求由椭圆的参数方程 $\begin{cases} x = a\cos t \\ y = b\sin t \end{cases}$,所确定的函数 $y = f(x)$ 的导数.

解 由参数方程确定的函数的导数公式得

$$\frac{dy}{dx} = \frac{\dfrac{dy}{dt}}{\dfrac{dx}{dt}} = \frac{(b\sin t)'}{(a\cos t)'} = \frac{b\cos t}{-a\sin t} = -\frac{b}{a}\cot t.$$

由参数方程所确定的函数的导数

例 6 设 $\begin{cases} x = t^2 + 1 \\ y = t^2 - t \end{cases}$,求 $\dfrac{d^2y}{dx^2}$.

解 由参数方程确定的函数的导数公式得

$$\frac{dy}{dx} = \frac{\dfrac{dy}{dt}}{\dfrac{dx}{dt}} = \frac{2t-1}{2t},$$

$$\frac{d^2y}{dx^2} = \frac{d}{dx}\left(\frac{dy}{dx}\right) = \frac{d}{dt}\left(\frac{2t-1}{2t}\right) \cdot \frac{1}{\dfrac{dx}{dt}} = \frac{2 \cdot 2t - (2t-1) \cdot 2}{4t^2} \cdot \frac{1}{2t} = \frac{1}{4t^3}.$$

习题 2.4

1. 求下列方程所确定的隐函数的导数:
   (1) $y^3 = 3y - 2x$;
   (2) $x^2 + 2xy - y^2 - 2x = 0$;
   (3) $2^{xy} = x + y$;
   (4) $xy + \ln y = 1$.

2. 用对数求导法求下列函数的导数:
   (1) $y = x\sqrt{\dfrac{1-x}{1+x}}$;
   (2) $y = \left(\dfrac{x}{1+x}\right)^x \ (x > 0)$.

3. 求由下列参数方程所确定的函数的导数:
   (1) $\begin{cases} x = 1 + t^2 \\ y = t^3 \end{cases}$;
   (2) $\begin{cases} x = a\cos^3\theta \\ y = a\sin^3\theta \end{cases}$.

4. 求曲线 $y^2 + 2\ln y = x^4$ 在点 $(-1, 1)$ 处的切线方程.

2.5 微分及其运算

与导数密切相关的另一个问题是,当自变量有微小的增量时,函数增量的大小. 一般而言,当函数 $y = f(x)$ 较复杂时,计算函数的增量往往比较困难. 当不需要准确计算函数的增量,只要求计算简便,近似程度好时,我们可以借助导数知识,寻求函数增量的近似表达式.

2.5.1 微分的概念

先看一个简单的实例.

边长为 x_0 的正方形金属薄片,受温度变化的影响,边长改变了

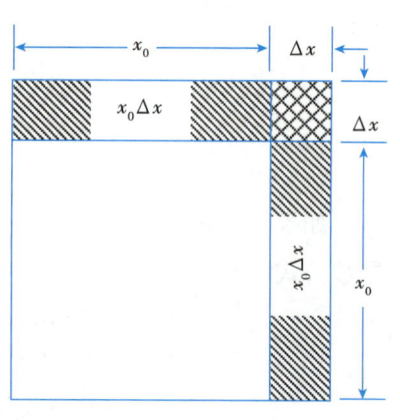

图 2-3

Δx,那么这一薄片的面积的增量为 $\Delta S = (x_0 + \Delta x)^2 - x_0^2 = 2x_0\Delta x + (\Delta x)^2$. 如图 2-3 所示,$\Delta S$ 由两部分组成,显然,当 Δx 很小时,金属薄片的面积增量 $\Delta S \approx 2x_0\Delta x$. 注意到函数 $S = x^2$ 在点 x_0 处有 $S'|_{x=x_0} = 2x_0$.

这表明,面积增量 ΔS 的近似值是函数 $S = x^2$ 在点 x_0 处的导数 $2x_0$ 与自变量增量 Δx 的乘积.

一般地,设函数 $y = f(x)$ 在点 x 处可导,自变量在点 x 处的增量为 Δx,若函数的增量 $\Delta y = f(x + \Delta x) - f(x)$ 可以表示为

$$\Delta y = A \cdot \Delta x + o(\Delta x),$$

其中 A 与 Δx 无关,则称函数 $f(x)$ 在点 x 处**可微**,$A\Delta x$ 为函数 $f(x)$ 在点 x 处的**微分**,记作 dy,即

$$dy = A\Delta x.$$

微分的定义

函数 $y = f(x)$ 在点 x 可微的充要条件是函数 $f(x)$ 在该点可导,且 $f'(x) = A$,因此函数 $y = f(x)$ 的微分可记作

$$dy = f'(x)\Delta x.$$

当 $f(x) = x$ 时,由微分的定义可得 $dx = (x)'\Delta x = \Delta x$,即自变量的微分 dx 就是自变量的增量 Δx. 从而函数 $y = f(x)$ 的微分又可记作

$$dy = f'(x)dx.$$

上式可改写为

$$\frac{dy}{dx} = f'(x).$$

即函数的导数等于函数的微分与自变量的微分之商. 这表明**函数可微与可导是等价的**.

函数 $y = f(x)$ 在点 x_0 处的微分记作 $dy|_{x=x_0}$,即 $dy|_{x=x_0} = f'(x_0)dx$. 因此,如果 $y = f(x)$ 在点 x_0 处的导数已经求出,再乘以 dx 就是 $y = f(x)$ 在点 x_0 处的微分.

例1 已知函数 $f(x) = x^2$.

(1) 求函数的微分 dy;

(2) 求函数在 $x = 1$ 处的微分;

(3) 当函数在 $x = 1$ 处自变量的增量 $\Delta x = 0.01$ 时,求函数的微分 dy 与增量 Δy.

解 (1) $f'(x) = 2x$,则

$$dy = 2xdx.$$

(2) 函数在 $x = 1$ 处的微分为

$$dy|_{x=1} = (2 \times 1)dx = 2dx.$$

(3) 当函数在 $x = 1$ 处自变量的增量 $\Delta x = 0.01$ 时,

$$dy\Big|_{\substack{x=1 \\ \Delta x=0.01}} = 2xdx\Big|_{\substack{x=1 \\ \Delta x=0.01}} = 2x\Delta x\Big|_{\substack{x=1 \\ \Delta x=0.01}} = 2 \times 0.01 = 0.02.$$

$$\Delta y = f(1 + \Delta x) - f(1) = (1 + \Delta x)^2 - 1^2 = 2\Delta x + (\Delta x)^2$$
$$= 2 \times 0.01 + (0.01)^2 = 0.0201.$$

由上例可以看出,函数的微分 $dy = f'(x)dx$ 与 x 和 Δx 有关,且函数的增量 Δy 与函数在该点的微分 dy 近似相等.

2.5.2 微分的几何意义

如图 2-4 所示,过曲线 $y = f(x)$ 上的 $P_0(x_0, f(x_0))$ 作割线与曲线交于点 $P(x_0 + \Delta x, f(x_0 + \Delta x))$,可以看出,当曲线的横坐标由 x_0 变到 $x_0 + \Delta x$ 时,相应的纵坐标的增量为

$$RP = f(x_0 + \Delta x) - f(x_0) = \Delta y.$$

过点 P_0 作曲线切线与 RP 交于点 Q,由导数的几何意义可知,切线上相应的纵坐标的增量为

$$RQ = \tan\alpha \cdot \Delta x = f'(x_0)\Delta x = dy.$$

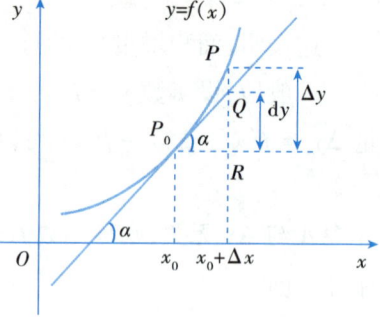

图 2-4

因此曲线 $y = f(x)$ 在点 $P_0[x_0, f(x_0)]$ 处切线纵坐标的增量就是函数 $y = f(x)$ 在点 x_0 处的微分,这就是微分的**几何意义**. 当 $|\Delta x|$ 很小时,可用 dy 近似代替 Δy,所产生的误差是 $|\Delta y - dy|$,显然,当 $\Delta x \to 0$ 时,$|\Delta y - dy|$ 也趋于 0.

2.5.3 微分的运算

由函数微分的表达式 $dy = f'(x)dx$ 可知,要计算函数的微分,只要求出函数的导数 $f'(x)$,再乘以自变量的微分 dx 就是 $y = f(x)$ 在点 x 处的微分. 所以,从导数的基本公式和运算法则就可以推出微分的基本公式和运算法则,在此不再赘述.

例 2 求下列函数的微分:

(1) $y = e^x + \dfrac{1}{x}$; 　　(2) $y = \dfrac{\ln x}{x}$; 　　(3) $y = \sin(2x + 1)$.

解 (1) 因为 $y' = e^x - \dfrac{1}{x^2}$,所以

$$dy = \left(e^x - \dfrac{1}{x^2}\right)dx.$$

(2) 因为 $y' = \dfrac{\dfrac{1}{x} \cdot x - \ln x \cdot 1}{x^2} = \dfrac{1 - \ln x}{x^2}$,所以

$$dy = \dfrac{1 - \ln x}{x^2}dx.$$

(3) 由复合函数的求导法则可得 $y' = \cos(2x + 1) \cdot 2$,所以

$$dy = 2\cos(2x + 1)dx.$$

例 3 在括号内填上一个适当的函数,使等式成立.

(1) $d(\quad) = xdx$; 　　(2) $d(\quad) = 3^x dx$.

解 (1) 因为 $dx^2 = 2xdx$,所以 $\dfrac{1}{2}dx^2 = xdx$,则

$$d\left(\dfrac{1}{2}x^2\right) = xdx.$$

(2) 因为 $d3^x = 3^x \ln 3 dx$,则 $\dfrac{1}{\ln 3}d3^x = 3^x dx$,则

$$d\left(\frac{3^x}{\ln 3}\right) = 3^x dx.$$

思考：上例中如果括号内的函数加上一个常数，等式有无变化，你有什么结论？

习题2.5

1. 设 $u(x), v(x)$ 为可导函数，则 $d\left(\dfrac{u}{v}\right)$ = (　　).

A. $\dfrac{du}{dv}$　　　　B. $\dfrac{vdu - udv}{v^2}$　　　　C. $\dfrac{udv + vdu}{v^2}$　　　　D. $\dfrac{udv - vdu}{v^2}$

2. 求下列函数在 $x = 2$ 处的微分 $dy|_{x=2}$.

(1) $y = x^3$;　　　　　(2) $y = \dfrac{1}{x}$;　　　　　(3) $y = x^2 + 2$.

3. 求下列函数的微分：

(1) $y = \sqrt{x} + \ln x$;　　　　(2) $y = xe^x$;

(3) $y = \dfrac{\sin x}{x}$;　　　　(4) $y = \arctan x^2$.

4. 在括号内填上一个适当的函数，使等式成立.

(1) $d(\quad) = \dfrac{1}{x}dx$;　　　　(2) $d(\quad) = e^x dx$.

复习与提问

一、知识框图

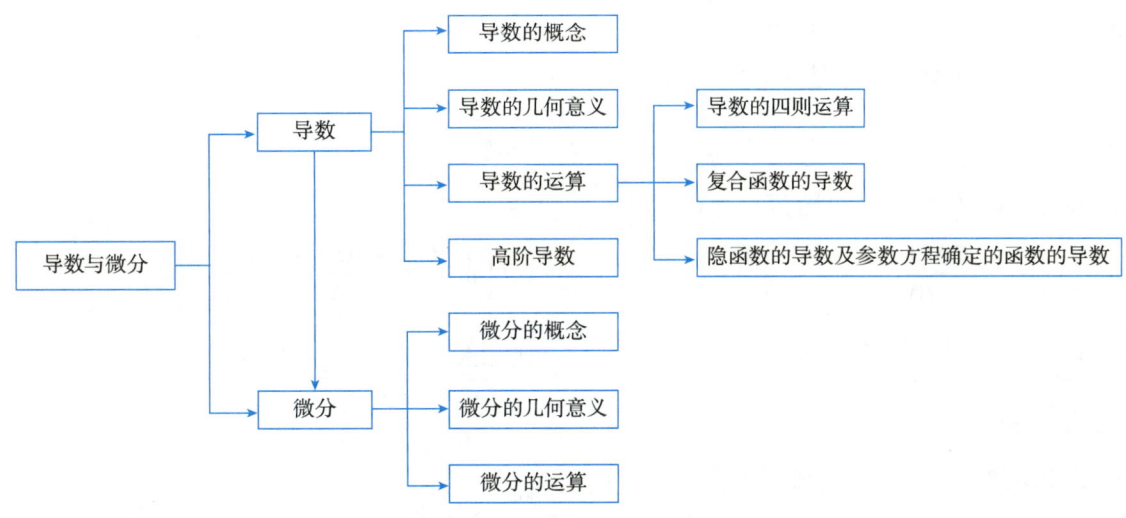

二、内容总结

1. 导数

(1) 设函数 $y = f(x)$ 在点 x_0 及其近旁有定义，当自变量 x 从 x_0 变到 $x_0 + \Delta x$ 时，函数相应的增量为 $\Delta y = f(x_0 + \Delta x) - f(x_0)$. 如果当 $\Delta x \to 0$ 时，极限 _____ 存在，则称函数 $y = f(x)$ 在点 x_0 处**可导**，并称此极限值为函数 $y = f(x)$ 在点 x_0 处的导数，记作 _____.

(2)可导与连续性的关系:若函数 $y = f(x)$ 在点 x_0 处可导,则 $y = f(x)$ 在点 x_0 _____.

(3)如果函数 $y = f(x)$ 在点 x_0 处可导,则曲线 $y = f(x)$ 在点 $P_0(x_0, f(x_0))$ 处的切线方程为 _____,法线方程为 _____.

(4)设函数 $u = u(x)$ 及 $v = v(x)$ 在点 x 处可导,则

$[u(x) \pm v(x)]' = $ _____; $[u(x) \cdot v(x)]' = $ _____;

$\left[\dfrac{u(x)}{v(x)}\right]' = $ _____.

(5)如果函数 $y = f(u)$,$u = \varphi(x)$ 都可导,那么复合函数 $y = f[\varphi(x)]$ 也可导,且 $\dfrac{dy}{dx} = $ _____.

(6)二阶及二阶以上的导数统称为 _____.

2. 微分

(1)设函数 $y = f(x)$ 在点 x 处可导,自变量在点 x 处的增量为 Δx,称 $f'(x)\Delta x$ 为函数 $f(x)$ 在点 x 处的**微分**,记作 _____.

(2)函数 $y = f(x)$ 在点 x 可微的充要条件是函数 $f(x)$ 在该点 _____.

复习题 2

一、选择题

1. 函数 $f(x)$ 在点 x_0 处可导是它在该点处可微的( ).

A. 必要条件 B. 充分条件 C. 充要条件 D. 无关条件

2. $f(x) = |x|$ 在点 $x = 0$ 处的导数是( ).

A. 1 B. 0 C. -1 D. 不存在

3. $x \to 0$ 时,下列函数中是无穷大量的是( ).

A. $\dfrac{1}{x}$ B. $\ln x$ C. x^2 D. e^x

4. 函数 $f(x)$ 在点 x_0 处可导,则 $f'(x_0) = $ ( ).

A. $\lim\limits_{\Delta x \to 0} \dfrac{f(x_0 - \Delta x) - f(x_0)}{\Delta x}$

B. $\lim\limits_{\Delta x \to 0} \dfrac{f(x_0 + \Delta x) - f(x_0)}{\Delta x}$

C. $\lim\limits_{h \to 0} \dfrac{f(x_0 + h) - f(x_0 - h)}{h}$

D. $\lim\limits_{h \to 0} \dfrac{f(x_0 - h) - f(x_0)}{2h}$

二、填空题

1. 已知函数 $y = x^2 - 3x$,则 $y' = $ _____;$y'|_{x=0} = $ _____.

2. 设 $f(x) = \sin x$,则 $f'(x) = $ _____;$f'(0) = $ _____.

3. 已知函数 $y = x^2 + 2x$,则 $y'' = $ _____;$dy = $ _____.

4. 设 $y = e^x$,则 $dy = $ _____;$y^{(n)} = $ _____.

三、解答题

1. 求下列函数的导数或微分:

(1)已知 $y = x\ln x$,求 y';

(2) 已知 $y = \dfrac{x^2}{x-1}$，求 $\dfrac{dy}{dx}$；

(3) 已知 $y = \cos x^3$，求 dy；

(4) 已知 $y = \arctan \sqrt{x}$，求 y''。

2. 求曲线 $y = \sqrt{x}$ 过点 $(4,2)$ 处的切线方程和法线方程。

阅读与欣赏

微积分的建立

17 世纪下半叶，在前人工作的基础上，英国科学家牛顿和德国数学家莱布尼茨各自独立地研究和完成了微积分的创立工作。虽然这只是初步的工作，但他们的最大功绩是把两个貌似毫不相关的问题联系在一起，一个是切线问题（微分学的中心问题），另一个是求积问题（积分学的中心问题）。

牛顿和莱布尼茨建立微积分的出发点是直观的无穷小量，因此这门学科早期也称为无穷小分析，这正是现代数学中分析学这一分支名称的来源。牛顿研究微积分着重从运动学来考虑，莱布尼茨却是侧重几何学来考虑的。

牛顿在 1671 年写了《流数法和无穷级数》，他在这本书里指出，变量是由点、线、面的连续运动产生的，否定了以前自己认为的变量是无穷小元素的静止集合。他把连续变量叫作流动量，把这些流动量的导数叫作流数。牛顿在流数术中所提出的中心问题是，已知连续运动的路径，求给定时刻的速度（微分法）；已知运动的速度求给定时间内经过的路程（积分法）。

德国的莱布尼茨是一位博才多学的学者，1684 年，他发表了现在世界上认为是最早的微积分文献——《一种求极大极小和切线的新方法》，就是这样一篇说理颇含糊的文章，却已含有现代的微分符号和基本微分法则，有划时代的意义。1686 年，莱布尼茨发表了第一篇积分学的文献，他是历史上最伟大的符号学者之一，他所创设的微积分符号远远优于牛顿的符号，这对微积分的发展有极大的影响。现在我们使用的微积分通用符号就是当时莱布尼茨精心选用的。

微积分学的创立极大地推动了数学的发展，过去很多初等数学束手无策的问题，运用微积分，往往迎刃而解，显示出微积分学的非凡威力。

数学实验

Matlab 应用之求解导数和微分

一、相关命令

Matlab 中有关求函数导数的命令函数如下：

1. diff(f,x) 用于求函数表达式 f 对自变量 x 的一阶导数；
2. diff(f,x,2) 用于求函数表达式 f 对自变量 x 的二阶导数；
3. diff(f,x,n) 用于求函数表达式 f 对自变量 x 的 n 阶导数；
4. subs(f,x,a) 用于求函数表达式 f 的导数在 $x = a$ 处的导数。

二、操作实例

1. 利用 Matlab 求函数的导数

例1 求函数 $y = \dfrac{e^x}{\cos x}$ 的一阶导数。

解 在命令行窗口中输入

>>syms x

>>y = exp(x)/cos(x)　　%定义函数

>>dydx = diff(y,x)　　　%求函数的一阶导数

按 Enter 键,得到以下计算结果:

dydx =

exp(x)/cos(x) + (exp(x)*sin(x))/cos(x)^2

即 $$y' = \frac{e^x \cos x + e^x \sin x}{\cos^2 x}.$$

例 2 已知函数 $f(x) = e^{-3x}$,求 $f'''(x)$,$f'''(0)$.

解 在命令行窗口中输入

>>syms x

>>df = diff(exp(-3*x),x,3)　　%求函数的三阶导数

按 Enter 键,得到以下计算结果:

df =

-27*exp(-3*x)

即 $f'''(x) = -27e^{-3x}$.

>>df0 = subs(diff(exp(-3*x),3),x,0)　　%求函数在 $x=0$ 处的三阶导数

按 Enter 键,得到以下计算结果:

f =

-27

即 $f'''(0) = -27$.

2. 利用 Matlab 求函数的微分

由于函数的可导和可微是等价的,因此在求函数的微分中仍使用求函数的导数的方法.

例 3 已知函数 $y = x^2 \tan x$,求 dy.

解 在命令行窗口中输入

>>syms x

>>dydx = diff(x^2*tan(x),x)　　%求函数的导数

按 Enter 键,得到以下计算结果:

dydx =

2*x*tan(x) + x^2*(tan(x)^2 + 1)

即函数的导数为 $y' = 2x\tan x + x^2(\tan^2 x + 1) = 2x\tan x + x^2 \sec^2 x$,

所以函数 $y = x^2 \tan x$ 的微分为 $dy = (2x\tan x + x^2 \sec^2 x)dx$.

第三章
微分中值定理及导数的应用

导数是刻画函数在一点处变化率的数学模型,它反映的是函数在一点处的局部变化性态,但在理论研究和实际应用中,常常需要把握函数在某区间上的整体变化性态,那么函数的整体变化性态与局部变化性态有何关系呢?中值定理正是对这一问题的理论诠释,它揭示了函数在某区间上的整体性质与该区间内部某一点的导数之间的关系.中值定理既是利用微分学知识解决应用问题的数学模型,又是解决微分学自身发展的一种理论模型,是导数应用的理论基础,因此本章中我们将先介绍微分中值定理,然后应用导数来研究函数以及曲线的某些性态,解决一些实际问题.

学习目标

1. 理解罗尔定理、拉格朗日中值定理,了解柯西中值定理;
2. 掌握利用罗尔定理证明方程根的存在性的方法;
3. 掌握利用拉格朗日中值定理证明恒等式和不等式的方法;
4. 掌握利用洛必达法则求极限的方法;
5. 会求函数的单调区间和极值;
6. 会求曲线的凹凸区间和拐点;
7. 掌握求函数最值的方法以及最值的应用;
8. 会求曲线的渐近线;
9. 会用 Matlab 软件求解简单的导数应用问题;
10. 培养团队合作的能力及终身学习的热情.

3.1 微分中值定理

罗尔定理、拉格朗日中值定理和柯西中值定理揭示了函数在一区间两端点的值与它在该区间内某点的导数之间的关系,因此统称为微分中值定理.微分中值定理是连接微分学理论与导数应用的桥梁,是研究函数整体性质的有力工具.

3.1.1 罗尔定理

引理 设函数 $f(x)$ 在点 x_0 处可导,且在 x_0 的某邻域内有 $f(x) \geq f(x_0)$(或 $f(x) \leq f(x_0)$),则 $f'(\xi) = 0$.

定理 1(罗尔定理) 如果函数 $f(x)$ 满足

(1)在闭区间 $[a,b]$ 上连续;

(2)在开区间 (a,b) 内可导;

(3)且 $f(a) = f(b)$,

则在区间 (a,b) 内至少存在一点 ξ,使得 $f'(\xi) = 0$.

证明 由闭区间上连续函数的性质可知,$f(x)$ 在 $[a,b]$ 上必能取得最大值 M 和最小值 m.

如果 $M = m$,则 $f(x)$ 在区间 $[a,b]$ 上恒等于一常数,因而在 (a,b) 内的一切点 x 处都有 $f'(x) = 0$,定理成立.

如果 $M \neq m$,这时由于 $f(a) = f(b)$,故 M 和 m 中至少有一个在区间内部某点 ξ 处取得. 根据上述引理,在点 ξ 处便有 $f'(\xi) = 0$. 总之,在 $f(a) = f(b)$ 时定理成立.

定理从几何上可以解释为:如果连续曲线 $y = f(x)$ 的两个端点 A 与 B 的纵坐标相等,且除端点外处处有不垂直于 x 轴的切线,则在曲线弧 AB 上至少有一点 C,过该点的切线平行于 x 轴(图 3-1).

需要注意的是,定理中的条件是充分但不必要的. 也就是说,定理中的三个条件任何一个不满足,定理的结论将可能不成立;但定理中的条件不全满足,结论也可能成立.

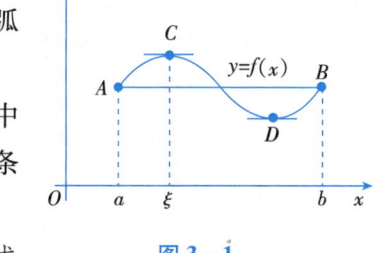

图 3-1

例 1 验证函数 $f(x) = x^2 - 2x$ 在区间 $[0,2]$ 上满足罗尔定理,并求出满足 $f'(\xi) = 0$ 的点 ξ.

解 函数 $f(x) = x^2 - 2x$ 在 $[0,2]$ 上连续,在 $(0,2)$ 内可导,又 $f(0) = f(2) = 0$,因此,$f(x)$ 满足罗尔定理.

由

$$f'(x) = 2x - 2 = 0.$$

得 $x = 1$. 即在 $(0,2)$ 内存在一点 $\xi = 1$,使 $f'(\xi) = 0$.

3.1.2 拉格朗日中值定理

定理 2(拉格朗日中值定理) 如果函数 $f(x)$ 满足

(1)在闭区间 $[a,b]$ 上连续;

(2)在开区间 (a,b) 内可导,

则在 (a,b) 内至少存在一点 ξ,使得

$$f'(\xi) = \frac{f(b) - f(a)}{b - a}.$$

观察罗尔定理与拉格朗日中值定理的条件和结论,可以看出,罗尔定理是拉格朗日中值定理的特殊情形.

证明 引进辅助函数

$$\varphi(x) = f(x) - \left[f(a) + \frac{f(b)-f(a)}{b-a}(x-a)\right].$$

$\varphi(x)$ 是曲线 $y = f(x)$ 与弦 AB 上横坐标为 x 的点的纵坐标之差(图 3-2),是 x 的函数,容易验证 $\varphi(x)$ 在区间 $[a,b]$ 上满足罗尔定理的条件:$\varphi(a) = \varphi(b) = 0$,$\varphi(x)$ 在 $[a,b]$ 上连续,在 (a,b) 内可导,且

$$\varphi'(x) = f'(x) - \frac{f(b)-f(a)}{b-a}.$$

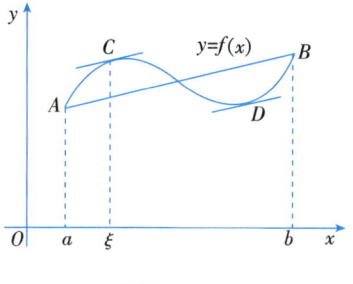

图 3-2

由罗尔定理知,至少有一点 $\xi \in (a,b)$ 内,使 $\varphi'(\xi) = 0$,即

$$f'(\xi) = \frac{f(b)-f(a)}{b-a}.$$

由此得

$$f(b) - f(a) = f'(\xi)(b-a).$$

从图 3-2 可看出,上式左边为弦 AB 的斜率,而右边为曲线在点 C 处的切线的斜率. 由此可得拉格朗日中值定理的几何意义:如果连续曲线 $y = f(x)$ 的弧 AB 上除端点外处处有不垂直于 x 轴的切线,那么这弧上至少有一点 C,使曲线在点 C 处的切线平行于弦 AB.

由拉格朗日中值定理,可以得到积分学中的两个重要推论:

推论 1 如果在区间 I 内 $f'(x) \equiv 0$,则函数 $f(x)$ 在该区间 I 内恒等于一个常数.

推论 2 如果在区间 I 内 $f(x)$ 与 $g(x)$ 的导数处处相等,即 $f'(x) \equiv g'(x)$,则函数 $f(x)$ 与 $g(x)$ 在该区间 I 内仅相差一个常数,即存在常数 C,使得

$$f(x) - g(x) = C.$$

例 2 证明:当 $0 < a < b$ 时,$\dfrac{b-a}{b} < \ln \dfrac{b}{a} < \dfrac{b-a}{a}$.

证明 令 $f(x) = \ln x$,则 $f'(x) = \dfrac{1}{x}$,$f(x)$ 在 $[a,b]$ 上连续,在 (a,b) 内可导,由拉格朗日中值定理知,至少存在一点 $\xi \in (a,b)$,使

$$f(b) - f(a) = f'(\xi)(b-a),$$

即

$$\ln b - \ln a = \frac{1}{\xi}(b-a).$$

因为 $0 < a < \xi < b$,所以

$$\frac{b-a}{b} < \ln \frac{b}{a} < \frac{b-a}{a}.$$

例 3 证明 $\arcsin x + \arccos x = \dfrac{\pi}{2}$($-1 \leqslant x \leqslant 1$).

证明 令 $f(x) = \arcsin x + \arccos x$($-1 \leqslant x \leqslant 1$),因为

$$f'(x) = \frac{1}{\sqrt{1-x^2}} - \frac{1}{\sqrt{1-x^2}} \equiv 0 \quad (-1 < x < 1),$$

由推论知 $f'(x) \equiv C$（C 为常数，$-1 < x < 1$）．

令 $x = 0$，得 $C = \dfrac{\pi}{2}$，因此

$$\arcsin x + \arccos x = \dfrac{\pi}{2} \ (-1 < x < 1).$$

又 $f(-1) = \arcsin(-1) + \arccos(-1) = \dfrac{\pi}{2}$，

$$f(1) = \arcsin(1) + \arccos(1) = \dfrac{\pi}{2}.$$

综上可得

$$\arcsin x + \arccos x = \dfrac{\pi}{2} \ (-1 \leqslant x \leqslant 1).$$

3.1.3 柯西中值定理

定理 3（柯西中值定理） 如果函数 $f(x)$ 与 $g(x)$ 满足

（1）在闭区间 $[a,b]$ 上连续；

（2）在开区间 (a,b) 内可导；

（3）对任一 $x \in (a,b)$，$g'(x) \neq 0$，

则在 (a,b) 内至少存在一点 ξ，使得

$$\dfrac{f(b) - f(a)}{g(b) - g(a)} = \dfrac{f'(\xi)}{g'(\xi)}.$$

显然，如果 $g(x) = x$，那么 $g(b) - g(a) = b - a$，$g'(x) = 1$，则上式化为

$$f'(\xi) = \dfrac{f(b) - f(a)}{b - a}.$$

可见，拉格朗日中值定理是柯西中值定理的特殊情形．

习题 3.1

1. 验证罗尔定理对函数 $f(x) = x - x^3$ 在区间 $[0,1]$ 上的正确性．

2. 证明恒等式 $\arctan x + \operatorname{arccot} x = \dfrac{\pi}{2}$，$x \in (-\infty, +\infty)$．

3. 不用求出函数 $f(x) = (x-2)(x-3)(x-4)(x-5)$ 的导数，说明方程 $f'(x) = 0$ 有几个实根，并指出它们所在的区间．

4. 证明：对任意常数 a，b 有 $|\sin a - \sin b| \leqslant |a - b|$．

3.2 洛必达法则

在第一章中，我们知道当两个函数 $f(x)$ 与 $g(x)$ 都趋于零或都趋于无穷大时，极限 $\lim \dfrac{f(x)}{g(x)}$ 可能存在，也可能不存在，通常把这种极限叫作未定式，记作 $\dfrac{0}{0}$ 型或 $\dfrac{\infty}{\infty}$ 型．这类极限不能用极限的四则运算法则计算，下面我们给出计算这类极限的法则——洛必达法则．

3.2.1 $\dfrac{0}{0}$ 型与 $\dfrac{\infty}{\infty}$ 型未定式的极限

定理（洛必达法则） 设函数 $f(x)$ 与 $g(x)$ 满足

(1) $\lim\limits_{x\to x_0}f(x)=0,\lim\limits_{x\to x_0}g(x)=0$；

(2) 在 x_0 的去心邻域内可导，且 $g'(x)\ne 0$；

(3) $\lim\limits_{x\to x_0}\dfrac{f'(x)}{g'(x)}=A$（或无穷大），

那么
$$\lim_{x\to x_0}\dfrac{f(x)}{g(x)}=\lim_{x\to x_0}\dfrac{f'(x)}{g'(x)}=A\ (或无穷大).$$

例 1 求 $\lim\limits_{x\to 0}\dfrac{\sin x}{x}$.

解 这是第一重要极限，我们已经知道极限为 1，下面利用洛必达法则求解.

这是 $\dfrac{0}{0}$ 型未定式，由洛必达法则得
$$\lim_{x\to 0}\dfrac{\sin x}{x}=\lim_{x\to 0}\dfrac{(\sin x)'}{x'}=\lim_{x\to 0}\cos x=1.$$

例 2 求 $\lim\limits_{x\to 1}\dfrac{2x^2-x-1}{x^2-3x+2}$.

解 当 $x\to 1$ 时，分子和分母的极限都是 0，是 $\dfrac{0}{0}$ 型未定式，由洛必达法则得
$$\lim_{x\to 1}\dfrac{2x^2-x-1}{x^2-3x+2}=\lim_{x\to 1}\dfrac{(2x^2-x-1)'}{(x^2-3x+2)'}=\lim_{x\to 1}\dfrac{4x-1}{2x-3}=-3.$$

洛必达法则

关于洛必达法则，有以下几点需要说明：

① 定理中的条件 (1) $\lim\limits_{x\to x_0}f(x)=0,\lim\limits_{x\to x_0}g(x)=0$，如果改为 $\lim\limits_{x\to x_0}f(x)=\infty,\lim\limits_{x\to x_0}g(x)=\infty$，则 $\lim\limits_{x\to x_0}\dfrac{f(x)}{g(x)}$ 是 $\dfrac{\infty}{\infty}$ 型未定式，定理仍适用；

② 定理中的 $x\to x_0$，若改为 x 的其他变化趋势，定理仍适用；

③ 如果 $\lim\dfrac{f(x)}{g(x)}$ 应用洛必达法则后 $\lim\dfrac{f'(x)}{g'(x)}$ 仍然是 $\dfrac{0}{0}$ 型或 $\dfrac{\infty}{\infty}$ 型，可对 $\lim\dfrac{f'(x)}{g'(x)}$ 再次应用洛必达法则.

例 3 求 $\lim\limits_{x\to +\infty}\dfrac{\dfrac{\pi}{2}-\arctan x}{\dfrac{1}{x}}$.

解 当 $x\to +\infty$ 时，分子和分母的极限都是 0，是 $\dfrac{0}{0}$ 型未定式，由洛必达法则得
$$\lim_{x\to +\infty}\dfrac{\dfrac{\pi}{2}-\arctan x}{\dfrac{1}{x}}=\lim_{x\to +\infty}\dfrac{-\dfrac{1}{1+x^2}}{-\dfrac{1}{x^2}}=\lim_{x\to +\infty}\dfrac{x^2}{1+x^2}=1.$$

在应用洛必达法则时，求出分子和分母的导数后要注意化简整理.

例 4 求 $\lim\limits_{x\to+\infty}\dfrac{\ln x}{x}$.

解 当 $x\to+\infty$ 时,分子和分母都趋向于 $+\infty$,是 $\dfrac{\infty}{\infty}$ 型未定式,由洛必达法则得

$$\lim_{x\to+\infty}\frac{\ln x}{x}=\lim_{x\to+\infty}\frac{(\ln x)'}{x'}=\lim_{x\to+\infty}\frac{1}{x}=0.$$

例 5 求 $\lim\limits_{x\to+\infty}\dfrac{e^x}{x^2}$.

解 这是 $\dfrac{\infty}{\infty}$ 型未定式,则

$$\lim_{x\to+\infty}\frac{e^x}{x^2}\xlongequal{\text{用法则}}\lim_{x\to+\infty}\frac{(e^x)'}{(x^2)'}=\lim_{x\to+\infty}\frac{e^x}{2x}\left(\frac{\infty}{\infty}\text{型}\right)\xlongequal{\text{用法则}}\lim_{x\to+\infty}\frac{e^x}{2}=+\infty.$$

例 6 求 $\lim\limits_{x\to+\infty}\dfrac{\ln\left(1+\dfrac{1}{x}\right)}{\operatorname{arccot}x}$.

解 这是 $\dfrac{0}{0}$ 型未定式,则

$$\lim_{x\to+\infty}\frac{\ln\left(1+\dfrac{1}{x}\right)}{\operatorname{arccot}x}\xlongequal{\text{用法则}}\lim_{x\to+\infty}\frac{\dfrac{1}{1+\dfrac{1}{x}}\cdot\left(-\dfrac{1}{x^2}\right)}{-\dfrac{1}{1+x^2}}\xlongequal{\text{化简}}\lim_{x\to+\infty}\frac{1+x^2}{x^2+x}\left(\frac{\infty}{\infty}\text{型}\right)$$

$$\xlongequal{\text{用法则}}\lim_{x\to+\infty}\frac{2x}{2x+1}\left(\frac{\infty}{\infty}\text{型}\right)\xlongequal{\text{用法则}}\lim_{x\to+\infty}\frac{2}{2}=1.$$

在例 6 中,计算至 $\lim\limits_{x\to+\infty}\dfrac{1+x^2}{x^2+x}$ 时可以直接得到极限为 1. 想一想,这是利用了什么结论?

3.2.2 其他未定式的极限

$0\cdot\infty$、$\infty-\infty$、0^0、1^∞、∞^0 型未定式,都可以转化为 $\dfrac{0}{0}$ 型或 $\dfrac{\infty}{\infty}$ 型未定式来计算,下面分别举例说明.

例 7 求 $\lim\limits_{x\to0^+}x\ln x$.

解 这是 $0\cdot\infty$ 型未定式,先将其化成 $\dfrac{\infty}{\infty}$ 型,得

$$\lim_{x\to0^+}x\ln x=\lim_{x\to0^+}\frac{\ln x}{\dfrac{1}{x}}=\lim_{x\to0^+}\frac{\dfrac{1}{x}}{-\dfrac{1}{x^2}}=-\lim_{x\to0^+}x=0.$$

需要注意的是,在求 $0\cdot\infty$ 型未定式时,需将一个函数以倒数形式放到分母上,不可选择对数函数和反三角函数. 想一想,这是为什么?

例 8 求 $\lim\limits_{x\to0}\left(\dfrac{1}{x}-\dfrac{1}{e^x-1}\right)$.

解 这是 $\infty-\infty$ 型未定式,先将其化成 $\dfrac{0}{0}$ 型,得

$$\lim_{x\to 0}\left(\frac{1}{x} - \frac{1}{e^x - 1}\right) = \lim_{x\to 0}\frac{e^x - 1 - x}{x(e^x - 1)} = \lim_{x\to 0}\frac{e^x - 1}{e^x - 1 + xe^x}$$

$$= \lim_{x\to 0}\frac{e^x}{e^x + e^x + xe^x} = \frac{1}{2}.$$

洛必达法则

例 9 求 $\lim\limits_{x\to\infty}\left(1 + \dfrac{1}{x}\right)^x$.

解 这是第二重要极限,我们已经知道极限为 e,下面利用洛必达法则求解.

这是 1^∞ 型,由于 $\left(1+\dfrac{1}{x}\right)^x = e^{\ln\left(1+\frac{1}{x}\right)^x} = e^{x\ln\left(1+\frac{1}{x}\right)}$,且

$$\lim_{x\to\infty} x\ln\left(1+\frac{1}{x}\right) = \lim_{x\to\infty}\frac{\ln\left(1+\frac{1}{x}\right)}{\frac{1}{x}} = \lim_{x\to\infty}\frac{\frac{1}{1+\frac{1}{x}}\cdot\left(-\frac{1}{x^2}\right)}{-\frac{1}{x^2}} = \lim_{x\to\infty}\frac{1}{1+\frac{1}{x}} = 1,$$

则

$$\lim_{x\to\infty}\left(1+\frac{1}{x}\right)^x = e^1 = e.$$

未定式 0^0 型和 ∞^0 型的极限可以仿照例 9 求得.

需要指出的是,当定理条件满足时,所求极限存在(或为 ∞),但当定理条件不满足时,所求极限也可能存在.

例 10 求 $\lim\limits_{x\to\infty}\dfrac{x+\sin x}{x}$.

解 利用洛必达法则得

$$\lim_{x\to\infty}\frac{x+\sin x}{x} = \lim_{x\to\infty}\frac{(x+\sin x)'}{x'} = \lim_{x\to\infty}(1+\cos x),$$

显然,这个极限是不存在的,即不满足洛必达法则的条件.事实上,

$$\lim_{x\to\infty}\frac{x+\sin x}{x} = \lim_{x\to\infty}\left(1+\frac{\sin x}{x}\right) = 1 + \lim_{x\to\infty}\frac{\sin x}{x} = 1.$$

习题 3.2

1.利用洛必达法则求下列极限:

(1) $\lim\limits_{x\to 3}\dfrac{x-3}{x^2-9}$;

(2) $\lim\limits_{x\to 0}\dfrac{\ln(1+x)}{x}$;

(3) $\lim\limits_{x\to\infty}\dfrac{3x^3+4x^2+2}{7x^3+5x^2-3}$;

(4) $\lim\limits_{x\to+\infty}\dfrac{3e^x+x^2}{e^x-x}$;

(5) $\lim\limits_{x\to\infty}x\sin\dfrac{1}{x}$;

(6) $\lim\limits_{x\to 1}\left(\dfrac{2}{x^2-1} - \dfrac{1}{x-1}\right)$;

(7) $\lim\limits_{x\to 0}\left(\dfrac{1}{\sin x} - \dfrac{1}{x}\right)$;

(8) $\lim\limits_{x\to 0^+}x^{\sin x}$;

(9) $\lim\limits_{x\to 0}(1+x)^{\frac{1}{x}}$;

(10) $\lim\limits_{x\to 1}x^{\frac{1}{1-x}}$.

2. 求下列极限并思考是否能够利用洛必达法则:

(1) $\lim\limits_{x \to +\infty} \dfrac{e^x - e^{-x}}{e^x + e^{-x}}$;

(2) $\lim\limits_{x \to \infty} \dfrac{x - \sin x}{x + \sin x}$.

3.3 函数的单调性与极值

3.3.1 函数的单调性

在第一章中我们已经了解可以利用定义来判断函数的单调性,但对于较复杂的函数利用定义通常是比较困难的. 函数 $y = f(x)$ 的单调性在几何上表现为曲线沿 x 轴正方向的上升或下降. 如果函数 $f(x)$ 在区间 I 上单调增加,由图 3-3 可以看出,曲线上各点处的切线的倾斜角都是锐角,则切线的斜率 $k = \tan\alpha > 0$,由导数的几何意义可知 $f'(x) > 0$;如果函数 $f(x)$ 在区间 I 上单调减少,从图 3-4 中可以看出,曲线上各点处的切线的倾斜角都是钝角,其斜率 $k = \tan\alpha < 0$,即 $f'(x) < 0$.

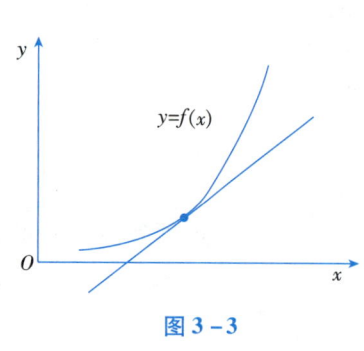

图 3-3

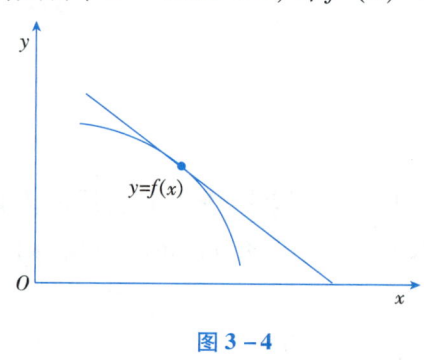

图 3-4

通过以上分析可知,函数的单调性与导数的符号有密切的关系. 下面给出判断函数单调性的充分条件.

定理 设函数 $f(x)$ 在区间 I 内可导,如果

(1) $f'(x) > 0$,则 $f(x)$ 在区间 I 上单调增加;

(2) $f'(x) < 0$,则 $f(x)$ 在区间 I 上单调减少.

需要指出的是,如果 $f'(x)$ 在区间 I 内有限个点为 0,其余点恒正或恒负,$f(x)$ 在该区间仍单调.

例 1 判断 $f(x) = x^3$ 的单调性.

解 函数的定义域为 $(-\infty, +\infty)$,因为

$$f'(x) = 3x^2 \geq 0,$$

所以函数 $f(x) = x^3$ 在 $(-\infty, +\infty)$ 上单调增加. 函数的图像如图 3-5 所示.

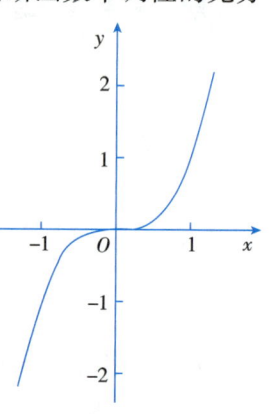

图 3-5

例 2 讨论函数 $f(x) = 3x^2 - 6x + 2$ 的单调性.

解 函数的定义域为 $(-\infty, +\infty)$.

求导得

$$f'(x) = 6x - 6 = 6(x - 1).$$

当 $x > 1$ 时,$f'(x) > 0$,则函数 $f(x)$ 在 $(1, +\infty)$ 上单调递增;当 $x < 1$ 时,$f'(x) < 0$,则函数 $f(x)$ 在 $(-\infty, 1)$ 上单调递减. 函数的图像如图 3-6 所示.

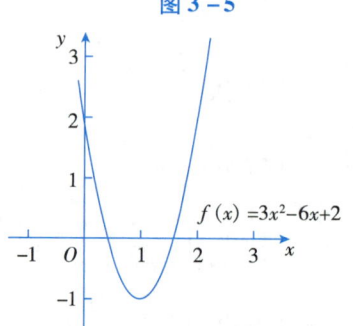

图 3-6

如果没有指明要判断函数在哪个区间上的单调性,应该讨论函数在整个定义域上的单调性. 一般情况下,求函数单调区间的步骤如下:

(1)确定函数的定义域;

(2)求出 $f'(x)$;

(3)求出使 $f'(x) = 0$ 及不存在的点;

(4)利用第(3)步得到的点去分割定义域,列表确定 $f'(x)$ 在各个部分区间内的符号;

(5)写出结论.

例3 确定函数 $f(x) = \sqrt[3]{(6x - x^2)^2}$ 的单调区间.

解 函数的定义域为 $(-\infty, +\infty)$.

求导得

$$f'(x) = \frac{2}{3}(6x - x^2)^{-\frac{1}{3}} \cdot (6 - 2x) = \frac{2(6 - 2x)}{3\sqrt[3]{6x - x^2}}.$$

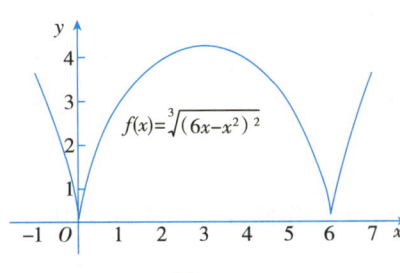

图 3-7

令 $f'(x) = 0$,得 $x = 3$.

当 $x = 0$ 和 $x = 6$ 时 $f'(x)$ 不存在.

用 $x = 0, 3, 6$ 分割定义域成部分区间,列表讨论如下:

x	$(-\infty, 0)$	0	$(0,3)$	3	$(3,6)$	6	$(6, +\infty)$
$f'(x)$	-	不存在	+	0	-	不存在	+
$f(x)$	↘		↗		↘		↗

所以,函数 $y = \sqrt[3]{(6x - x^2)^2}$ 的单增区间为 $(0,3)$ 及 $(6, +\infty)$,单减区间为 $(-\infty, 0)$ 及 $(3,6)$. 函数的图像如图 3-7 所示.

例4 证明:当 $x > 0$ 时,$\ln(1 + x) > x - \dfrac{x^2}{2}$.

解 令 $f(x) = \ln(1 + x) - x + \dfrac{x^2}{2}$,则

$$f'(x) = \frac{1}{1 + x} - 1 + x = \frac{x^2}{1 + x}.$$

在 $(0, +\infty)$ 内 $f'(x) > 0$,因此在 $[0, +\infty)$ 上 $f(x)$ 单调增加,从而当 $x > 0$ 时,$f(x) > f(0) = 0$,即

$$\ln(1 + x) > x - \frac{x^2}{2}.$$

3.3.2 函数的极值

1. 函数的极值

观察图 3-8, 在点 x_0 附近, x_0 对应的函数值 $f(x_0)$ 比其他点对应的函数值都大. 而在点 x_1 附近, x_1 对应的函数值 $f(x_1)$ 比其他点对应的函数值都小. 对于这类性质的点, 有以下定义:

设函数 $f(x)$ 在 x_0 的某邻域内有定义, x ($x \neq x_0$) 是其中任意一点, 如果

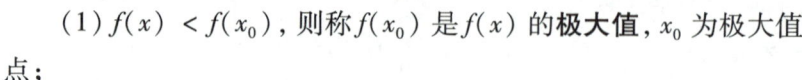

图 3-8

(1) $f(x) < f(x_0)$, 则称 $f(x_0)$ 是 $f(x)$ 的**极大值**, x_0 为极大值点;

(2) $f(x) > f(x_0)$, 则称 $f(x_0)$ 是 $f(x)$ 的**极小值**, x_0 为极小值点.

函数的极大值与极小值统称为函数的**极值**. 极大值点与极小值点统称为**极值点**.

在图 3-8 中, 函数 $f(x)$ 有三个极大值 $f(x_0)$、$f(x_2)$ 及 $f(x_4)$, 两个极小值 $f(x_1)$ 和 $f(x_3)$, 其中极大值 $f(x_4)$ 比极小值 $f(x_1)$ 还小. 也就是说, 函数的极值是局部性概念, 它不一定是整个定义域上的最大值或最小值, 并且极大值不一定大于极小值.

2. 极值的判别法

从图 3-8 可以看出, 如果在极值点 x_0 作曲线 $y = f(x)$ 的切线, 切线一定与 x 轴平行, 即斜率 $k = f'(x_0) = 0$. 因此, 有下述定理.

定理 (极值存在的必要条件) 设函数 $f(x)$ 在 x_0 处可导, 且在 x_0 处取得极值, 则 $f'(x_0) = 0$.

我们把导数为 0 的点称为函数 $f(x)$ 的**驻点**. 上述定理也可以说, **可导的极值点一定是驻点**. 需要注意的是:

(1) 驻点不一定是极值点. 如 $x = 0$ 是函数 $f(x) = x^3$ 的驻点, 但不是极值点. 这是因为函数 $f(x) = x^3$ 在整个实数集上都是单调递增的, 无极值点.

(2) 使 $f'(x)$ 不存在的点 x_0 也可能是函数 $f(x)$ 的极值点. 如函数 $f(x) = |x|$ 在 $x = 0$ 处不可导, 但 $x = 0$ 是函数的极小值点.

由上面的分析可知, 函数的极值只可能在驻点及导数不存在的点处取到, 可以先找出这些点, 再判断它们是否为极值点, 那么如何判断呢? 对此, 有以下定理:

定理 (极值存在的充分条件) 设函数 $f(x)$ 在 x_0 处连续, 在 x_0 的某个去心邻域内可导 ($f'(x_0)$ 可以不存在), 如果

(1) x 在 x_0 的左侧邻域内取值时 $f'(x) > 0$, 在 x_0 的邻域内近旁取值时 $f'(x) < 0$, 那么 x_0 是函数 $f(x)$ 的极大值点;

(2) x 在 x_0 的左侧邻域内取值时 $f'(x) < 0$, 在 x_0 的邻域内近旁取值时 $f'(x) > 0$, 那么 x_0 是函数 $f(x)$ 的极小值点;

(3) $f'(x)$ 在 x_0 的左右邻域内符号相同, 则 x_0 不是 $f(x)$ 的极值点.

根据极值存在的充分条件, 求函数极值的一般步骤如下:

(1) 求出函数的定义域;

(2) 求出 $f'(x)$;

(3) 求出使 $f'(x) = 0$ 及不存在的点;
(4) 利用第(3)步得到的点分割定义域成部分区间;
(5) 列表确定 $f'(x)$ 在各个部分区间内的符号,确定极值点;
(6) 把极值点代入函数 $f(x)$ 中,求出极值.

例 5 求函数 $f(x) = 2x^2 - 8x + 5$ 的极值.

解 函数的定义域为 $(-\infty, +\infty)$. 求导得
$$f'(x) = 4x - 8.$$
令 $f'(x) = 0$, 得
$$x = 2.$$

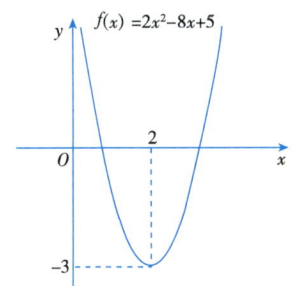

图 3-9

用 $x = 2$ 分定义域 $(-\infty, +\infty)$ 成部分区间,列表讨论如下:

x	$(-\infty, 2)$	2	$(2, +\infty)$
$f'(x)$	$-$	0	$+$
$f(x)$	↘	极小值	↗

则函数在 $x = 2$ 时取得极小值 $f(2) = -3$. 函数的图像如图 3-9 所示.

例 6 求函数 $y = (x-1)\sqrt[5]{x^4}$ 的极值.

解 函数的定义域为 $(-\infty, +\infty)$. 求导得
$$y' = \frac{9x-4}{5\sqrt[5]{x}}.$$

令 $y' = 0$ 得, $x = \frac{4}{9}$;当 $x = 0$ 时, y' 不存在.

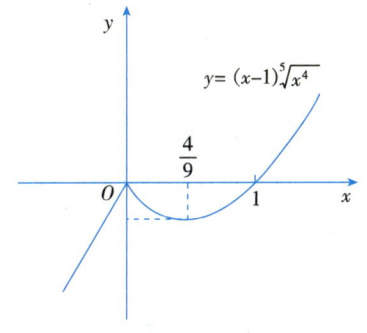

图 3-10

用 $x = 0, \frac{4}{9}$ 分割定义域成部分区间,列表讨论如下:

x	$(-\infty, 0)$	0	$\left(0, \frac{4}{9}\right)$	$\frac{4}{9}$	$\left(\frac{4}{9}, +\infty\right)$
y'	$+$	不存在	$-$	0	$+$
y	↗	极大值	↘	极小值	↗

则函数在 $x = 0$ 时取得极大值 $y|_{x=0} = 0$,在 $x = \frac{4}{9}$ 时取得极小值 $y|_{x=\frac{4}{9}} = -\frac{5}{9}\sqrt[5]{\left(\frac{4}{9}\right)^4}$. 函数的图像如图 3-10 所示.

习题 3.3

1. 求函数 $f(x) = 2x^3 - 9x^2 + 12x$ 的单调区间.

2. 判定曲线 $y = (x+6)e^{\frac{1}{x}}$ 的单调减区间的个数.

3. 证明:当 $x > 1$ 时, $2\sqrt{x} > 3 - \frac{1}{x}$.

4. 若函数 $f(x) = ax^2 - bx$ 在 $x = 1$ 处可导且取得极值,且极值为 -2,求 a 与 b 的值.

5. 求函数 $y = x^3 - x^2 - x + 1$ 的单调区间与极值.

6. 求函数 $y = x + \dfrac{1}{x+1}$ 的单调区间与极值.

3.4 函数的最值及其应用

3.4.1 闭区间上连续函数的最大值与最小值

在生产实际中,常常会遇到在一定条件下,如何使材料最省、效率最高、利润最大等问题. 在数学上,这类问题通常归结为求一个函数的最大值或最小值问题.

在第一章中我们已经讲过连续函数 $f(x)$ 在闭区间 $[a,b]$ 上一定有最大值和最小值,函数的最值可能在区间内部取到,也可能在区间的端点处取到. 下面给出求连续函数 $f(x)$ 在闭区间 $[a,b]$ 上的最大值和最小值的一般步骤:

(1) 求 $f'(x)$;

(2) 求出 $f(x)$ 在 (a,b) 内的所有驻点及导数不存在的点;

(3) 求出 $f(x)$ 在上述驻点、导数不存在的点及两端点处的函数值;

(4) 比较上面所得的函数值,最小者为最小值,最大者为最大值.

例 1 求函数 $f(x) = x^3 - 6x^2 + 1$ 在区间 $[-3,3]$ 上的最大值和最小值.

解 $f'(x) = 3x^2 - 12x$.

令 $f'(x) = 0$,求得驻点 $x_1 = 0, x_2 = 4$(舍去). 计算得

$$f(0) = 1, f(-3) = -80, f(3) = -26.$$

比较得函数 $f(x)$ 在区间 $[-3,3]$ 上的最大值为 $f(0) = 1$,最小值为 $f(-3) = -80$.

3.4.2 实际应用中的函数最值

在实际应用问题中,如果 (a,b) 内部只有一个驻点 x_0,又由实际问题本身可知在 (a,b) 内函数的最大值(或最小值)确实存在,那么 $f(x_0)$ 就是所要求的最大值(或最小值).

例 2 以直的河岸为一边,用篱笆围出一矩形场地. 现有篱笆长 40 米,问所能围出的最大场地的面积是多少?

解 设围成的矩形场地垂直河岸的一边长为 x 米,则与河岸平行的一边长均为 $40 - 2x$ 米,所围的面积为

$$S = x(40 - 2x), 0 < x < 40.$$

求导得

$$S' = 40 - 2x - 2x = 40 - 4x.$$

令 $S' = 0$,得 $x = 10$. 由于驻点唯一,则

$$S_{最大} = 10 \times (40 - 20) = 200.$$

所以所能围出的最大场地的面积为 200 平方米.

例 3 铁路线上 AB 段的距离为 100 km,工厂 C 距 A 处为 20 km,且 $AB \perp AC$. 为运输需要,需在 AB 线上选定一点 D 向工厂 C 修一条公路(图 3 – 11).

已知铁路与公路运费之比为 3∶5,为使货物从

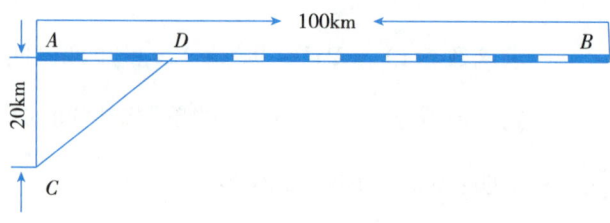

图 3 – 11

供应站 B 到工厂 C 的运费最省,问点 D 应选在何处?

解 设 $AD = x$ km,则 $BD = (100 - x)$ km, $CD = \sqrt{20^2 + x^2} = \sqrt{400 + x^2}$ km.

设每千米的公路的运费为 $5k$,则每千米铁路的运费为 $3k$.用 y 表示总运费,则

$$y = 5k \cdot \sqrt{400 + x^2} + 3k(100 - x) \ (0 \leqslant x \leqslant 100).$$

求导得

$$y' = k\left(\frac{5x}{\sqrt{400 + x^2}} - 3\right).$$

令 $y' = 0$,得驻点 $x_1 = 15, x_2 = -15$.其中 $x_2 = -15$ 要舍去,因为 $x_2 = -15$ 不在函数的定义域 $[0, 100]$ 中.

因为总运费的最小值在 $[0,100]$ 中一定存在,且函数在 $[0,100]$ 中有唯一的驻点,所以,当 $AD = 15$ km 时,总运费最省.

习题 3.4

1. 求 $f(x) = 2x^2 - 12x + 5$ 在 $[0,5]$ 上的最大值与最小值.

2. 要盖一间长方形小屋.现有存砖只够砌 20 米长的墙壁,问应围成怎样的长方形才能使这间小屋的面积最大?

3. 某单位要建造一个体积为 V 的有盖圆柱形水箱,怎样选取圆柱形水箱的半径和高才能使用料最省?

3.5 曲线的凹向与拐点

3.5.1 凹向与拐点的定义

在 3.3 节中,我们研究了如何用导数判断函数的单调性,掌握了曲线上升与下降的规律.但在图 3-12 中我们注意到,曲线 $f(x)$ 在其定义域内单调增加,但在 x_0 左右两侧的弯曲方向是不同的.讨论曲线的弯曲问题就是讨论曲线的凹向.

在区间 I 内,如果曲线 $y = f(x)$ 位于其上任意一点的切线的上方,则称曲线 $y = f(x)$ 在区间 I 上是**凹**的.如果曲线 $y = f(x)$ 位于其上任意一点的切线的下方,则称曲线 $y = f(x)$ 在区间 I 上是**凸**的.

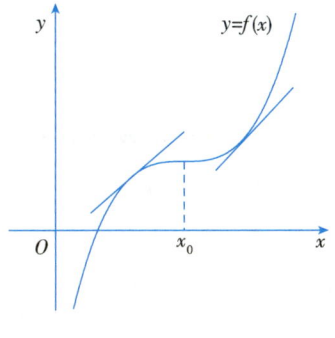

图 3-12

曲线 $y = f(x)$ 上凹弧与凸弧的分界点,称为曲线的**拐点**.

3.5.2 凹向与拐点的判别法

从图 3-13 可以看出,如果曲线 $y = f(x)$ 是凹的,其切线的倾斜角随着自变量的增加而增大,也就是切线的斜率是递增的.由于切线斜率是 $y = f(x)$ 的导数 $f'(x)$,因此如果曲线 $y = f(x)$ 是凹的,其导数 $f'(x)$ 一定是单调增加的;同样,如果曲线 $y = f(x)$ 是凸的,其导数 $f'(x)$ 一定是单调减少的(图 3-14).由此可见,曲线的凹向可以通过导数 $f'(x)$ 的单调性来判定,而导数 $f'(x)$ 的单调性又可以通过 $f'(x)$ 的导数 $f''(x)$ 来判定,则有以下判定定理.

定理 设函数 $y = f(x)$ 在区间 (a,b) 内二阶可导,如果

(1)在区间 (a,b) 内 $f''(x) > 0$,则曲线 $y = f(x)$ 在 (a,b) 内是凹的;

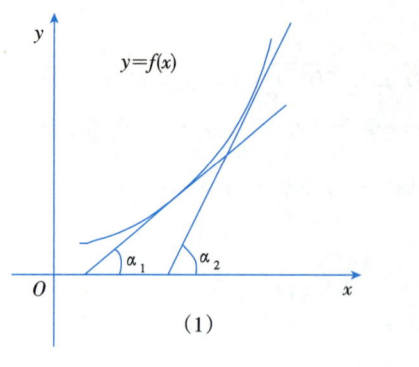
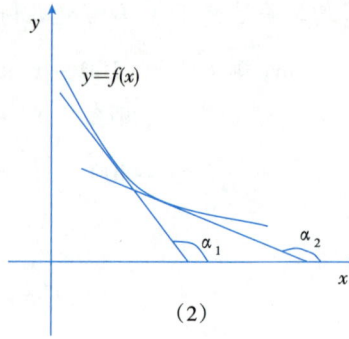

图 3–13

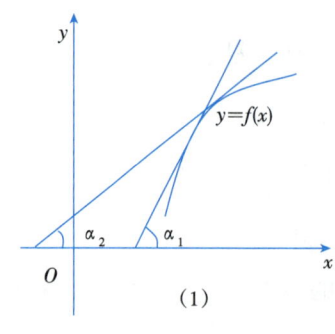
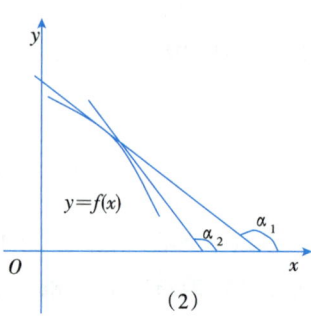

图 3–14

(2) 在区间 (a,b) 内 $f''(x) < 0$，则曲线 $y = f(x)$ 在 (a,b) 内是凸的.

例1 判定曲线 $y = \ln x$ 的凹向.

解 在定义域 $(0, +\infty)$ 内，因为 $y' = \dfrac{1}{x}, y'' = -\dfrac{1}{x^2}$，所以 $y'' < 0$，由定理可知，曲线 $y = \ln x$ 是凸的.

例2 判定曲线 $y = x^2$ 的凹向.

解 因为 $y' = 2x, y'' = 2$，所以在定义域 $(-\infty, +\infty)$ 内，$y'' > 0$，由定理可知，曲线 $y = x^2$ 是凹的.

例3 判定曲线 $y = x^3$ 的凹向.

解 因为 $y' = 3x^2, y'' = 6x$. 当 $x < 0$ 时，$y'' < 0$，所以曲线 $y = x^3$ 在 $(-\infty, 0)$ 内是凸的；当 $x > 0$ 时，$y'' > 0$，所以曲线 $y = x^3$ 在 $(0, +\infty)$ 内是凹的.

在例3中，点 $(0,0)$ 是曲线 $y = x^3$ 的拐点.

由拐点的定义可知，拐点两侧二阶导数符号相反，如果 $y = f(x)$ 是二阶可导函数，那么在拐点处必有 $y'' = 0$，但反之不成立. 如 $y = x^4$，在 $x = 0$ 处二阶导数为 0，但 $(0,0)$ 不是曲线 $y = x^4$ 的拐点. 事实上，由于其二阶导数 $y'' = 12x^2 \geqslant 0$，则曲线 $y = x^4$ 在定义域 $(-\infty, +\infty)$ 内是凹的.

如何来寻找曲线的拐点呢？

由定义可知，曲线上凹凸的分界点就是 $f''(x)$ 符号发生变化的点. 这样的分界点可能是 $f''(x) = 0$ 的点，也可能是 $f''(x)$ 不存在的点. 由此得到判定曲线 $y = f(x)$ 的凹向和拐点的步骤：

(1) 求定义域；

(2) 求 $f''(x)$，找出二阶导数为 0 的点及二阶导数不存在的点；

(3) 用二阶导数为 0 的点及二阶导数不存在的点将函数 $f(x)$ 的连续区间分成部分区间;

(4) 判断 $f''(x)$ 在各个部分区间上的符号,确定曲线的凹凸区间和拐点.

例 4 求曲线 $y = -x^3 + 3x + 2$ 的凹凸区间及拐点.

解 函数的定义域为 $(-\infty, +\infty)$.

求导得 $y' = -3x^2 + 3, y'' = -6x$.

令 $y'' = -6x = 0$,得 $x = 0$.

$x = 0$ 将定义域分成两个小区间:$(-\infty, 0)$ 和 $(0, +\infty)$.列表讨论:

x	$(-\infty, 0)$	0	$(0, +\infty)$
y''	+	0	-
y	∪	2	∩

所以,曲线 $y = -x^3 + 3x + 2$ 的凹区间为 $(-\infty, 0)$,凸区间为 $(0, +\infty)$,拐点是 $(0, 2)$.

例 5 求曲线 $y = \sqrt[3]{x}$ 的拐点.

解 函数的定义域为 $(-\infty, +\infty)$.

求导得 $y' = \dfrac{1}{3\sqrt[3]{x^2}}, y'' = -\dfrac{2}{9x\sqrt[3]{x^2}}$.

当 $x = 0$ 时,y', y'' 都不存在.

$x = 0$ 将定义域分成两个小区间:$(-\infty, 0)$ 和 $(0, +\infty)$.列表讨论:

x	$(-\infty, 0)$	0	$(0, +\infty)$
y''	+	不存在	-
y	∪	0	∩

即曲线 $y = \sqrt[3]{x}$ 在区间 $(-\infty, 0)$ 内是凹的,在 $(0, +\infty)$ 内是凸的,则点 $(0, 0)$ 是该曲线的一个拐点.

习题 3.5

1. 设 $f(x)$ 在区间 $[a, b]$ 上连续,在 (a, b) 内具有一阶导数和二阶导数,且 $f'(x) > 0, f''(x) < 0$,则 $f(x)$ 在区间 $[a, b]$ 上( ).

    A. 单调递减且是凹的;   B. 单调递增且是凹的;

    C. 单调递减且是凸的;   D. 单调递增且是凸的.

2. 确定下列函数的凹向和拐点:

    (1) $y = x^3 - 3x^2 + 6$;   (2) $y = xe^{-x}$;

    (3) $y = x^2 + \dfrac{1}{x}$.

3. 试确定 a, b, c 的值,使曲线 $y = ax^3 + bx^2 + cx$ 的拐点为 $(1, 2)$,并且该点处的切线斜率为 -1.

3.6 曲线的渐近线函数作图

为了比较准确地描绘函数的图像,除了知道函数的单调性与极值、凹向与拐点,还应了解曲线的渐近线,渐近线可帮助我们定性地了解曲线的走向.

3.6.1 曲线的渐近线

观察图 3-15,当自变量的绝对值无限增大时,曲线 $y = f(x)$ 上的点与直线 $y = A$ 的距离趋于 0,这时我们把直线 $y = A$ 称为曲线 $y = f(x)$ 的**渐近线**. 渐近线有水平渐近线、垂直渐近线和斜渐近线三类. 我们只介绍前两类.

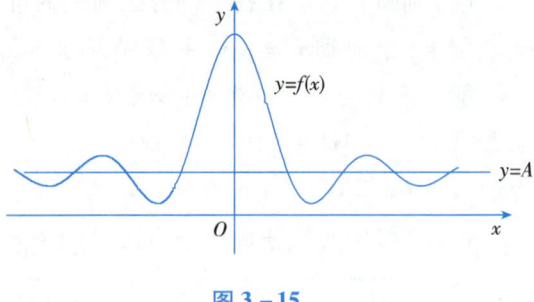

图 3-15

1. 水平渐近线

对于曲线 $y = f(x)$,如果 $\lim\limits_{x \to \infty} f(x) = b$ (或 $\lim\limits_{x \to -\infty} f(x) = b$,或 $\lim\limits_{x \to +\infty} f(x) = b$) 则称 $y = b$ 是 $y = f(x)$ 的**水平渐近线**. 如 x 轴是曲线 $y = \dfrac{1}{x}$ 的水平渐近线(图 1-6),x 轴是曲线 $y = 2^x$ 及 $y = \left(\dfrac{1}{2}\right)^x$ 的水平渐近线(图 1-22).

例 1 求曲线 $y = \arctan x$ 的水平渐近线.

解 由于 $\lim\limits_{x \to +\infty} \arctan x = \dfrac{\pi}{2}$,$\lim\limits_{x \to -\infty} \arctan x = -\dfrac{\pi}{2}$,

所以,直线 $y = \dfrac{\pi}{2}$ 和直线 $y = -\dfrac{\pi}{2}$ 都是 $y = \arctan x$ 的水平渐近线.

2. 垂直渐近线

如果 $\lim\limits_{x \to x_0} f(x) = \infty$ (或 $\lim\limits_{x \to x_0^-} f(x) = \infty$,或 $\lim\limits_{x \to x_0^+} f(x) = \infty$),则称 $x = x_0$ 是 $y = f(x)$ 的**垂直渐近线**. 如 y 轴是曲线 $y = \dfrac{1}{x}$ 的垂直渐近线,y 轴是曲线 $y = \ln x$ 的垂直渐近线(图 1-8).

例 2 求曲线 $y = \dfrac{1}{x-1}$ 的垂直渐近线.

解 由于 $\lim\limits_{x \to 1} \dfrac{1}{x-1} = \infty$,所以直线 $x = 1$ 为曲线 $y = \dfrac{1}{x-1}$ 的垂直渐近线.

3.6.2 函数作图

描点法是函数作图的基本方法,但有时图像上的一些关键点得不到反映. 现在有了微分学的基本知识,我们可以先利用导数讨论函数变化的关键性态,再描点作图,就可以较为准确地作出函数的图像.

描绘函数图像的一般步骤如下:

(1) 确定函数的定义域,明确函数图像的范围;

(2) 讨论函数的奇偶性、周期性,确定函数的对称性和周期;

(3) 考察曲线的渐近线,确定曲线的变化趋势;

(4) 讨论函数的单调性和极值点、曲线的凹向和拐点,确定曲线的大致形状;

(5) 选择辅助点(与坐标轴的交点、极值点和拐点等)描点;

(6) 结合以上讨论的结果作图.

例 3 作出函数 $y = x^3 - x^2 - x + 1$ 的图像.

解 (1) 函数的定义域为 $(-\infty, +\infty)$.

(2)显然,该函数是非奇非偶函数.

(3)由于 $\lim\limits_{x\to\infty}(x^3-x^2-x+1)=\infty$,且函数在整个实数集 **R** 上有定义,所以该函数的图像没有水平渐近线,也没有垂直渐近线.

(4)讨论函数的单调性、极值、曲线的凹向和拐点.

因为 $f'(x)=3x^2-2x-1=(3x+1)(x-1)$,令 $f'(x)=0$,得驻点为 $x_1=-\dfrac{1}{3},x_2=1$.

$f''(x)=6x-2=2(3x-1)$,令 $f''(x)=0$,得 $x_3=\dfrac{1}{3}$.

列表讨论:

x	$\left(-\infty,-\dfrac{1}{3}\right)$	$-\dfrac{1}{3}$	$\left(-\dfrac{1}{3},\dfrac{1}{3}\right)$	$\dfrac{1}{3}$	$\left(\dfrac{1}{3},1\right)$	1	$(1,+\infty)$
$f'(x)$	+	0	−	−	−	0	+
$f''(x)$	−	−	−	0	+	+	+
$f(x)$	∩↗	极大值	∩↘	拐点	∪↘	极小值	∪↗

由上表可知,函数在区间 $\left(-\infty,-\dfrac{1}{3}\right)$ 及 $(1,+\infty)$ 上单调递增,在 $\left(-\dfrac{1}{3},1\right)$ 上单调递减,极大值为 $f\left(-\dfrac{1}{3}\right)=\dfrac{32}{27}$,极小值为 $f(1)=0$.

曲线在区间 $\left(-\infty,\dfrac{1}{3}\right)$ 上是凸的,在 $\left(\dfrac{1}{3},+\infty\right)$ 上是凹的,拐点为 $\left(\dfrac{1}{3},\dfrac{16}{27}\right)$.

(5)计算辅助点.

选取与坐标轴的交点.令 $y=0$,即
$$x^3-x^2-x+1=x^2(x-1)-(x-1)=(x+1)(x-1)^2=0,$$
则曲线与 x 轴的两个交点为 $(1,0),(-1,0)$.

令 $x=0$,得
$$y=0^3-0^2-0+1=1,$$
则曲线与 y 轴的交点为 $(0,1)$.

(6)根据以上讨论,描点作图,如图 3-16 所示.

例 4 作出函数 $y=\dfrac{2x-1}{(x-1)^2}$ 的图像.

解 (1)定义域为 $(-\infty,1)\cup(1,+\infty)$.

(2)显然,该函数是非奇非偶函数.

(3)考察曲线的渐近线.

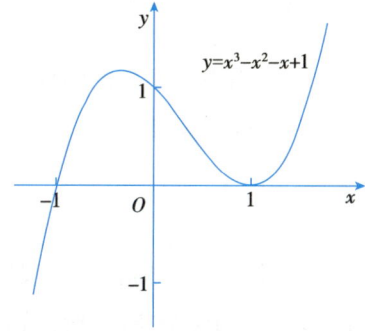

图 3-16

因为 $\lim\limits_{x\to\infty}\dfrac{2x-1}{(x-1)^2}=0$,所以曲线有水平渐近线 $y=0$;又因为 $\lim\limits_{x\to 1}\dfrac{2x-1}{(x-1)^2}=\infty$,所以曲线有垂直渐近线 $x=1$.

(4)讨论函数的单调性、极值、曲线的凹凸性和拐点.

因为 $f'(x)=-\dfrac{2x}{(x-1)^3}$,令 $f'(x)=0$,得驻点 $x=0$.

$f''(x) = \dfrac{2(2x+1)}{(x-1)^4}$，令 $f''(x) = 0$ 得 $x = -\dfrac{1}{2}$.

列表讨论：

x	$\left(-\infty, -\dfrac{1}{2}\right)$	$-\dfrac{1}{2}$	$\left(-\dfrac{1}{2}, 0\right)$	0	$(0,1)$	$(1, +\infty)$
$f'(x)$	$-$	$-$	$-$	0	$+$	$+$
$f''(x)$	$-$	0	$+$	$+$	$+$	$+$
$f(x)$	∩↘	拐点	∪↘	极小值	∪↗	∪↘

由上表可知，函数在区间 $(0,1)$ 上单调递增，在 $(-\infty, 0)$ 及 $(1, +\infty)$ 上单调递减；极小值为 $f(0) = -1$.

曲线在区间 $\left(-\infty, -\dfrac{1}{2}\right)$ 上是凸的，在 $\left(-\dfrac{1}{2}, 0\right)$ 及 $(0, +\infty)$ 上是凹的，拐点为 $\left(-\dfrac{1}{2}, -\dfrac{8}{9}\right)$.

(5) 计算辅助点.

选取与坐标轴的交点. 令 $y = 0$，得 $x = \dfrac{1}{2}$，则曲线与 x 轴的交点为 $\left(\dfrac{1}{2}, 0\right)$.

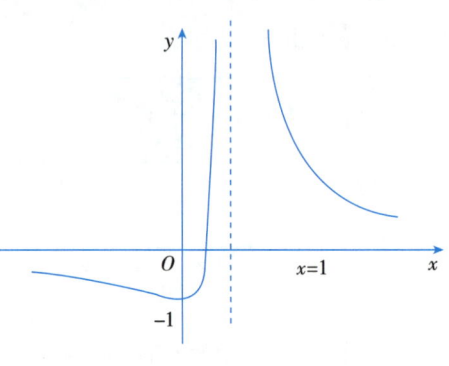

图 3-17

令 $x = 0$，得 $y = -1$，则曲线与 y 轴的交点为 $(0, -1)$.

(6) 根据以上讨论，描点作图，如图 3-17 所示.

习题 3.6

1. 求下列曲线的渐近线.

   (1) $f(x) = 4x^2 + \dfrac{1}{x}$； (2) $f(x) = x + \dfrac{1}{x}$.

2. 作出下列函数的图像.

   (1) $f(x) = 2x^3 - 3x^2 + 6$； (2) $f(x) = x^3 - 3x$.

*3.7　导数在经济分析中的应用

在进行经济分析时，不仅要讨论因变量依赖于自变量变化的函数关系，还要进一步讨论函数的变化率问题. 边际分析与弹性分析就是应用函数导数解决经济相关问题，以探求取得最佳经济效益的途径.

3.7.1　边际分析

引例 1　某工厂生产智能手机，该工厂发现，此产品售出后所得利润较大，于是扩大生产，以期获得更高的利润. 开始时由于产量提高，利润确实有了增加，但不久后发现，随着产量的增加，利润不但没再增加，反而开始减少. 这一经济现象如何用数学知识解释？在解决这个问题之前，先来介绍边际函数的概念.

1. 边际函数的概念

由函数微分的概念知,对于函数 $y = f(x)$,已知 $\Delta y \approx \mathrm{d}y$,即 $\Delta y \approx f'(x_0)\Delta x$,则在点 $x = x_0$ 处, x 从 x_0 改变一个单位时,即 $\Delta x = 1$ 时,$\Delta y \approx f'(x_0)$. 在经济学中,我们称其为边际,通常用"边际"这个概念来描述一个经济变量 y 相对于另一个经济变量 x 的变化率."边际"表示自变量 x 从一个给定值发生微小变化时 y 的变化情况,也就是变量 y 对变量 x 的导数.

设经济函数 $y = f(x)$ 可导,称其导函数 $f'(x)$ 为经济函数 $f(x)$ 的**边际函数**. $f(x)$ 在点 x_0 处的值 $f'(x_0)$ 称为**边际函数值**. 边际函数值 $f'(x_0)$ 表示 x 在 x_0 的基础上每改变一个单位,$f(x)$ 近似地改变 $f'(x_0)$ 个单位.

例如,函数 $y = x^2$,其导数为 $y' = 2x$,在 $x = 10$ 处的边际函数值为 $y'|_{x=10} = 2x|_{x=10} = 20$,这表示自变量 x 在 $x = 10$ 的基础上改变 1 个单位时,函数 $f(x)$ 近似地改变 20 个单位.

(1) 边际成本

总成本函数 $C(Q)$ 的导函数 $C'(Q)$ 称为**边际成本**,记作 $MC(Q)$.

(2) 边际收益

收益函数 $R(Q)$ 的导函数 $R'(Q)$ 称为**边际收益**,记作 $MR(Q)$.

(3) 边际利润

利润函数 $L(Q)$ 的导函数 $L'(Q)$ 称为**边际利润**,记作 $ML(Q)$.

2. 边际函数的经济意义

下面以边际成本为例来说明边际概念的经济意义.

由边际成本函数的概念可知,

$$MC(Q) = C'(Q) = \lim_{\Delta Q \to 0} \frac{\Delta C(Q)}{\Delta Q} = \lim_{\Delta Q \to 0} \frac{C(Q + \Delta Q) - C(Q)}{\Delta Q}$$

$$\approx \frac{\Delta C(Q)}{\Delta Q} = \frac{C(Q + \Delta Q) - C(Q)}{\Delta Q}.$$

由于经济物品在多数情况下其最小改变量为 1 个单位,即当 $\Delta Q = 1$ 时,有

$$MC(Q) \approx \frac{\Delta C(Q)}{\Delta Q} = \Delta C(Q) = C(Q + 1) - C(Q).$$

这里的改变 1 个单位包括两种情况:增加 1 个单位或减少 1 个单位. 因此有

边际成本 $C'(Q)$ 表示产量在 Q 的基础上,产量每改变(增加或减少)1 个单位($\Delta Q = 1$)时,总成本近似地改变(增加或减少)$C'(Q)$ 个单位.

边际收益 $R'(Q)$ 表示产量在 Q 的基础上,产量每改变(增加或减少)1 个单位($\Delta Q = 1$)时,总收益近似地改变(增加或减少)$R'(Q)$ 个单位.

边际利润 $L'(Q)$ 表示产量在 Q 的基础上,产量每改变(增加或减少)1 个单位($\Delta Q = 1$)时,总利润近似地改变(增加或减少)$L'(Q)$ 个单位.

注:在实际应用中,说明边际的具体经济意义时,往往略去"近似"二字.

例 1 某玩具厂每天生产 Q 个某种玩具的总成本函数(单位:元)为

$$C(Q) = 1000 + 5Q + 0.05Q^2.$$

求:(1) 产量为 $Q = 200$ 时的总成本和平均成本;

(2) 边际成本函数及产量 $Q = 200$ 时的边际成本,并说明其经济意义.

解 (1) 产量为 $Q = 200$ 时的总成本为
$$C(200) = 1000 + 5 \times 200 + 0.05 \times 200^2 = 4000 \text{ (元)}.$$

每个玩具的平均成本为 $\overline{C}(200) = \dfrac{C(200)}{200} = \dfrac{4000}{200} = 20$ (元/个).

(2) 边际成本函数为 $C'(Q) = 5 + 0.1Q$.

产量 $Q = 200$ 时的边际成本为 $C'(200) = 5 + 0.1 \times 200 = 25$ (元/个).

这说明生产 200 个这种玩具时,均摊在每个玩具上的成本为 20 元,在此基础上再多生产 1 个玩具,所需要增加的成本大约为 25 元. 这意味着,此时提高产量会增加单位成本,所以不适合扩大生产规模.

例 2 某工厂对其生产的智能手机的情况进行了数据分析,得出利润函数 $L(Q)$ (万元) 与每月产量 Q (万部) 的关系为 $L(Q) = 250Q - 5Q^2$. 试求每月生产 20 万部、25 万部、30 万部的边际利润,并解释之.

解 边际利润函数为 $L'(Q) = 250 - 10Q$.

$L'(20) = 50$,即当生产量为每月 20 万部时,再增加 1 万部,利润将增加 50 万元;

$L'(25) = 0$,即当生产量为每月 25 万部时,再增加 1 万部,利润将增加 0 万元;

$L'(30) = -50$,即当生产量为每月 30 万部时,再增加 1 万部,利润将减少 50 万元.

由此可见并非产量越高,利润就越高.

实际上,由 $L(Q) = R(Q) - C(Q)$,得

$$L'(Q) = R'(Q) - C'(Q) \begin{cases} > 0, & R'(Q) > C'(Q), \\ = 0, & R'(Q) = C'(Q), \\ < 0, & R'(Q) < C'(Q). \end{cases}$$

即当边际收益大于边际成本时,应该增加产量;当边际收益小于边际成本时,应该减少产量;当边际收益等于边际成本时,利润达到最大.

通过上例的解析,可以解释引例 1 中的问题:盲目扩大生产规模,企业不一定能增加经济效益.

3.7.2 弹性分析

引例 2 甲商品每单位价格为 10 元,涨价 1 元,乙商品每单位价格为 1000 元,也涨价 1 元. 这两种商品的单价的绝对改变量相同(都涨 1 元). 但与其原价相比,这两种商品的涨价幅度(百分比)不同. 甲商品单价涨了 10%,而乙商品单价仅涨了 0.1%,前者是后者的 100 倍.

边际分析中所讨论的函数改变量与函数的变化率是绝对改变量与绝对变化率. 引例 2 中所讨论的是函数的相对改变量与相对变化率的问题. 这就是经济学中的弹性问题.

1. 弹性函数的概念

已知函数 $y = x^2$,当 x 由 10 变化到 12 时,y 由 100 变化到 144,这时自变量 x 的绝对改变量为 $\Delta x = 2$,函数 y 的绝对改变量 $\Delta y = 44$,自变量 x 的相对改变量为 $\dfrac{\Delta x}{x} = \dfrac{2}{10} = 20\%$,函数 y 的相对改变量为 $\dfrac{\Delta y}{y} = \dfrac{44}{100} = 44\%$,这表明当 x 由 10 变化到 12 时,x 相对增加了 20%,此时 y 相对增加了 44%. 函数的相对改变量与自变量的相对改变量之比 $\dfrac{\Delta y/y}{\Delta x/x} = \dfrac{44\%}{20\%} = 2.2$,这表明从 $x = 10$ 起,当 x 在 (10,12) 内改

变 1% 时，y 平均改变了 2.2%，将此称为 x 从 10 到 12 时，函数 $y = x^2$ 的**平均相对变化率**.

设函数 $y = f(x)$ 在 x 处可导，函数的相对改变量 $\dfrac{\Delta y}{y}$ 与自变量的相对改变量 $\dfrac{\Delta x}{x}$ 之比的极限 $\lim\limits_{\Delta x \to 0} \dfrac{\Delta y / y}{\Delta x / x}$ 称为函数 $y = f(x)$ 在 x **处的弹性**，记作 $\dfrac{Ey}{Ex}$ 或 $\dfrac{Ef(x)}{Ex}$，即

$$\frac{Ey}{Ex} = \lim_{\Delta x \to 0} \frac{\Delta y / y}{\Delta x / x} = \frac{x}{y} \lim_{\Delta x \to 0} \frac{\Delta y}{\Delta x} = \frac{x}{y} y'.$$

$\dfrac{Ey}{Ex}$ 仍为 x 的函数，称为函数 $y = f(x)$ 的**弹性函数**.

由于弹性函数 $\dfrac{Ey}{Ex} = \lim\limits_{\Delta x \to 0} \dfrac{\Delta y / y}{\Delta x / x} \approx \dfrac{\Delta y / y}{\Delta x / x}$，即 $\dfrac{\Delta y}{y} \approx \dfrac{Ey}{Ex} \cdot \dfrac{\Delta x}{x}$，则当自变量在 x 处产生 $\dfrac{\Delta x}{x}$ 的变化时，函数 $f(x)$ **近似地**改变 $\dfrac{Ey}{Ex} \cdot \dfrac{\Delta x}{x}$. 也就是说，当自变量在 x 处产生 1% 的变化时，函数 $f(x)$ **近似地**改变 $\dfrac{Ey}{Ex}$%.

设需求函数为 $Q = f(P)$，根据弹性函数定义，可得需求量 Q 对价格 P 的弹性，简称**需求弹性**，记作

$$\eta(P) = \frac{EQ}{EP} = \frac{P}{Q} \cdot f'(P).$$

由于 $Q > 0, P > 0$，且在一般情况下，需求函数为减函数，即 $f'(P) < 0$，所以需求弹性 $\eta(P) < 0$.

设供给函数为 $Q = \varphi(P)$，则供给量 Q 对价格 P 的弹性，简称**供给弹性**，记作

$$\varepsilon(P) = \frac{EQ}{EP} = \frac{P}{Q} \cdot \varphi'(P).$$

由于 $Q > 0, P > 0$，且供给函数为增函数，即 $\varphi'(P) > 0$，所以供给弹性 $\varepsilon(P) > 0$.

类似地，可以定义收益弹性和其他弹性.

2. **弹性函数的经济意义**

下面以需求弹性和供给弹性为例说明弹性分析在经济应用中的意义.

由需求弹性函数的定义可知，需求弹性 $\eta(P) < 0$，即需求弹性值是负数. 需求弹性表示当某种商品的价格为 P 时，若价格下降（或上升）1%，其需求量将增加（或减少）$|\eta(P)|$%.

注：在实际应用中，说明弹性的具体经济意义时也常常略去"近似"二字.

在经济分析中，需求价格弹性反映了需求量变动对价格变动的敏感程度. 应用商品的需求价格弹性，可以分析当价格变动时，销售总收益的变动情况.

下面讨论边际收益 $R'(P)$ 与需求弹性 $\eta(P)$ 之间的关系.

收益函数 $R(P) = PQ = P \cdot f(P)$，故

$$R'(P) = f(P) + P \cdot f'(P) = f(P)\left[1 + \frac{P}{f(P)} \cdot f'(P)\right] = Q[1 + \eta(P)].$$

上式给出了边际收益与需求价格弹性之间的关系：

(1) 当 $\eta(P) < -1$ 时，$R'(P) < 0$，总收益函数为单调减函数. 这时价格小幅上升会使收益减少，而价格小幅下降会使收益增加.

(2) 当 $-1 < \eta(P) < 0$ 时，$R'(P) > 0$，总收益函数为单调增函数. 这时价格小幅上升会使收益

增加,而价格小幅下降会使收益减少.

(3)当 $\eta(P) = -1$ 时,$R'(P) = 0$,总收益函数为常数.这时价格变化对收益没有影响.

由以上分析可知,可以根据市场统计测定商品的需求价格弹性,通过变动商品的价格调控市场.

例3 设某商品的需求函数为 $Q = 200 - 4P$,求

(1)需求价格弹性 $\dfrac{EQ}{EP}$;

(2)当商品价格为 $P = 10, P = 25, P = 30$ 时的需求价格弹性,并说明其经济意义.

解 (1) $\dfrac{dQ}{dP} = -4$, $\dfrac{EQ}{EP} = \dfrac{P}{Q} \cdot \dfrac{dQ}{dP} = -4 \cdot \dfrac{P}{200 - 4P} = \dfrac{-P}{50 - P}$.

(2) $\left.\dfrac{EQ}{EP}\right|_{p=10} = -0.25$,且当 $P = 10$ 时,$Q = 160$.

即在价格 $P = 10$ 时,若价格提高或降低 1%,需求量将由 160 起减少或增加 0.25%.

$\left.\dfrac{EQ}{EP}\right|_{p=25} = -1$,且当 $P = 25$ 时,$Q = 100$.

即在价格 $P = 25$ 时,若价格提高或降低 1%,需求量将由 100 起减少或增加 1%.

$\left.\dfrac{EQ}{EP}\right|_{p=30} = -1.5$,且当 $P = 30$ 时,$Q = 80$.

即在价格 $P = 30$ 时,若价格提高或降低 1%,需求量将由 80 起减少或增加 1.5%.

供给弹性表示:当某种商品的价格为 P 时,若价格上升(或下降)1%,其需求量将增加(或减少)$\varepsilon(P)$%.

供给价格弹性是反映当价格变动时,相应商品的供给量变动对价格变动的灵敏程度.

例4 已知某产品的供给函数为 $Q = f(P) = -10 + 10P$,求当价格 $P = 5$ 时的供给价格弹性 $\varepsilon(P) = \dfrac{EQ}{EP}$,并说明其经济意义.

导数在经济分析中的应用

解 $\dfrac{dQ}{dP} = f'(P) = 10$, $\varepsilon(P) = P\dfrac{f'(P)}{f(P)} = P\dfrac{10}{-10 + 10P} = \dfrac{P}{P - 1}$.

当 $P = 5$ 时, $\varepsilon(P) = \dfrac{5}{5 - 1} = 1.25, Q = 40$.

即在价格 $P = 5$ 时,若价格提高或降低 1%,供给量将由 40 起增加或减少 1.25%.

3.7.3 经济应用的最值问题

通过讨论边际分析和弹性分析可知,用导数知识来解答经济生活中的一些现象对很多经营决策起到非常重要的作用.下面我们将讨论,在一定条件下,如何决策能够达到平均成本最低、利润最大等问题.

例5 某电热水器生产企业为了在市场竞争中,以价格优势抢占市场份额,在集团内实施"以平均成本最低为目标"的经营策略.根据以往的统计资料,生产总成本 C(单位:百万元)与月产量 Q(单位:万台)的函数关系为 $C(Q) = 0.4Q^2 + 2.8Q + 32.4$.求月产量应为多少台,才能实现平均成本最低的目标?这时,每台电热水器的平均成本为多少元?

分析 总成本函数为 $C(Q)$,以平均成本最低为目标,即以平均成本函数为目标函数,求平均成本函数 $\overline{C}(Q) = \dfrac{C(Q)}{Q}$ 的最小值.

解 由总成本函数得平均成本函数为

$$\overline{C}(Q) = \frac{C(Q)}{Q} = 0.4Q + 2.8 + \frac{32.4}{Q}, Q \in (0, +\infty),$$

求导得

$$\overline{C}'(Q) = 0.4 - \frac{32.4}{Q^2}.$$

令 $\overline{C}'(Q) = 0$,得驻点 $Q = 9(Q > 0)$.

由于驻点是唯一的,所以当 $Q = 9$ 时,平均成本函数有最小值.即产量为9万台时,平均成本最低.这时,每台电热水器的最低平均成本为

$$\overline{C}(Q)\big|_{Q=9} = \left(0.4Q + 2.8 + \frac{32.4}{Q}\right)\bigg|_{Q=9} = 10 \text{(百万元/万台)} = 1000 \text{(元/台)}.$$

本例也可以先对平均成本函数求导数.因

$$\overline{C}'(Q) = \left[\frac{C(Q)}{Q}\right]' = \frac{QC'(Q) - C(Q)}{Q^2},$$

令 $\overline{C}'(Q) = 0$,得 $QC'(Q) - C(Q) = 0$,即

$$C'(Q) = \frac{C(Q)}{Q} = \overline{C}(Q).$$

解得唯一驻点,即可得到平均成本最低时的月产量.

由此可得当边际成本等于平均成本 $C'(Q) = \frac{C(Q)}{Q} = \overline{C}(Q)$ 时,平均成本达到最低.

例6 某种产品的需求函数 $Q = 6750 - 50P$,总成本函数为 $C(Q) = 12000 + 0.025Q^2$. 求
(1) 利润最大时的产量和价格是多少?
(2) 最大利润是多少?

分析 总利润函数等于总收益函数与总成本函数之差,以最大利润为目标,即以总利润函数为目标函数,求利润函数 $L(Q) = R(Q) - C(Q)$ 的最大值.

解 由需求函数 $Q = 6750 - 50P$,可得价格 $P = 135 - 0.02Q$.则总收益函数为

$$R(Q) = PQ = (135 - 0.02Q)Q = 135Q - 0.02Q^2.$$

又总成本函数为 $C(Q) = 12000 + 0.025Q^2$,所以总利润函数为

$$L(Q) = R(Q) - C(Q) = 135Q - 0.02Q^2 - (12000 + 0.025Q^2) = 135Q - 0.045Q^2 - 12000.$$

求导得,

$$L'(Q) = 135 - 0.09Q.$$

令 $L'(Q) = 0$,得唯一的驻点 $Q = 1500$.
此时价格为

$$P = 135 - 0.02 \times 1500 = 105.$$

即当产量 $Q = 1500$,价格 $P = 105$ 时,总利润 $L(Q)$ 取得最大值.最大利润为

$$L(1500) = 135 \times 1500 - 0.045 \times 1500^2 - 12000 = 89250.$$

在经济生产中,通过对实际问题进行边际分析、弹性分析和最优化分析,确定生产计划和生产规模,从而获得最大利润,为企业经营者提供的数值参考信息,帮助其作出科学有效的决策.

习题 3.7

1. 若总收益函数 $R(Q) = 10Q - 0.1Q^2$（元），则当产量 $Q = 10$ 时，其边际收益是（   ）.
   A. 8　　　　　　B. 9　　　　　　C. 10　　　　　　D. 11

2. 假设火车票的需求弹性为 -1.1，如果票价上涨 10%，将导致需求量（   ）.
   A. 上升超过 10%　　B. 上升不足 10%　　C. 下降超过 10%　　D. 下降不足 10%

3. 需求量 Q 对价格 P 的函数为 $Q(P) = 4 + 3P$，则需求弹性 $\dfrac{EQ}{EP} = $（   ）.
   A. $\dfrac{3P}{4+3P}$　　B. $-\dfrac{3P}{4+3P}$　　C. $\dfrac{4+3P}{3P}$　　D. $-\dfrac{4+3P}{3P}$

4. 某商品平均成本函数为 $\overline{C}(Q) = \dfrac{100}{Q} + 2$（元/千克），每千克售价 P 元，需求函数为 $Q = 1000 - 100P$，求：
   （1）边际成本，边际收益，边际利润；
   （2）产量分别为 100 千克，400 千克，500 千克时的边际利润，并说明其经济意义.

5. 已知某产品的需求函数为 $Q = 1000 \cdot e^{-0.01P}$，求需求价格弹性及 $P = 100$ 时的需求价格弹性.

6. 已知某产品的边际成本为 $C'(Q) = 20 - 2Q$，需求规律为 $P = 160 - 4Q$（万元/百件），求：
   （1）边际收益函数；
   （2）产量为多少时，收益最大？

7. 某旅行社举办风景区旅行团. 若每团人数不超过 30 人，飞机票每张收费 900 元；若每团人数多于 30 人，则给予优惠，每多 1 人，机票每张减少 10 元，但每团人数最多不能超过 75 人. 每团乘飞机，旅行社需付给航空公司包机费 15000 元. 问每团人数为多少时，旅行社可获得最大利润？最大利润为多少？

复习与提问

一、知识框图

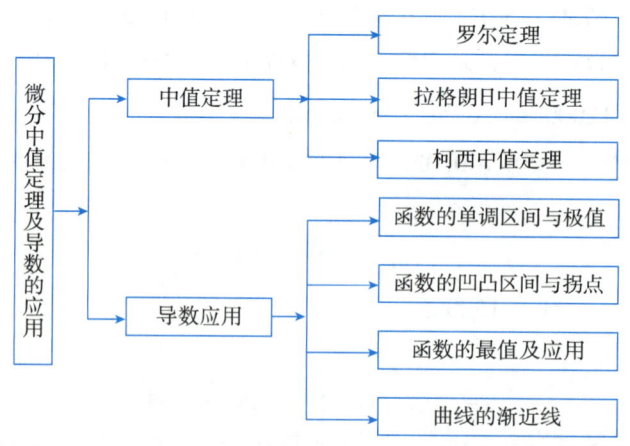

二、内容总结

1. 微分中值定理

（1）（罗尔(Rolle)定理）如果函数 $f(x)$ 在闭区间 $[a,b]$ 上连续，在开区间 (a,b) 内可导，且 f

$(a) = f(b)$,则在区间 (a,b) 内至少存在一点 ξ,使_____.

(2)(拉格朗日(Lagrange)中值定理)如果函数 $f(x)$ 在闭区间 $[a,b]$ 上连续,在开区间 (a,b) 内可导,则在 (a,b) 内至少存在一点 ξ,使_____.

(3)如果在区间 I 内 $f'(x) \equiv 0$,则函数 $f(x)$ 在该区间 I 内恒等于_____.

2. 函数的单调性与极值

(1)设函数 $f(x)$ 在区间 I 内可导,如果 $f'(x) > 0$,则 $f(x)$ 在区间 I 上_____;$f'(x) < 0$,则 $f(x)$ 在区间 I 上_____.

(2)设函数 $f(x)$ 在 x_0 及其左右近旁有定义,$x(x \neq x_0)$ 是其中任意一点,如果 $f(x) < f(x_0)$,则称 $f(x_0)$ 是 $f(x)$ 的_____,x_0 为_____;$f(x) > f(x_0)$,则称 $f(x_0)$ 是 $f(x)$ 的_____,x_0 为_____.

(3)设函数 $f(x)$ 在 x_0 处可导,且在 x_0 处取得极值,则_____.

3. 曲线的凹向与拐点

(1)设函数 $y = f(x)$ 在区间 (a,b) 内二阶可导,如果在区间 (a,b) 内 $f''(x) > 0$,则曲线 $y = f(x)$ 在 (a,b) 内是_____;在区间 (a,b) 内 $f''(x) < 0$,则曲线 $y = f(x)$ 在 (a,b) 内是_____.

(2)曲线 $y = f(x)$ 上凹弧与凸弧的分界点,称为曲线的_____.

4. 曲线的渐近线

(1)对于曲线 $y = f(x)$,如果 $\lim\limits_{x \to \infty} f(x) = b$,则称 $y = b$ 是 $y = f(x)$ 的_____渐近线.

(2)如果 $\lim\limits_{x \to x_0} f(x) = \infty$,则称 $x = x_0$ 是 $y = f(x)$ 的_____渐近线.

复习题 3

一、选择题

1. 在区间 $[-1,1]$ 上满足罗尔定理条件的函数是( ).

A. $f(x) = \dfrac{\sin x}{x}$ B. $f(x) = (x+1)^2$ C. $f(x) = x^{\frac{2}{3}}$ D. $f(x) = x^2 + 1$

2. 使函数 $y = \sqrt[3]{x^2(1-x^2)}$ 满足罗尔定理条件的是( ).

A. $[-1,1]$ B. $[0,1]$ C. $[3,5]$ D. $\left[-\dfrac{3}{5}, \dfrac{4}{5}\right]$

3. 函数 $y = f(x)$ 在点 x_0 处连续且取得最大值,则 $f(x)$ 在 x_0 处必有( ).

A. $f'(x_0) = 0$ B. $f''(x_0) < 0$

C. $f(x_0) = 0$ 且 $f''(x_0) < 0$ D. $f'(x_0) = 0$ 或者不存在

4. 曲线 $y = xe^{-x}$ 的凹区间是( ).

A. $(-\infty, 2)$ B. $(-\infty, -2)$ C. $(2, +\infty)$ D. $(-2, +\infty)$

5. 若 $(x, f(x_0))$ 为连续曲线 $y = f(x)$ 上的凹弧和凸弧的分界点,则( ).

A. $(x, f(x_0))$ 必为曲线的拐点   B. $(x, f(x_0))$ 必为曲线的驻点

C. x_0 为 $f(x)$ 的极值点   D. x_0 必定不是 $f(x)$ 的极值点

二、填空题

1. $y = \sqrt{x+1}$ 在区间 $[1,3]$ 满足的拉格朗日中值的点 $\xi = $ _____.

2. $y = xe^{-2x}$ 的凹区间是_____.

3. 已知点 $(1,3)$ 是曲线 $y = ax^3 + bx^2$ 的拐点,则 $a = $ _____,$b = $ _____.

4. 函数 $y = 2x^3 - 9x^2 + 12x + 3$ 的单调减少区间是_____.

5. 函数 $y = x^3 - 3x + 1$ 在区间 $[-2,0]$ 上的最大值为_____,最小值为_____.

三、解答题

1. 求下列极限：

(1) $\lim\limits_{x \to 0} \dfrac{x - \sin x}{x^3}$；

(2) $\lim\limits_{x \to 0} \dfrac{\sin 3x}{\tan 4x}$；

(3) $\lim\limits_{x \to 1}\left(\dfrac{3}{x^3 - 1} - \dfrac{1}{x - 1}\right)$；

(4) $\lim\limits_{x \to 0} (1 + \sin x)^{\frac{1}{x}}$.

2. 求函数 $y = 2x^3 + x^2 - 4x$ 的单调区间、凹凸区间及拐点.

3. 求曲线 $y = \dfrac{x}{x^2 + 2x + 1}$ 的渐近线.

4. 证明题：

(1) 证明：若 $0 < b \leq a$,则 $\dfrac{a - b}{a} \leq \ln \dfrac{a}{b} \leq \dfrac{a - b}{b}$.

(2) 证明：当 $x > 0$ 时,$x > \ln(1 + x)$.

5. 欲用长 l 米的木料加工成一日字形窗框,问它的长和宽分别为多少时,才能使窗框的面积最大；最大面积是多少？

数学实验

Matlab 应用之求函数的极值与最值

一、相关命令

1. Matlab 中求函数极值的命令格式：

dy = diff(f,x) 用于求一阶导数；

xz = solve(dy) 解方程求驻点；

ezplot(y) 画出函数图形观察极值点；

ym = subs(y,x,xz) 求函数的极值.

2. Matlab 中求函数最值的命令格式：

ymax = max(y) 用于寻找最大值；

xmax = x(find(y == ymax(y))) 用于返回最大值对应的 x 值；

ymin = min(y) 用于寻找最小值；

xmin = x(find(y == ymin(y))) 用于返回最小值对应的 x 值.

二、操作实例

1. 利用 Matlab 求函数的极值

例 1 求函数 $f(x) = 2x^2 - 8x + 5$ 的极值.

解 由于不知道函数的极值点的范围,因此先画出函数的曲线图,确定搜索的范围.

在命令行窗口中输入

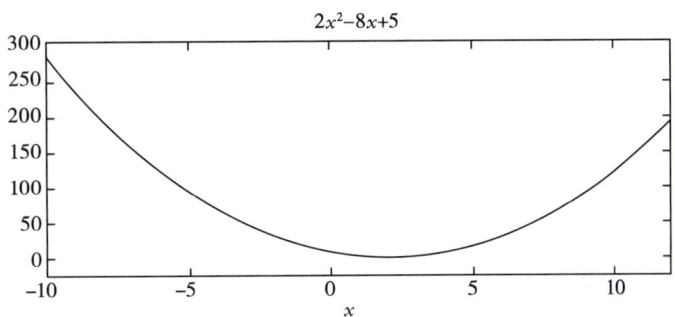

\>\>y = 2 * x^2 − 8 * x + 5　　%定义函数

\>\>dy = diff(y)　　%求函数的一阶导数

\>\>xz = solve(dy)　　%求函数的驻点

按 Enter 键,得到驻点:

xz =

2

\>\>ezplot(y)　　%画出函数图形观察极值点

ym = subs(y,x,2)　　%求函数的极值

ym =

−3

即函数在 $x = 2$ 时取得极小值 $f(2) = -3$.

例 2　求函数 $f(x) = x^3 - 6x^2 + 1$ 的极值.

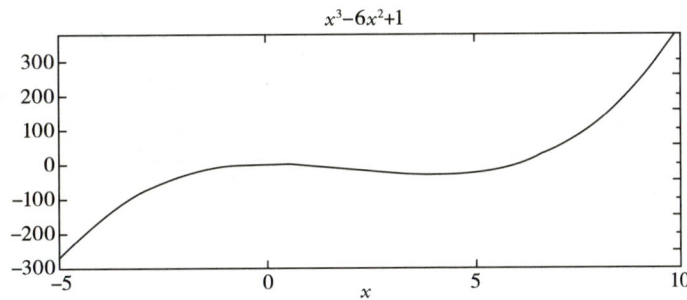

解　在命令行窗口中输入

\>\>syms x y

\>\>y = x^3 − 6 * x^2 + 1　　%定义函数

\>\>dy = diff(y)　　%求函数的一阶导数

\>\>xz = solve(dy)　　%求函数的驻点

按 Enter 键,得到驻点:

xz =

0

4

```
>> ezplot(y)              % 画出函数图形观察极值点
ym = subs(y,x,4)          % 求函数的极小值
ym =
 -31
yM = subs(y,x,0)          % 求函数的极大值
yM =
 1
```
即函数在 $x = 4$ 时取得极小值 $f(4) = -31$,在 $x = 0$ 时取得极大值 $f(0) = 1$.

2. 利用 Matlab 求函数的最值

例3 求函数 $f(x) = x^3 - 6x + 1$ 在区间 $[-3,3]$ 上的最大值和最小值.

解 在命令行窗口中输入

```
>> syms x y
>> x = -3:0.01:3
>> y = inline('x^3 - 6*x + 1')   % 定义函数
>> ezplot(y,[-3,3])              % 画出函数图形观察极大值点
>> ymax = max(y)
ymax =
 10
>> xmax = x(find(y == ymax))
```

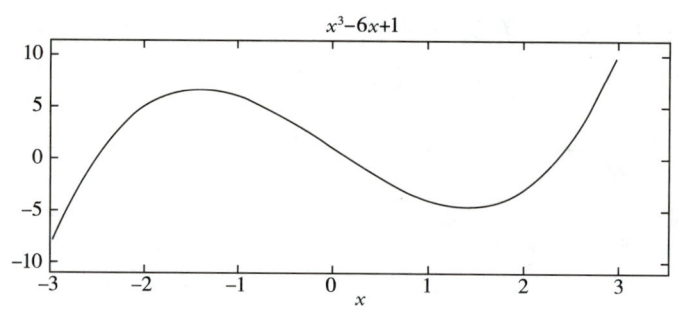

```
xmax =
 3
>> ymin = min(y)
ymin =
 -8
>> xmin = x(find(y == ymin))
xmin =
 -3
```

即函数 $f(x)$ 在区间 $[-3,3]$ 上的最大值为 $f(3) = 10$,最小值为 $f(-3) = -8$.

阅读材料

洛必达与洛必达法则

洛必达 1661 年出生于法国的一个贵族家庭，年轻时做过军官，后转向学术研究．

洛必达早年就显露出数学才能，他在 15 岁时就解出帕斯卡的"摆线"问题，后又解出"最速降曲线问题"．大约在 1690 年，他对莱布尼茨和伯努利兄弟的相关研究产生了兴趣，但是他们的文章有些晦涩难懂．1691 年，约翰·伯努利在巴黎逗留时，洛必达请他进行讲授．大约 1 年后，伯努利离开巴黎到荷兰的格罗宁根大学去做教授．因为洛必达希望讲授能继续下去，他给伯努利支付相当优厚的报酬．作为回报，伯努利不仅会继续寄给洛必达微积分方面的材料，包括他自己可能作出的任何新发现，而且将拒绝透露给别人．在寄给洛必达的信件中，伯努利详细阐述了解决未定式极限的方法．这些信件成为洛必达撰写《无穷小分析》的核心素材，1696 年，洛必达出版了《无穷小分析》，轰动欧洲学界．书中第九章明确提出："当函数极限呈现 $\dfrac{0}{0}$ 或 $\dfrac{\infty}{\infty}$ 形式时，可对分子分母分别求导．"这便是今天的洛必达法则．洛必达法则是微分学的一个重要定理，是求解未定式极限的有效方法之一．尽管书的序言中提及"感谢伯努利的贡献"，但模糊的措辞让人误以为洛必达是法则的发明者．

洛必达花费了大量的时间精力整理这些买来的和自己研究出来的成果，编著出世界上第一本微积分教科书，使数学广为传播．

第四章 不定积分

在第二章中,我们学习了如何求一个函数的导数,即求导问题,本章将学习求导的逆运算,即积分法.本章讲述不定积分的概念、性质和不定积分的运算等内容.

学习目标

1. 理解原函数与不定积分的概念,了解原函数存在定理,掌握不定积分的性质;
2. 熟练掌握不定积分的基本公式;
3. 熟练掌握不定积分的换元积分法和分部积分法;
4. 会用 Matlab 软件计算不定积分;
5. 培养逆向思维的意识,以及追求卓越、坚持不懈、精益求精的科学精神.

4.1 不定积分的概念与性质

4.1.1 原函数

微分学中的主要问题是给定一个函数,求这个函数的导数.但在许多实际问题中,经常会遇到相反的问题,如已知自由落体运动速度随时间的变化规律 $v = gt$,求位移随时间的变化规律;已知电流随时间的变化规律 $i(t) = \cos t$,求电量随时间的变化规律等.这是已知函数 $F(x)$ 的导函数 $f(x)$ 反求 $F(x)$ 的问题,我们称这类由已知的导函数求原来的函数的运算为**积分法**.为此,我们引入原函数的概念.

设函数 $F(x)$ 与 $f(x)$ 在区间 I 上有定义,若对 $\forall x \in I$,都有 $F'(x) = f(x)$,则称 $F(x)$ 是 $f(x)$ 在区间 I 上的一个**原函数**.

例如,$(\sin x)' = \cos x$ 对区间 $(-\infty, +\infty)$ 上的任意 x 都成立,所以 $\sin x$ 是 $\cos x$ 在区间 $(-\infty, +\infty)$ 上的一个原函数.

设 C 是任意常数,因为 $(\sin x + C)' = \cos x$,所以 $\sin x + C$ 也是 $\cos x$ 在区间 $(-\infty, +\infty)$ 上的原函数,C 每取定一个实数值,就得到 $\cos x$ 的一个原函数,从而 $\cos x$ 有无穷多个原函数.由此可见,函数 $f(x)$ 的原函数如果存在,一定有无穷多个.原函数有以下特性:

(1) 若 $F(x)$ 是 $f(x)$ 的一个原函数,则 $F(x) + C$ 也是 $f(x)$ 的原函数,即 $f(x)$ 的原函数有无穷多个.

(2) 若 $f(x)$ 在区间 I 上存在原函数,则其任意两个原函数之间最多仅相差一个常数.

事实上,设 $G(x)$、$F(x)$ 是 $f(x)$ 的任意两个原函数,则
$$[G(x) - F(x)]' = G'(x) - f'(x) = f(x) - f(x) = 0,$$
所以
$$G(x) - F(x) = C\ (C\ 为常数).$$

上述事实表明,若一个函数存在原函数,则一定有无穷多个原函数. 如果 $F(x)$ 是其中的一个原函数,那么这无穷多个原函数就可以写成 $F(x) + C$ 的形式.

那么,函数满足什么条件时才有原函数呢? 关于这个问题,我们先给出以下结论,下一章再给出证明.

定理(原函数存在定理) 若函数 $f(x)$ 在区间 I 上连续,则函数 $f(x)$ 在区间 I 上的原函数一定存在.

由于初等函数在其定义区间内都是连续的,所以初等函数都有原函数.

4.1.2 不定积分的定义

函数 $f(x)$ 在区间 I 上的全体原函数称为 $f(x)$ 在区间 I 上的**不定积分**,记作 $\int f(x) \mathrm{d}x$. 其中, $\int$ 为**积分号**, $f(x)$ 为**被积函数**, $f(x) \mathrm{d}x$ 为**被积表达式**, x 为**积分变量**.

要求 $f(x)$ 在区间 I 上的不定积分,只需求出 $f(x)$ 的一个原函数 $F(x)$,然后加上常数 C 即可,即
$$\int f(x) \mathrm{d}x = F(x) + C,$$
其中 C 可取任意实数,称为**积分常数**.

需要注意的是,不定积分的结果可能不唯一,但适当变形后,仅相差一个常数. 如
$$\int \sin 2x \mathrm{d}x = \sin^2 x + C = -\cos^2 x + C = -\frac{1}{2}\cos 2x + C.$$

例 1 求下列不定积分.

(1) $\int \mathrm{e}^x \mathrm{d}x$；　　　　(2) $\int \frac{1}{x} \mathrm{d}x$.

解 (1) 因为 $(\mathrm{e}^x)' = \mathrm{e}^x$,所以 e^x 是 e^x 的一个原函数,由不定积分的定义得
$$\int \mathrm{e}^x \mathrm{d}x = \mathrm{e}^x + C.$$

(2) 被积函数为 $f(x) = \frac{1}{x}$, $x = 0$ 时无意义.

当 $x > 0$ 时,因为 $(\ln x)' = \frac{1}{x}$,所以 $\int \frac{1}{x} \mathrm{d}x = \ln x + C$;

当 $x < 0$ 时,因为 $[\ln(-x)]' = \frac{1}{-x} \cdot (-1) = \frac{1}{x}$,所以 $\int \frac{1}{x} \mathrm{d}x = \ln(-x) + C$.

将二者合并得
$$\int \frac{1}{x} \mathrm{d}x = \ln|x| + C.$$

4.1.3 不定积分的几何意义

若 $F(x)$ 是 $f(x)$ 的一个原函数,则 $f(x)$ 的不定积分 $\int f(x)dx = F(x) + C$ 是 $f(x)$ 的原函数族. C 每取一个值 C_0,就得到 $f(x)$ 的一个原函数 $F(x) + C_0$,相应地,在直角坐标系中就确定一条曲线,这条曲线叫作 $f(x)$ 的**积分曲线**. $F(x) + C$ (C 为任意常数)的图像是由曲线 $F(x)$ 沿 y 轴正、负方向平移 $|C|$ 所得的一族积分曲线,称为 $f(x)$ 的**积分曲线族**,如图 4-1 所示.

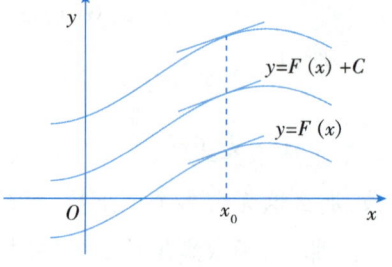

图 4-1

不定积分 $\int f(x)dx$ 在几何上表示 $f(x)$ 的积分曲线族. 在每一条积分曲线上相同的点 x_0 处作切线,这些切线互相平行,其斜率都是 $f'(x_0)$. 在 $f(x)$ 的积分曲线族中确定其中一条曲线的条件是曲线通过点 $M(x_0, y_0)$,这样的条件称为**初始条件**.

例 2 设曲线上任意点处的切线的斜率等于该点横坐标的两倍.
(1)求此曲线方程;
(2)若此曲线过点 $P(0,0)$,求此曲线方程.

解 (1)设所求曲线方程为 $y = f(x)$,由题意可知 $f'(x) = 2x$,则 $f(x)$ 是 $2x$ 的一个原函数. 从而
$$f(x) = \int 2x dx = x^2 + C.$$
即所求的曲线方程为
$$y = x^2 + C.$$
(2)曲线过点 $P(0,0)$,故 $0 = 0^2 + C$,则 $C = 0$,即所求曲线方程为
$$y = x^2.$$

4.1.4 不定积分的性质

由不定积分的定义及导数的运算法则可得不定积分有以下性质:

性质 1 求不定积分与求导数或微分互为逆运算.

(1) $\left[\int f(x)dx\right]' = f(x)$ 或 $d\int f(x)dx = f(x)dx$;

(2) $\int F'(x)dx = F(x) + C$ 或 $\int dF(x) = F(x) + C$.

不定积分的概念与性质

这些等式可利用不定积分的定义得到. 需要注意的是,函数 $F(x)$ 先进行导数(或微分)运算,再进行不定积分运算后,得 $F(x) + C$ (C 为任意常数)是一族函数.

性质 2 被积函数中的非零常数因子可移到积分号前.
$$\int kf(x)dx = k\int f(x)dx \ (k \text{ 为常数}, k \neq 0).$$

性质 3 函数代数和的不定积分等于函数不定积分的代数和.
$$\int [f(x) \pm g(x)]dx = \int f(x)dx \pm \int g(x)dx.$$

证明 只需证明等式右端的导数等于左端的被积函数即可.

$$\because \left[\int f(x)\mathrm{d}x \pm \int g(x)\mathrm{d}x\right]' = \left[\int f(x)\mathrm{d}x\right]' \pm \left[\int g(x)\mathrm{d}x\right]' = f(x) \pm g(x).$$

$$\therefore \int [f(x) \pm g(x)]\mathrm{d}x = \int f(x)\mathrm{d}x \pm \int g(x)\mathrm{d}x.$$

4.1.5 基本积分公式

由于不定积分是求导的逆运算，所以，由基本初等函数的导数公式便可得到相应的基本积分公式.

(1) $\int k\mathrm{d}x = kx + C$（$k$ 是常数）；

(2) $\int x^{\alpha}\mathrm{d}x = \dfrac{x^{\alpha+1}}{\alpha+1} + C$（$\alpha \neq -1$）；

(3) $\int \dfrac{\mathrm{d}x}{x} = \ln|x| + C$；

(4) $\int a^x \mathrm{d}x = \dfrac{a^x}{\ln a} + C$；

(5) $\int \mathrm{e}^x \mathrm{d}x = \mathrm{e}^x + C$；

(6) $\int \sin x \mathrm{d}x = -\cos x + C$；

(7) $\int \cos x \mathrm{d}x = \sin x + C$；

(8) $\int \sec^2 x \mathrm{d}x = \tan x + C$；

(9) $\int \csc^2 x \mathrm{d}x = -\cot x + C$；

(10) $\int \sec x \tan x \mathrm{d}x = \sec x + C$；

(11) $\int \csc x \cot x \mathrm{d}x = -\csc x + C$；

(12) $\int \dfrac{\mathrm{d}x}{\sqrt{1-x^2}} = \arcsin x + C = -\arccos x + C$；

(13) $\int \dfrac{\mathrm{d}x}{1+x^2} = \arctan x + C = -\mathrm{arccot}\, x + C$.

这些公式必须熟记，它们是计算不定积分的基础，在熟悉掌握的基础上灵活地运用这些公式.

例3 求 $\int \left(3x^2 - 4x - \dfrac{1}{x}\right)\mathrm{d}x$.

解 由不定积分的性质和基本公式，得

$$\int \left(3x^2 - 4x - \dfrac{1}{x}\right)\mathrm{d}x = 3\int x^2 \mathrm{d}x - 4\int x \mathrm{d}x - \int \dfrac{1}{x}\mathrm{d}x$$

$$= 3 \cdot \dfrac{x^{2+1}}{2+1} - 4 \cdot \dfrac{1}{2}x^2 - \ln|x| + C$$

$$= x^3 - 2x^2 - \ln|x| + C.$$

在等式右端每个不定积分都有一个任意常数，但多个任意常数的和仍是任意常数，因此，在积分后只写一个任意常数 C 即可.

例4 求 $\int \left(5\cos x + \dfrac{1}{4}\mathrm{e}^x - \dfrac{2}{1+x^2}\right)\mathrm{d}x$.

解 $\int \left(5\cos x + \dfrac{1}{4}\mathrm{e}^x - \dfrac{2}{1+x^2}\right)\mathrm{d}x = 5\int \cos x \mathrm{d}x + \dfrac{1}{4}\int \mathrm{e}^x \mathrm{d}x - 2\int \dfrac{1}{1+x^2}\mathrm{d}x$

$$= 5\sin x + \dfrac{1}{4}\mathrm{e}^x - 2\arctan x + C.$$

由不定积分的基本公式和性质计算积分的方法也可以叫作**直接积分法**.

例5 求 $\int \dfrac{x^2}{1+x^2}\mathrm{d}x$.

解 利用代数变形

$$\frac{x^2}{1+x^2} = \frac{x^2+1-1}{1+x^2} = 1 - \frac{1}{1+x^2},$$

所以

$$\int \frac{x^2}{1+x^2} dx = \int \left(1 - \frac{1}{1+x^2}\right) dx = x - \arctan x + C.$$

在积分时,有时需要先将被积函数进行恒等变形,然后利用基本积分公式和性质求不定积分.

例 6 求 $\int \sin^2 \frac{x}{2} dx$.

解 由三角函数的降幂公式 $\sin^2 \frac{x}{2} = \frac{1}{2}(1 - \cos x)$,得

$$\int \sin^2 \frac{x}{2} dx = \int \frac{1}{2}(1 - \cos x) dx = \frac{1}{2}\int dx - \frac{1}{2}\int \cos x dx = \frac{1}{2}x - \frac{1}{2}\sin x + C.$$

例 7 求 $\int \tan^2 x dx$.

解 利用三角变形 $\tan^2 x = \sec^2 x - 1$,则

$$\int \tan^2 x dx = \int (\sec^2 x - 1) dx = \tan x - x + C.$$

习题 4.1

一、选择题

1. 设 $f(x)$ 的一个原函数为 $\ln x$,则 $\int f(x) dx$ 等于( ).

A. $\frac{1}{x} + C$ B. $-\frac{1}{x^2} + C$ C. $\ln x + C$ D. $x\ln x + C$

2. 设 $f(x)$ 的一个原函数为 $\ln x$,则 $f'(x)$ 等于( ).

A. $\frac{1}{x}$ B. $-\frac{1}{x^2}$ C. $\ln x$ D. $x\ln x$

3. 设函数 $f(x)$ 的导数是 $2x$,则 $f(x)$ 等于( ).

A. x B. x^2 C. $x + C$ D. $x^2 + C$

二、填空题

1. 设 $f(x) = x^2 + e^x$,则 $f'(x) = $ _____,$\int f(x) dx = $ _____ .

2. 设 $f(x) = 2^x$,则 $\left[\int f(x) dx\right]' = $ _____,$\int f'(x) dx = $ _____ .

3. 若 $F(x) = \sin x$ 是 $f(x)$ 的一个原函数,则 $f(x) = $ _____,$\int f(x) dx = $ _____ .

三、解答题

1. 求下列不定积分:

(1) $\int (2 + 2x^2 + 3x^3) dx$;

(2) $\int \left(\frac{2}{x} - \frac{1}{x^2} + 3\sqrt{x}\right) dx$;

(3) $\int\left(\dfrac{1}{4}e^x + 2^x - 3\sin x\right)dx$;

(4) $\int\left(\dfrac{5}{1+x^2} - \dfrac{1}{3\sqrt{1-x^2}}\right)dx$;

(5) $\int \dfrac{\cos 2x}{\sin x + \cos x}dx$;

(6) $\int \sec x(\sec x - \tan x)dx$.

2. 已知质点由静止开始运动,在 t 时刻的速度为 $v(t) = 3t + 2$,求此质点的运动方程.

3. 已知曲线 $y = f(x)$ 在任一点 x 处切线斜率等于该点横坐标的平方,且曲线过点 $(0,0)$,求该曲线方程.

4.2 换元积分法

利用基本积分公式与不定积分的性质求函数的不定积分,所能计算的不定积分是非常有限的. 本节将进一步讨论不定积分的计算方法——换元积分法. **换元积分法**的实质是把复合函数求导法则反过来应用于求积分,利用适当的变量代换将所求的积分化简,使其可用基本积分公式求解. 换元积分法分为第一类换元积分法和第二类换元积分法.

4.2.1 第一类换元积分法

引例 求 $\int 2\cos 2x\, dx$.

解 $\cos 2x$ 是复合函数,由 $y = \cos u$,$u = 2x$ 复合而成,u 为中间变量. 作变换 $u = 2x$,则

$$\int 2\cos 2x\,dx = \int \cos 2x\,d(2x) \xrightarrow{\text{令}\,2x = u} \int \cos u\,du = \sin u + C \xrightarrow{\text{回代}\,u = 2x} \sin 2x + C.$$

这样积分是否可行?我们利用不定积分与求导互为逆运算来验证. 由于

$$(\sin 2x + C)' = 2\cos 2x,$$

说明 $\sin 2x + C$ 是 $2\cos 2x$ 的一族原函数,可见此解法是可行的.

定理(第一类换元积分法) 设函数 $u = \varphi(x)$ 可导,如果 $\int f(u)du = F(u) + C$,则

$$\int f[\varphi(x)]\varphi'(x)dx = \int f[\varphi(x)]d(\varphi(x)) = \int f(u)du = F(u) + C = F[\varphi(x)] + C.$$

第一类换元积分法的实质是复合函数求导公式的逆用,关键在于将被积表达式中的 dx 凑成 $\varphi(x)$ 的微分形式 $d[\varphi(x)]$,即 $\varphi'(x)dx = d[\varphi(x)] = du$,故第一类换元积分法也称"**凑微分法**".

例1 求不定积分 $\int (x+5)^9 dx$.

解 被积函数 $f(x) = (x+5)^9$ 可分解为 $f(u) = u^9$,$u = x + 5$,又 $dx = d(x+5) = du$,所以

$$\int (x+5)^9 dx = \int u^9 du = \dfrac{1}{10}u^{10} + C = \dfrac{1}{10}(x+5)^{10} + C.$$

例2 求不定积分 $\int \dfrac{2}{2x+3}dx$.

解 被积函数 $f(x) = \dfrac{2}{2x+3}$ 可分解为 $f(u) = \dfrac{2}{u}$,$u = 2x + 3$,又 $du = d(2x+3) = 2dx$,所以

$$\int \dfrac{2}{2x+3}dx = \int \dfrac{1}{u}du = \ln|u| + C = \ln|2x+3| + C.$$

一般地，对于积分 $\int f(ax+b)dx(a\neq 0)$，可作变换 $u=ax+b$，将其化为

$$\int f(ax+b)dx = \int \frac{1}{a}f(ax+b)d(ax+b) = \frac{1}{a}\left[\int f(u)du\right]_{u=ax+b}.$$

例 3 求不定积分 $\int x\sqrt{1-x^2}dx$.

解 设 $u=1-x^2$，则 $du = d(1-x^2) = -2xdx$，$-\frac{1}{2}du = xdx$，从而

$$\int x\sqrt{1-x^2}dx = \int u^{\frac{1}{2}}\cdot\left(-\frac{1}{2}\right)du$$

$$= -\frac{1}{2}\cdot\frac{u^{\frac{3}{2}}}{\frac{3}{2}} + C$$

$$= -\frac{1}{3}u^{\frac{3}{2}} + C$$

$$= -\frac{1}{3}(1-x^2)^{\frac{3}{2}} + C.$$

例 4 求不定积分 $\int e^{-x}dx$.

解 设 $u=-x$，则 $du = d(-x) = -dx$，即 $dx = -du$，从而

$$\int e^{-x}dx = \int e^u d(-u) = -\int e^u du = -e^{-x} + C.$$

在利用变量代换 $\varphi(x)=u$ 进行换元求得积分后要把 u 换回原变量 $\varphi(x)$. 当运算熟练后，复合函数的分解过程可以省略，省去变量代换 $\varphi(x)=u$，直接进行计算.

例 5 求不定积分 $\int \frac{x}{1+x^2}dx$.

解 $\int \frac{x}{1+x^2}dx = \int \frac{1}{1+x^2}\cdot\frac{1}{2}dx^2 = \frac{1}{2}\int \frac{1}{1+x^2}d(1+x^2) = \frac{1}{2}\ln(1+x^2) + C.$

例 6 求不定积分 $\int \sin(5x+3)dx$.

解 $\int \sin(5x+3)dx = \frac{1}{5}\int \sin(5x+3)d(5x+3) = -\frac{1}{5}\cos(5x+3) + C.$

例 7 求不定积分 $\int \frac{\ln x}{x}dx$.

解 $\int \frac{\ln x}{x}dx = \int \ln x d(\ln x) = \frac{1}{2}(\ln x)^2 + C.$

例 8 求不定积分 $\int e^x \cos e^x dx$.

解 $\int e^x \cos e^x dx = \int \cos e^x de^x = \sin e^x + C.$

例 9 求不定积分 $\int \tan x dx$.

解 $\int \tan x dx = \int \frac{\sin x}{\cos x}dx = -\int \frac{1}{\cos x}d(\cos x) = -\ln|\cos x| + C.$

同理可得

$$\int \cot x \, dx = \ln|\sin x| + C.$$

例 10 求不定积分 $\int \cos^2 x \, dx$.

解 $\int \cos^2 x \, dx = \int \dfrac{1 + \cos 2x}{2} dx = \dfrac{1}{2}\left(\int dx + \int \cos 2x \, dx\right)$

$= \dfrac{1}{2} \int dx + \dfrac{1}{4} \int \cos 2x \, d(2x) = \dfrac{x}{2} + \dfrac{1}{4} \sin 2x + C.$

运用第一类换元积分法积分时,凑微分是关键环节,常用的凑微分形式如下:

(1) $dx = \dfrac{1}{a} d(ax + b) \, (a \neq 0)$; (2) $2x \, dx = d(x^2)$;

(3) $-\dfrac{1}{x^2} dx = d\left(\dfrac{1}{x}\right)$; (4) $\dfrac{1}{2\sqrt{x}} dx = d(\sqrt{x})$;

(5) $e^x dx = d(e^x)$; (6) $\dfrac{1}{x} dx = d(\ln x)$;

(7) $\sin x \, dx = d(-\cos x)$; (8) $\cos x \, dx = d(\sin x)$;

(9) $\dfrac{1}{\sqrt{1 - x^2}} dx = d(\arcsin x)$; (10) $\dfrac{1}{1 + x^2} dx = d(\arctan x)$.

4.2.2 第二类换元积分法

第一类换元积分法的使用范围很广泛,但对于某些函数的积分,不适宜用第一类换元积分法.下面介绍另一种变量代换的积分法——第二类换元积分法.

引例 求 $\int \dfrac{1}{1 + \sqrt{x}} dx$.

分析 被积函数中出现了根式 $\sqrt{x}$,难以用凑微分法计算积分.若将 $\sqrt{x}$ 视为新变量 t,则被积函数中的根式可以去掉,故作变量代换 $x = t^2$.

解 设 $\sqrt{x} = t$,则 $x = t^2$,$dx = dt^2 = 2t \, dt$,则

$$\int \dfrac{1}{1 + \sqrt{x}} dx \xrightarrow{\text{换元}} \int \dfrac{1}{1 + t} \cdot 2t \, dt = 2\int \dfrac{t}{1 + t} dt$$

$$= 2\int \dfrac{1 + t - 1}{1 + t} dt = 2\int \left(1 - \dfrac{1}{1 + t}\right) dt$$

$$\xrightarrow{\text{积分}} 2(t - \ln|1 + t|) + C \xrightarrow{\text{变量回代}} 2[\sqrt{x} - \ln(1 + \sqrt{x})] + C.$$

此例给出的解题思路就是第二类换元积分法.第一类换元积分法是将被积表达式中的积分变量的某一函数 $\varphi(x)$ 代换为新的积分变量 u;而第二类换元积分法是将被积表达式中的积分变量 x 代换为新积分变量 t 的函数 $\psi(t)$.

定理(第二类换元积分法) 设函数 $x = \psi(t)$ 可导,其反函数 $t = \psi^{-1}(x)$ 存在且可导,如果 $\int f[\psi(t)] \psi'(t) dt = F(t) + C$,则

$$\int f(x) dx = \int f[\psi(t)] \psi'(t) dt = F(t) + C = F[\psi^{-1}(x)] + C.$$

例 11 求不定积分 $\int \dfrac{1}{\sqrt{x-1}}\mathrm{d}x$.

解 令 $\sqrt{x-1}=t$，则 $x=t^2+1$，$\mathrm{d}x=2t\mathrm{d}t$，代入原式得

$$\int \dfrac{1}{\sqrt{x-1}}\mathrm{d}x = \int \dfrac{1}{t}\cdot 2t\mathrm{d}t = \int 2\mathrm{d}t = 2t+C = 2\sqrt{x-1}+C.$$

本题也可以利用第一类换元积分法，也就是说，积分方法不唯一.

例 12 求不定积分 $\int \dfrac{\mathrm{d}x}{2+\sqrt{x-1}}$.

解 设 $t=\sqrt{x-1}$，则 $x=t^2+1$，$\mathrm{d}x=2t\mathrm{d}t$，代入原式得

$$\int \dfrac{\mathrm{d}x}{2+\sqrt{x-1}} = \int \dfrac{2t}{2+t}\mathrm{d}t = 2\int \dfrac{t+2-2}{2+t}\mathrm{d}t = 2\int \left(1-\dfrac{2}{2+t}\right)\mathrm{d}t$$
$$= 2t-4\ln|2+t|+C = 2\sqrt{x-1}-4\ln(2+\sqrt{x-1})+C.$$

当被积函数中出现根式如 $\sqrt[n]{ax+b}$，又不能通过凑微分法变成基本积分公式表中的某种形式时，需采用第二类换元积分法，作变换 $t=\sqrt[n]{ax+b}$.

例 13 求不定积分 $\int \sqrt{a^2-x^2}\mathrm{d}x\,(a>0)$.

解 这个积分中的根式 $\sqrt{a^2-x^2}$ 不适合用上例中的整个根式代换，可以考虑利用三角公式 $\sin^2 t+\cos^2 t=1$ 去掉根式.

设 $x=a\sin t$，$-\dfrac{\pi}{2}\leqslant t\leqslant \dfrac{\pi}{2}$，则

$$\sqrt{a^2-x^2}=\sqrt{a^2-a^2\sin^2 t}=a\cos t,\quad \mathrm{d}x=a\cos t\mathrm{d}t,$$

代入原式得

$$\int \sqrt{a^2-x^2}\mathrm{d}x = \int a\cos t\cdot a\cos t\mathrm{d}t = a^2\int \cos^2 t\mathrm{d}t,$$

利用例 10 的结果得

$$\int \sqrt{a^2-x^2}\mathrm{d}x = a^2\int \cos^2 t\mathrm{d}t = a^2\left(\dfrac{t}{2}+\dfrac{\sin 2t}{4}\right)+C = \dfrac{a^2}{2}t+\dfrac{a^2}{2}\sin t\cos t+C.$$

因为 $x=a\sin t$，$-\dfrac{\pi}{2}\leqslant t\leqslant \dfrac{\pi}{2}$，所以

$$t=\arcsin \dfrac{x}{a},\quad \cos t=\sqrt{1-\sin^2 t}=\sqrt{1-\left(\dfrac{x}{a}\right)^2}=\dfrac{\sqrt{a^2-x^2}}{a},$$

所求积分为

$$\int \sqrt{a^2-x^2}\mathrm{d}x = \dfrac{a^2}{2}\arcsin \dfrac{x}{a}+\dfrac{x}{2}\sqrt{a^2-x^2}+C.$$

本例中通过三角代换去掉被积函数中的根式，使被积函数有理化. 按被积函数中所含根式的形式总结如下：

若含有根式 $\sqrt{a^2-x^2}\,(a>0)$，令 $x=a\sin t$；

若含有根式 $\sqrt{a^2+x^2}\,(a>0)$，令 $x=a\tan t$；

若含有根式 $\sqrt{x^2-a^2}$ ($a>0$)，令 $x=a\sec t$.

在本节的例题中，有些积分的结果以后会经常用到，可作为基本积分公式的补充：

(1) $\int \tan x \mathrm{d}x = -\ln|\cos x| + C$； (2) $\int \cot x \mathrm{d}x = \ln|\sin x| + C$；

(3) $\int \sec x \mathrm{d}x = \ln|\sec x + \tan x| + C$； (4) $\int \csc x \mathrm{d}x = \ln|\csc x - \cot x| + C$.

例 14 求不定积分 $\int \dfrac{1}{\sqrt{a^2+x^2}}\mathrm{d}x$ ($a>0$).

解 设 $x = a\tan t$ ($-\dfrac{\pi}{2} < t < \dfrac{\pi}{2}$)，则

$$\sqrt{a^2+x^2} = \sqrt{a^2+a^2\tan^2 t} = a\sqrt{1+\tan^2 t} = a\sec t, \quad \mathrm{d}x = a\sec^2 t\,\mathrm{d}t,$$

代入原式得

$$\int \dfrac{1}{\sqrt{a^2+x^2}}\mathrm{d}x = \int \dfrac{a\sec^2 t}{a\sec t}\mathrm{d}t = \int \sec t\,\mathrm{d}t = \ln|\sec t + \tan t| + C.$$

因为 $x = a\tan t$，$-\dfrac{\pi}{2} < t < \dfrac{\pi}{2}$，所以

$$\sec t = \sqrt{1+\tan^2 t} = \sqrt{1+\dfrac{x^2}{a^2}} = \dfrac{\sqrt{a^2+x^2}}{a},$$

且 $\sec t + \tan t > 0$，因此

$$\int \dfrac{1}{\sqrt{a^2+x^2}}\mathrm{d}x = \ln\left(\dfrac{x}{a} + \dfrac{\sqrt{a^2+x^2}}{a}\right) + C_1 = \ln(x + \sqrt{a^2+x^2}) + C,$$

其中 $C = C_1 - \ln a$.

例 15 求不定积分 $\int \dfrac{1}{\sqrt{x^2-a^2}}\mathrm{d}x$ ($a>0$).

解 被积函数的定义域是 $x>a$ 和 $x<-a$ 两个区间，我们在两个区间分别求不定积分.

当 $x>a$ 时，设 $x = a\sec t\left(0 < t < \dfrac{\pi}{2}\right)$，则

$$\sqrt{x^2-a^2} = \sqrt{a^2\sec^2 t - a^2} = a\sqrt{\sec^2 t - 1} = a\tan t, \quad \mathrm{d}x = a\sec t\tan t\,\mathrm{d}t,$$

代入原式得

$$\int \dfrac{1}{\sqrt{x^2-a^2}}\mathrm{d}x = \int \dfrac{a\sec t\tan t}{a\tan t}\mathrm{d}t = \int \sec t\,\mathrm{d}t = \ln(\sec t + \tan t) + C.$$

因为 $x = a\sec t$，$0 < t < \dfrac{\pi}{2}$，所以

$$\tan t = \sqrt{\sec^2 t - 1} = \sqrt{\dfrac{x^2}{a^2} - 1} = \dfrac{\sqrt{x^2-a^2}}{a},$$

因此

$$\int \dfrac{1}{\sqrt{x^2-a^2}}\mathrm{d}x = \ln\left(\dfrac{x}{a} + \dfrac{\sqrt{x^2-a^2}}{a}\right) + C_1 = \ln(x + \sqrt{x^2-a^2}) + C,$$

其中 $C = C_1 - \ln a$.

当 $x < -a$ 时，令 $x = -u$，那么 $u > a$. 由上段结果，有

$$\int \frac{1}{\sqrt{x^2 - a^2}} dx = -\int \frac{1}{\sqrt{u^2 - a^2}} du = -\ln(u + \sqrt{u^2 - a^2}) + C_2$$
$$= \ln(-x - \sqrt{x^2 - a^2}) + C,$$

其中 $C = C_2 - 2\ln a$.

把在 $x > a$ 及 $x < -a$ 内的结果合起来，可写作

$$\int \frac{1}{\sqrt{x^2 - a^2}} dx = \ln|x + \sqrt{x^2 - a^2}| + C.$$

习题 4.2

1. 若 $\int f(x)dx = x^2 + C$，求 $\int xf(1-x^2)dx$.

2. 设 $f(x) = e^{-x}$，求 $\int \frac{f'(\ln x)}{x} dx$.

3. 求下列不定积分：

(1) $\int (2x-3)^5 dx$；

(2) $\int e^{-\frac{1}{2}x} dx$；

(3) $\int \frac{1}{2x+1} dx$；

(4) $\int x\cos(x^2+1)dx$；

(5) $\int \sin^2 x \cos^3 x dx$；

(6) $\int \frac{\ln^2 x}{x} dx$；

(7) $\int \frac{\sin\sqrt{x}}{\sqrt{x}} dx$；

(8) $\int \frac{e^x}{1+e^{2x}} dx$；

(9) $\int \frac{dx}{x(1+2\ln x)}$；

(10) $\int \frac{\sqrt{x+1}}{x} dx$；

(11) $\int \frac{1}{1+\sqrt{2x}} dx$；

(12) $\int \frac{dx}{(1-x^2)^{\frac{3}{2}}}$；

(13) $\int \frac{dx}{(x^2+4)^{\frac{3}{2}}}$；

(14) $\int \frac{1}{x^2\sqrt{x^2-9}} dx$.

4.3 分部积分法

在上一节中，我们在复合函数求导法则的基础上，得到了换元积分法，其思想是通过变量代换将一个不定积分化为另一个便于利用基本积分公式和性质求解的不定积分. 对于那些由两个不同类型函数乘积组成的被积函数，不便于进行换元，本节将介绍另一种求不定积分的基本方法——分部积分法，其原理是乘法求导法则的逆用.

引例 求 $\int x\cos x dx$.

分析 被积函数是 x 和 $\cos x$ 的乘积，由于

$$(x\sin x)' = \sin x + x\cos x,$$

等号两端同时求不定积分得

$$\int (x\sin x)'dx = \int \sin x dx + \int x\cos x dx,$$

由于不定积分与求导互为逆运算,则

$$x\sin x = \int \sin x dx + \int x\cos x dx,$$

整理得

$$\int x\cos x dx = x\sin x - \int \sin x dx.$$

通过这种变换,将不定积分 $\int x\cos x dx$ 转化为求 $\int \sin x dx$,而 $\int \sin x dx$ 利用基本积分公式即可求得,即

$$\int x\cos x dx = x\sin x + \cos x + C.$$

将这一问题的解决思路推广到一般情况,即可得到分部积分法.

若 $u(x)$ 与 $v(x)$ 具有连续导数,则

$$[u(x)v(x)]' = u'(x)v(x) + u(x)v'(x),$$

对上式两边求不定积分得

$$\int [u(x)v(x)]'dx = \int u'(x)v(x)dx + \int u(x)v'(x)dx,$$

即

$$u(x)v(x) = \int u'(x)v(x)dx + \int u(x)v'(x)dx,$$

移项得

$$\int u(x)v'(x)dx = u(x)v(x) - \int u'(x)v(x)dx. \qquad (4-3-1)$$

简记为

$$\int uv'dx = uv - \int u'vdx,$$

或

$$\int udv = uv - \int vdu. \qquad (4-3-2)$$

式(4-3-1)和式(4-3-2)称为**分部积分公式**.

引例中若设 $u = \cos x$, $dv = xdx$, 则 $du = -\sin x dx$, $v = \dfrac{x^2}{2}$, 代入分部积分公式得

$$\int x\cos x dx = \int \cos x d\left(\dfrac{x^2}{2}\right) = \dfrac{x^2}{2}\cos x - \int \dfrac{x^2}{2}(-\sin x)dx = \dfrac{x^2}{2}\cos x + \int \dfrac{x^2}{2}\sin x dx,$$

等式右端的积分 $\int \dfrac{x^2}{2}\sin x dx$ 比原积分更难求解. 可见, u 和 dv 的选择非常关键,那么如何恰当选择 u 和 dv 呢?

(1) v 容易求得;

不定积分的分部积分法

(2) $\int v du$ 比 $\int u dv$ 容易积出.

例 1 求 $\int x e^x dx$.

解 取 $u = x$, $dv = e^x dx$, 则 $du = dx$, $v = e^x$, 从而
$$\int x e^x dx = \int x d(e^x) = x e^x - \int e^x dx = x e^x - e^x + C = (x-1) e^x + C.$$

例 2 求 $\int x^2 e^x dx$.

解 取 $u = x^2$, $dv = e^x dx$, 则 $du = 2x dx$, $v = e^x$, 从而
$$\int x^2 e^x dx = \int x^2 d(e^x) = x^2 e^x - \int e^x d(x^2) = x^2 e^x - 2\int x e^x dx,$$

$\int x e^x dx$ 比 $\int x^2 e^x dx$ 容易求积分, 对 $\int x e^x dx$ 再用一次分部积分法, 则
$$\int x^2 e^x dx = \int x^2 d(e^x)$$
$$= x^2 e^x - \int e^x d(x^2)$$
$$= x^2 e^x - 2\int x e^x dx$$
$$= x^2 e^x - 2\int x d(e^x)$$
$$= x^2 e^x - 2(x e^x - e^x) + C$$
$$= e^x(x^2 - 2x + 2) + C.$$

可见, 分部积分法在求解积分过程中可以连续使用.

一般地, 当被积函数是幂函数和正(余)弦函数或幂函数和指数函数乘积时, 设幂函数为 u.

例 3 求 $\int x^2 \ln x dx$.

解 设 $u = \ln x$, $dv = x^2 dx = d\dfrac{x^3}{3}$, 则 $du = \dfrac{1}{x} dx$, $v = \dfrac{x^3}{3}$, 从而
$$\int x^2 \ln x dx = \int \ln x d\left(\dfrac{x^3}{3}\right)$$
$$= \dfrac{x^3}{3} \ln x - \int \dfrac{x^3}{3} d(\ln x)$$
$$= \dfrac{x^3}{3} \ln x - \dfrac{1}{3}\int x^2 dx$$
$$= \dfrac{x^3}{3} \ln x - \dfrac{x^3}{9} + C.$$

例 4 求 $\int \ln x dx$.

解 设 $u = \ln x$, $dv = dx$, 则 $du = \dfrac{1}{x} dx$, $v = x$, 从而

$$\int \ln x \, dx = x\ln x - \int x \, d(\ln x)$$
$$= x\ln x - \int x \cdot \frac{1}{x} dx$$
$$= x\ln x - x + C.$$

例 5 求 $\int \arctan x \, dx$.

解 设 $u = \arctan x$, $dv = dx$, 则 $du = \dfrac{dx}{1+x^2}$, $v = x$, 从而

$$\int \arctan x \, dx = x\arctan x - \int x \, d(\arctan x)$$
$$= x\arctan x - \int \frac{x}{1+x^2} dx$$
$$= x\arctan x - \frac{1}{2}\int \frac{1}{1+x^2} d(1+x^2)$$
$$= x\arctan x - \frac{1}{2}\ln(1+x^2) + C.$$

例 6 求 $\int \arcsin x \, dx$.

解 设 $u = \arcsin x$, $dv = dx$, 则 $du = \dfrac{dx}{\sqrt{1-x^2}}$, $v = x$, 从而

$$\int \arcsin x \, dx = x\arcsin x - \int x \, d(\arcsin x)$$
$$= x\arcsin x - \int \frac{x}{\sqrt{1-x^2}} dx$$
$$= x\arcsin x + \frac{1}{2}\int \frac{1}{\sqrt{1-x^2}} d(1-x^2)$$
$$= x\arcsin x + \sqrt{1-x^2} + C.$$

一般地,当被积函数是幂函数和对数函数或幂函数和反三角函数的乘积时,设对数函数或反三角函数为 u.

例 7 求 $\int e^{\sqrt{x}} dx$.

解 设 $\sqrt{x} = t$, $x = t^2$, $dx = 2t\,dt$, 则

$$\int e^{\sqrt{x}} dx = 2\int t e^t dt$$
$$= 2\int t \, d(e^t)$$
$$= 2(t e^t - \int e^t dt)$$
$$= 2(t e^t - e^t) + C$$
$$= 2e^t(t - 1) + C$$
$$= 2e^{\sqrt{x}}(\sqrt{x} - 1) + C.$$

习题 4.3

求下列不定积分：

1. $\int x\cos x \, dx$ ；

2. $\int x\sin x \, dx$ ；

3. $\int x e^{-x} \, dx$ ；

4. $\int x\ln x \, dx$ ；

5. $\int x\arctan x \, dx$ ；

6. $\int \cos\sqrt{x} \, dx$.

复习与提问

一、知识框图

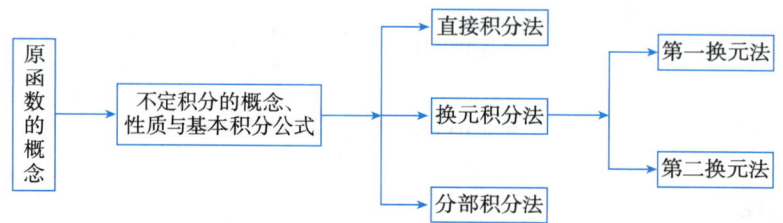

二、内容总结

1. 不定积分的概念与性质

(1) 设函数 $F(x)$ 与 $f(x)$ 在区间 I 上有定义，若对 $\forall x \in I$，都有 $F'(x) = f(x)$，则称 $F(x)$ 是 $f(x)$ 在区间 I 上的一个_____.

(2) 函数 $f(x)$ 在区间 I 上的全体原函数称为 $f(x)$ 在区间 I 上的不定积分，记作_____ . 其中，$\int$ 为_____，$f(x)$ 为_____，$f(x) dx$ 为_____，x 为_____.

(3) $\left[\int f(x) dx\right]' = $_____，$d\int f(x) dx = $_____.

(4) $\int [f(x) \pm g(x)] dx = $_____.

(5) $\int kf(x) dx = $_____.

2. 不定积分的计算

(1) 利用不定积分的基本公式和性质可以计算一些简单函数的不定积分，称这种方法为_____.

(2) 不定积分的换元积分法（凑微分法），$\int f[\varphi(x)]\varphi'(x) dx \xrightarrow{\text{凑微分}}$ _____.

(3) 不定积分的分部积分公式 $\int u(x)v'(x) dx = $_____.

复习题 4

一、选择题

1. 函数 $y = \dfrac{1}{x}$ 的不定积分是（　　）.

   A. $\ln|x|$　　　　B. $\ln x + C$　　　　C. $\ln x$　　　　D. $\ln|x| + C$

2. 下列函数是 $y = \sin x$ 的原函数的是（　　）.

   A. $\sin x$　　　　B. $-\cos x$　　　　C. $-\sin x$　　　　D. $\cos x$

3. 若 $F(x)$ 是 $f(x)$ 在某区间上的一个原函数，则以下说法正确的是（　　）.

   A. $f(x)$ 有无数多个原函数　　　　B. $f(x)$ 仅有一个原函数

   C. 任意函数都有原函数　　　　D. $\int f(x)\,\mathrm{d}x = F(x)$

4. 下列式子中正确的是（　　）.

   A. $\int x^2\,\mathrm{d}x = x^3 + C$　　　　B. $\int \dfrac{1}{x^2}\,\mathrm{d}x = \dfrac{1}{x} + C$

   C. $\int \sin x\,\mathrm{d}x = \cos x + C$　　　　D. $\int \cos x\,\mathrm{d}x = \sin x + C$

5. 若 $\int f(x)\sin x\,\mathrm{d}x = f(x) + C$，则 $f(x) = $（　　）.

   A. $Ce^{\sin x}$　　　　B. $Ce^{-\sin x}$　　　　C. $Ce^{\cos x}$　　　　D. $Ce^{-\cos x}$

二、填空题

1. 已知 x^3 为 $f(x)$ 的一个原函数，则 $f(x) = $ _____.

2. 设 $f(x)$ 的一个原函数是 e^{-2x}，则 $f(x)$ 的导函数是 _____.

3. $\int \sin(2x - 3)\,\mathrm{d}x = $ _____.

4. $\int \ln x\,\mathrm{d}x = $ _____.

5. 已知 $\int f(x)\,\mathrm{d}x = F(x) + C$，$F(x) > 0$，则 $\int \dfrac{f(x)}{F(x)}\,\mathrm{d}x = $ _____.

三、求下列不定积分：

1. $\int 2^x\,\mathrm{d}x$；

2. $\int \dfrac{2x^2}{x^2 + 1}\,\mathrm{d}x$；

3. $\int (x + 3)^4\,\mathrm{d}x$；

4. $\int \sin 3x\,\mathrm{d}x$；

5. $\int \dfrac{\ln(x + 1)}{x + 1}\,\mathrm{d}x$；

6. $\int \dfrac{1}{\sqrt{x} + 1}\,\mathrm{d}x$；

7. $\int x e^x\,\mathrm{d}x$；

8. $\int x \tan^2 x\,\mathrm{d}x$.

阅读与欣赏

变量数学与微积分的发展

近代数学时期(17—18 世纪)也称"变量数学建立时期"。从 17 世纪开始,随着社会的进步和生产力的发展,以及如航海、天文、矿山建设等许多问题要解决,数学也开始研究变化着的量。这时,对运动和变化问题的研究十分必要,并成为自然科学的中心问题。这对数学也提出了新的要求:实践需要研究各种变化过程和各种变化的量之间的依赖关系。由此产生了变量和函数的概念,变量数学的时期开始了。

牛顿和莱布尼茨在 17 世纪后半叶分别独自创建了微积分,成为变量数学发展的重要里程碑。在此之前,许多科学家已经开展了大量的准备工作,特别是费马(Fermat)求极值的方法、巴罗(Barrow)的"微分三角形"、沃利斯(Wallis)的"无穷算数",已经在某种程度上敲开了微积分的大门。牛顿和莱布尼茨正是在这样的基础上,完成了微积分创建中最后也是最关键的工作。

微积分的起源,主要来自对解决两个方面问题的需要:一是力学的一些新问题,已知路程对时间的函数关系求速度,以及已知速度对时间的函数关系求路程;二是几何学的一些老问题,作曲线在某点的切线问题,以及求面积和体积的问题。这些问题自古以来就被各国数学家广泛研究,如在 17 世纪初期的开普勒、卡瓦列里等,但是这两类问题之间的显著关系的发现,解决这些问题的一般方法的形成,要归功于牛顿和莱布尼茨。

微积分的创建是科学史上划时代的事件。但初期的微积分在逻辑上缺乏牢靠的基础,后来形成的极限理论及实数理论才真正奠定了微积分和数学分析的逻辑基础。

微积分除大量应用于实践并起到了重大作用,还在应用中发展出许多新的数学分支,如常微分方程、偏微分方程、级数理论、变分法、微分几何等。这些理论基本上是由于力学、物理学、天文学和各种生产技术问题的需要而产生和发展的。

微积分及其中的变量、函数和极限等概念,运动、变化等思想,使辩证法深刻地渗入了数学,并使数学成为精确表述自然科学和技术的规律及有效地解决问题的有力工具。

数学实验

Matlab 应用之求解不定积分

不定积分指的是被积函数的全体原函数,其计算结果是一个函数的形式。下面介绍使用 Matlab 软件计算不定积分。

一、相关命令

1. 命令函数

Matlab 符号运算工具箱提供了求不定积分的命令函数 int 用来计算不定积分。

2. 调用格式

命令函数 int 的调用格式为 int(y,x),此格式用来计算以 y 为被积函数、以 x 为积分变量的不定积分。

二、操作实例

使用 Matlab 软件计算不定积分时,首先通过符号变量创建一个符号函数 syms x,然后调用积分命令 int 来计算函数的不定积分.

例 1 计算不定积分 $\int x^2 \mathrm{d}x$.

解 在命令行窗口中输入

```
>> syms x
>> y = x^2
>> int(y,x)    % 计算不定积分
```

按 Enter 键,得到以下计算结果:

ans =

x^3/3

注意:使用 Matlab 软件计算的不定积分结果中没有积分常数 C,需要读者在使用的时候加上积分常数 C.

通常情况下,Matlab 会使用默认的变量 x 来计算不定积分,因此,上例中在调用积分命令 int 来计算不定积分时,变量 x 可以省略,也可以直接输入 int(x^2).

例 2 计算不定积分 $\int \dfrac{\ln x}{(1-x)^2}\mathrm{d}x$.

解 在命令行窗口中输入

```
>> syms x
>> int(log(x)/(1-x)^2)    % 计算不定积分
```

按 Enter 键,得到以下计算结果:

ans =

-log(x/(x-1)) - log(x)/(x-1)

例 3 计算不定积分 $\int \dfrac{1}{1+\sqrt{1-x^2}}\mathrm{d}x$.

解 在命令行窗口中输入

```
>> syms x
>> int(1/((1-x^2)^(1/2)+1))    % 计算不定积分
```

按 Enter 键,得到以下计算结果:

ans =

(x*asin(x) + (1-x^2)^(1/2) - 1)/x

第五章

定积分

在自然科学、工程技术和经济学的许多问题中,经常需要计算某些"和式的极限",如曲边梯形的面积、变速直线运动的路程等.定积分就是从这类问题中抽象出来的数学概念,因而有广泛的应用,成为解决实际问题的有力工具.本章首先通过实例引入定积分的概念,然后介绍定积分的性质和计算,在此基础上讨论定积分的简单应用.

学习目标

1. 理解定积分的概念及几何意义,了解可积的条件;
2. 掌握定积分的性质及其应用;
3. 理解积分上限函数,会求它的导数,掌握牛顿—莱布尼茨公式;
4. 熟练掌握定积分的换元积分法和分部积分法;
5. 会用定积分表达和计算平面图形的面积、旋转体的体积;
6. 了解无穷区间上的广义积分;
7. 会用 Matlab 软件计算定积分;
8. 培养辩证的思维品质与积极探索、勇攀高峰的科学精神.

5.1 定积分的概念与性质

5.1.1 定积分的概念

1. 定积分概念的引入

定积分的概念起源于社会生活中的实际问题,我们通过几何上的面积问题和物理上的路程问题引入定积分的概念.

（1）曲边梯形的面积

在初等数学中,我们学过三角形、矩形等平面图形的面积计算问题.对于多边形,可以将其分割为一些小的三角形,这些小三角形的面积之和即为多边形的面积.那么如何计算由一般的曲线所围成的平面图形的面积呢?

下面我们研究这类图形面积的计算方法.

由连续曲线 $y = f(x)$ ($f(x) \geq 0$),直线 $x = a$, $x = b$ ($a < b$) 和 x 轴所围成的平面图形称为**曲边梯形**(图 5-1).

由于有一条曲边 $y = f(x)$,所以这个曲边梯形不能用初等数学的方法计算面积.如果将曲边梯形分割成若干个小曲边梯形,而每个小曲边梯形可以近似看作小矩形,所有小矩形的面积之和就是曲边梯形面积的近似值.显然,分割得越细,这个近似值就越接近精确值.当我们将 $[a,b]$ 无限细分,使每一个小区间的宽度都趋于 0,那么这时小矩形面积之和的极限就是曲边梯形的面积.由此,我们得到计算曲边梯形面积的方法:

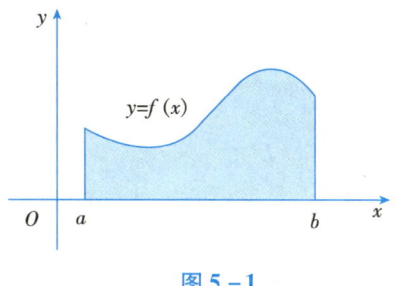

图 5-1   图 5-2

① 分割——将曲边梯形分为 n 个小曲边梯形

在区间 $[a,b]$ 内任意插入 $n-1$ 个分点

$$a = x_0 < x_1 < x_2 < \cdots < x_{n-1} < x_n = b,$$

将区间 $[a,b]$ 分成 n 个小区间 $[x_{i-1}, x_i]$ ($i = 1,2,\cdots,n$),每个小区间的长度为

$$\Delta x_i = x_i - x_{i-1} \ (i = 1,2,\cdots,n),$$

从而得到 n 个小曲边梯形.

② 近似代替——用小矩形面积近似代替小曲边梯形的面积

在第 i 个小区间上任取一点 ξ_i,以 $f(\xi_i)$ 为高,小区间 $[x_{i-1}, x_i]$ 的长度 Δx_i 为底作一个小矩形,则这个小矩形的面积可近似代替第 i 个小曲边梯形的面积(图 5-2),即

$$\Delta A_i \approx f(\xi_i)\Delta x_i \ (i = 1,2,\cdots,n).$$

③ 求和——求 n 个小矩形面积之和

n 个小矩形面积之和 $\sum_{i=1}^{n} f(\xi_i)\Delta x_i$ 是原曲边梯形的面积 A 的近似值,即

$$A = \sum_{i=1}^{n} \Delta A_i \approx \sum_{i=1}^{n} f(\xi_i)\Delta x_i \ (i = 1,2,\cdots,n).$$

④ 取极限——由近似值到精确值

设 $\lambda = \max\{\Delta x_1, \Delta x_2, \cdots, \Delta x_i, \cdots, \Delta x_n\}$,当 $\lambda \to 0$ 时,每个小区间的长度无限趋于 0,则所有小矩形的面积之和无限趋于曲边梯形的面积 A.因此当 $\lambda \to 0$ 时,若和式 $\sum_{i=1}^{n} f(\xi_i)\Delta x_i$ 的极限存在,则此极限值即为曲边梯形的面积,即

$$A = \lim_{\lambda \to 0} \sum_{i=1}^{n} f(\xi_i) \Delta x_i.$$

(2)变速直线运动的路程

对于作匀速直线运动的物体,我们知道其运动的路程等于速度与时间的乘积. 如果一物体作变速直线运动,该如何求其运动的路程呢?

对于作变速直线运动的物体,由于其速度 v 是时间 t 的函数 $v = v(t)$,因此,它运动的路程不能用速度与时间的乘积来表示. 我们可以将时间段 $[a,b]$ 分成 n 个小的时间段,在每一个小时间段内,用匀速直线运动近似代替变速直线运动,来计算在该时间段内的距离. 通过累加、求极限,就可得到物体运动的路程.

物体作变速直线运动,已知速度是时间的连续函数 $v = v(t)$,且 $v(t) \geq 0$,那么物体由时刻 a 到时刻 b 的时间内所经过的路程 s 如何表示?

①分割——将路程分为 n 个小段路程

在时间间隔 $[a,b]$ 内任意插入 $n-1$ 个分点

$$a = t_0 < t_1 < t_2 < \cdots < t_{n-1} < t_n = b,$$

将时间间隔 $[a,b]$ 分成 n 个小时间间隔 $[t_{i-1}, t_i]$ ($i = 1, 2, \cdots, n$),每个小时间间隔的长度为

$$\Delta t_i = t_i - t_{i-1} \ (i = 1, 2, \cdots, n),$$

在第 i 个小时间间隔上的路程为 Δs_i ($i = 1, 2, \cdots, n$).

②近似代替——用匀速直线运动的路程近似代替变速直线运动的路程

在第 i 个小时间间隔上任取一点 τ_i ($i = 1, 2, \cdots, n$),该小时间段的运动可以近似看作速度为 $v(\tau_i)$ 的匀速直线运动,则物体在时间间隔 $[t_{i-1}, t_i]$ 内运动的路程为

$$\Delta s_i \approx v(\tau_i) \Delta t_i \ (i = 1, 2, \cdots, n).$$

③求和——求 n 个小段匀速直线运动的路程之和

n 个小段匀速直线运动的路程之和 $\sum_{i=1}^{n} v(\tau_i) \Delta t_i$ 是变速直线运动的路程 s 的近似值,即

$$s = \sum_{i=1}^{n} \Delta s_i \approx \sum_{i=1}^{n} v(\tau_i) \Delta t_i.$$

④取极限——由近似值到精确值

设 $\lambda = \max\{\Delta t_1, \Delta t_2, \cdots, \Delta t_i, \cdots, \Delta t_n\}$,当 $\lambda \to 0$ 时,每个小时间间隔的长度无限趋于 0,则所有小段匀速直线运动的路程之和无限趋于变速直线运动的路程 s. 因此当 $\lambda \to 0$ 时,若和式 $\sum_{i=1}^{n} v(\tau_i) \Delta t_i$ 的极限存在,则此极限值即为变速直线运动的路程,即

$$s = \lim_{\lambda \to 0} \sum_{i=1}^{n} v(\tau_i) \Delta t_i.$$

从这两个实例可以看出,虽然一个是几何问题,另一个是物理问题,但是解决问题的思想方法是完全相同的,具有相同的数学模型,最后都归结出一个特定和式的极限. 现在抛开问题的实际背景,就从数量关系上的共性抽象出定积分的概念.

2. 定积分的概念

设函数 $f(x)$ 在区间 $[a,b]$ 上有定义,在区间 $[a,b]$ 内任意插入 $n-1$ 个分点

$$a = x_0 < x_1 < x_2 < \cdots < x_{n-1} < x_n = b,$$

将区间 $[a,b]$ 分成 n 个小区间 $[x_{i-1},x_i]$（$i = 1,2,\cdots,n$），每个小区间的长度为

$$\Delta x_i = x_i - x_{i-1} \ (i = 1,2,\cdots,n).$$

在每个小区间上任取一点 ξ_i，对乘积 $f(\xi_i)\Delta x_i$ 作和

$$S_n = \sum_{i=1}^{n} f(\xi_i)\Delta x_i,$$

设 $\lambda = \max\{\Delta x_1, \Delta x_2, \cdots, \Delta x_i, \cdots, \Delta x_n\}$，当 $\lambda \to 0$ 时，若和式 S_n 的极限存在，且此极限值与区间 $[a,b]$ 的分法及 ξ_i 的取法无关，则称函数 $f(x)$ 在区间 $[a,b]$ 上是**可积**的，此极限值称为函数 $f(x)$ 在区间 $[a,b]$ 上的**定积分**，记作 $\int_a^b f(x)\mathrm{d}x$，即

$$\int_a^b f(x)\mathrm{d}x = \lim_{\lambda \to 0} \sum_{i=1}^{n} f(\xi_i)\Delta x_i.$$

其中，$\int$ 为积分号，$f(x)$ 为**被积函数**，$f(x)\mathrm{d}x$ 为**被积表达式**，x 为积分变量，a 为积分下限，b 为积分上限，$[a,b]$ 为积分区间.

关于定积分的定义，有以下几点需要说明：

（1）定积分 $\int_a^b f(x)\mathrm{d}x$ 是一个确定的常数，它取决于被积函数和积分区间，与积分变量无关，即

$$\int_a^b f(x)\mathrm{d}x = \int_a^b f(t)\mathrm{d}t.$$

（2）在定积分的定义中，我们假设 $a < b$，事实上，定积分的上下限的大小不受限制，但在交换积分的上下限时，必须改变定积分的符号，即

$$\int_a^b f(x)\mathrm{d}x = -\int_b^a f(x)\mathrm{d}x.$$

特别地，有

$$\int_a^a f(x)\mathrm{d}x = 0.$$

（3）如果函数 $f(x)$ 在区间 $[a,b]$ 上无界，当对区间 $[a,b]$ 进行任意划分时，至少在某个小区间 $[x_{i-1}, x_i]$ 上无界. 当选取适当 ξ_i 时，会使 $f(\xi_i)\Delta x_i$ 的绝对值足够大，从而使和式 $|S_n|$ 的极限不存在，因此，无界函数一定不可积. 或者说，函数 $f(x)$ 在区间 $[a,b]$ 上可积的必要条件是函数 $f(x)$ 在区间 $[a,b]$ 上有界.

根据定义，由曲线 $y = f(x)$（$f(x) \geq 0$），直线 $x = a$，$x = b$（$a < b$）和 x 轴所围成的曲边梯形的面积可以用定积分表示为

$$A = \int_a^b f(x)\mathrm{d}x.$$

速度为 $v = v(t)$ 的物体由时刻 a 到时刻 b 的时间内所经过的路程 s 可表示为

$$s = \int_a^b v(t)\mathrm{d}t.$$

当函数 $f(x)$ 在区间 $[a,b]$ 上的定积分存在，函数 $f(x)$ 在区间 $[a,b]$ 上可积. 函数 $f(x)$ 满足什么条件在区间 $[a,b]$ 上一定可积呢？关于这个问题有以下结论：

（1）如果函数 $f(x)$ 在区间 $[a,b]$ 上连续，则函数 $f(x)$ 在区间 $[a,b]$ 上可积.

(2)如果函数$f(x)$在区间$[a,b]$上有界,且只有有限个间断点,则函数$f(x)$在区间$[a,b]$上可积.

因此,初等函数在包含于其定义区间的任意闭区间上都是可积的,闭区间上有界分段连续的函数在该区间上也是可积的.

3. 定积分的几何意义

根据定积分的定义,当$f(x) \geq 0$时,由连续曲线$y = f(x)$,直线$x = a$,$x = b$以及x轴所围成的曲边梯形的面积A就是函数$f(x)$在区间$[a,b]$上的定积分$\int_a^b f(x)\mathrm{d}x$.

特别地,如果在区间$[a,b]$上$f(x) = 1$,则
$$\int_a^b f(x)\mathrm{d}x = \int_a^b \mathrm{d}x = b - a.$$

从几何上看,上述积分表示以区间$[a,b]$为底,高为1的矩形的面积(图5-3).

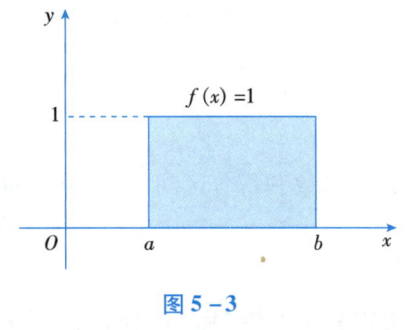

图5-3　　　　　　　　图5-4

当$f(x) < 0$时,连续曲线$y = f(x)$,直线$x = a$,$x = b$以及x轴所围成的曲边梯形在x轴下方(图5-4).这时,定积分$\int_a^b f(x)\mathrm{d}x$表示该曲边梯形的面积A的负值,即
$$\int_a^b f(x)\mathrm{d}x = -A.$$

当$f(x)$在区间$[a,b]$上有正有负时(图5-5),定积分$\int_a^b f(x)\mathrm{d}x$表示在x轴上方部分与下方部分面积的代数和,即

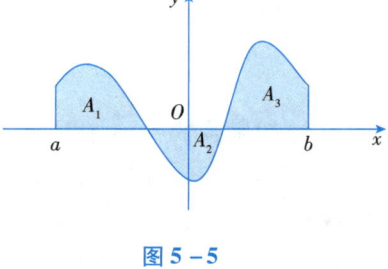

$$\int_a^b f(x)\mathrm{d}x = A_1 - A_2 + A_3.$$

图5-5

例1 利用定积分的几何意义说明下列等式:

(1) $\int_0^2 x\mathrm{d}x = 2$；　　　　　　　　(2) $\int_0^{2\pi} \cos x\mathrm{d}x = 0$.

解 (1)根据定积分的几何意义,$\int_0^2 x\mathrm{d}x$表示由直线$y = x$,$x = 0$,$x = 2$以及x轴所围成的图形的面积(图5-6).这一图形为三角形,其面积为2,所以$\int_0^2 x\mathrm{d}x = 2$.

(2)根据定积分的几何意义,$\int_0^{2\pi} \cos x\mathrm{d}x$表示由曲线$y = \cos x$,直线$x = 0$,$x = 2\pi$以及$x$轴所围成的图形面积的代数和(图5-7),而该图形在x轴上方和下方的面积相等,所以$\int_0^{2\pi} \cos x\mathrm{d}x = 0$.

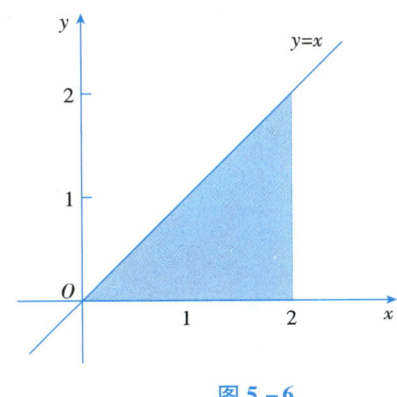

图 5-6

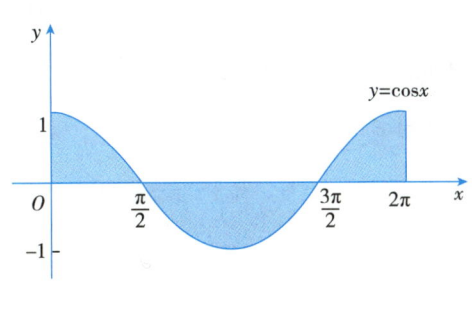

图 5-7

5.1.2 定积分的性质

假设以下所涉及的函数在所讨论的区间上都是可积的.

性质 1 两个函数代数和的积分等于这两个函数积分的代数和,即

$$\int_a^b [f(x) \pm g(x)] \mathrm{d}x = \int_a^b f(x) \mathrm{d}x \pm \int_a^b g(x) \mathrm{d}x.$$

定积分的性质

这个性质可以推广到任意有限个函数的代数和的情形,即

$$\int_a^b [f_1(x) \pm f_2(x) \pm \cdots \pm f_n(x)] \mathrm{d}x = \int_a^b f_1(x) \mathrm{d}x \pm \int_a^b f_2(x) \mathrm{d}x \pm \cdots \pm \int_a^b f_n(x) \mathrm{d}x.$$

性质 2 常数因子 k 可以提到积分号前,即

$$\int_a^b k f(x) \mathrm{d}x = k \int_a^b f(x) \mathrm{d}x.$$

性质 3(定积分对积分区间的可加性) 对任意的 a, b, c,都有

$$\int_a^b f(x) \mathrm{d}x = \int_a^c f(x) \mathrm{d}x + \int_c^b f(x) \mathrm{d}x.$$

(1)当 $a < c < b$ 时,由定积分的几何意义(图 5-8)可知,曲边梯形 $aABb$ 的面积等于曲边梯形 $aACc$ 的面积与曲边梯形 $cCBb$ 的面积之和,即

$$\int_a^b f(x) \mathrm{d}x = \int_a^c f(x) \mathrm{d}x + \int_c^b f(x) \mathrm{d}x.$$

(2)当 $a < b < c$ 时,由(1)可知,

$$\int_a^c f(x) \mathrm{d}x = \int_a^b f(x) \mathrm{d}x + \int_b^c f(x) \mathrm{d}x,$$

移项得

$$\int_a^b f(x) \mathrm{d}x = \int_a^c f(x) \mathrm{d}x - \int_b^c f(x) \mathrm{d}x,$$

将 $\int_b^c f(x) \mathrm{d}x$ 交换积分上下限得

$$\int_a^b f(x) \mathrm{d}x = \int_a^c f(x) \mathrm{d}x + \int_c^b f(x) \mathrm{d}x.$$

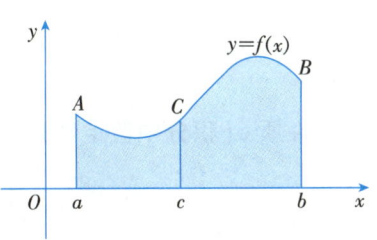

图 5-8

(3)当 $c < a < b$ 时,也可类似推出相同的结论.

性质 4(比较性质) 在区间 $[a, b]$ 上,若 $f(x) \leqslant g(x)$,则

$$\int_a^b f(x)\,\mathrm{d}x \leq \int_a^b g(x)\,\mathrm{d}x.$$

这个性质可以用来比较定积分的大小.

例 2 利用定积分的性质比较大小:$\int_0^1 x^2\,\mathrm{d}x$ 与 $\int_0^1 x^3\,\mathrm{d}x$.

解 当 $x \in [0,1]$ 时,有 $x^2 \geq x^3$,故

$$\int_0^1 x^2\,\mathrm{d}x \geq \int_0^1 x^3\,\mathrm{d}x.$$

性质 5(估值定理) 设 M,m 分别是函数 $f(x)$ 在区间 $[a,b]$ 上的最大值与最小值,则

$$m(b-a) \leq \int_a^b f(x)\,\mathrm{d}x \leq M(b-a).$$

这个性质可以用来估计定积分的值.

例 3 估计定积分 $\int_{-1}^3 (\mathrm{e}^x - x)\,\mathrm{d}x$ 的值.

解 先求 $f(x) = \mathrm{e}^x - x$ 在区间 $[-1,3]$ 上的最大值和最小值.
求导得

$$f'(x) = \mathrm{e}^x - 1.$$

令 $f'(x) = 0$,得驻点 $x = 0$,则 $f(0) = 1$. 又

$$f(-1) = 1 + \frac{1}{\mathrm{e}},\quad f(3) = \mathrm{e}^3 - 3.$$

所以 $f(x) = \mathrm{e}^x - x$ 在区间 $[-1,3]$ 上的最大值 $M = \mathrm{e}^3 - 3$,最小值 $m = 1$.

由估值定理得

$$1 \cdot [3-(-1)] \leq \int_{-1}^3 (\mathrm{e}^x - x)\,\mathrm{d}x \leq (\mathrm{e}^3 - 3)[3-(-1)],$$

即

$$4 \leq \int_{-1}^3 (\mathrm{e}^x - x)\,\mathrm{d}x \leq 4\mathrm{e}^3 - 12.$$

性质 6(积分中值定理) 如果函数 $f(x)$ 在区间 $[a,b]$ 上连续,则在区间 $[a,b]$ 上至少存在一点 ξ,使

$$\int_a^b f(x)\,\mathrm{d}x = f(\xi)(b-a)\quad (a \leq \xi \leq b).$$

证明 设 M,m 分别是函数 $f(x)$ 在区间 $[a,b]$ 上的最大值与最小值,则由性质 5 可知

$$m \leq \frac{1}{b-a}\int_a^b f(x)\,\mathrm{d}x \leq M.$$

这表明 $\frac{1}{b-a}\int_a^b f(x)\,\mathrm{d}x$ 是介于最大值与最小值之间的一个实数,由闭区间上连续函数的介值定理可知,在 $[a,b]$ 上至少存在一点 $\xi(a \leq \xi \leq b)$,使

$$f(\xi) = \frac{1}{b-a}\int_a^b f(x)\,\mathrm{d}x,$$

即

$$\int_a^b f(x)\,\mathrm{d}x = f(\xi)(b-a).$$

积分中值定理的几何意义是,在区间$[a,b]$上至少存在一点ξ,使得以区间$[a,b]$为底,以连续曲线$y=f(x)$为曲边的曲边梯形的面积等于同底边,高为$f(\xi)$的矩形的面积(图5-9). $f(\xi)=\dfrac{1}{b-a}\int_a^b f(x)\mathrm{d}x$为连续函数$f(x)$在区间$[a,b]$上的**平均值**,它是曲线$f(x)$在区间$[a,b]$上的平均高度.

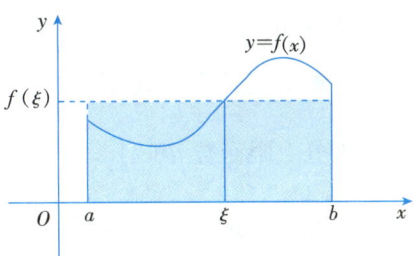

图 5-9

习题 5.1

1. 利用定积分的几何意义说明下列等式成立.

(1) $\int_0^2 (x+2)\mathrm{d}x = 6$;

(2) $\int_0^a \sqrt{a^2-x^2}\,\mathrm{d}x = \dfrac{\pi}{4}a^2$.

2. 利用定积分的性质比较大小.

(1) $\int_1^2 x\mathrm{d}x$ 与 $\int_1^2 x^2\mathrm{d}x$;

(2) $\int_0^{\frac{\pi}{4}} \sin x\mathrm{d}x$ 与 $\int_0^{\frac{\pi}{4}} \cos x\mathrm{d}x$.

3. 估计定积分 $\int_1^3 (x^2+1)\mathrm{d}x$ 的值.

4. 设$f(x)$在区间$[0,1]$上连续,在$(0,1)$内可导,且$2\int_{\frac{1}{2}}^1 f(x)\mathrm{d}x = f(0)$,证明:存在$\xi \in (0,1)$,使$f'(\xi) = 0$.

5.2 微积分基本公式

计算函数$f(x)$在区间$[a,b]$上的定积分,可以直接利用定义,用求和式极限的方法,但通常情况下是非常困难的.因此,我们必须寻求更简便有效的方法.

5.2.1 积分上限函数及其导数

1. 积分上限函数

设函数$f(x)$在区间$[a,b]$上连续,且设x为区间$[a,b]$上一点,那么$f(x)$在其部分区间$[a,x]$上可积.在这里,x既表示积分变量,又表示定积分的积分上限.然而我们知道,定积分与积分变量的记号无关,为了区别,把积分变量换成字母t,改写成

$$\int_a^x f(t)\mathrm{d}t, x \in [a,b].$$

当上限x在区间$[a,b]$上变动时,对于每一个x,定积分$\int_a^x f(t)\mathrm{d}t$就有一个确定的值与之相对应,所以$\int_a^x f(t)\mathrm{d}t$是x的函数,记作$\Phi(x)$,即

$$\Phi(x) = \int_a^x f(t)\mathrm{d}t (a \leq x \leq b).$$

称为**积分上限函数**或**变上限积分**.

函数$\Phi(x)$在几何上表示右侧一边可以变动的曲边梯形

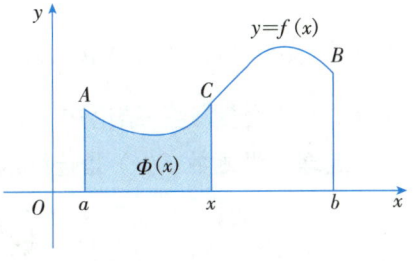

图 5-10

$aACx$ 的面积(图 5-10).

2. 微积分学基本定理

积分上限函数 $\Phi(x) = \int_a^x f(t)dt$ 与函数 $f(x)$ 之间有什么关系呢？关于这个问题，有以下定理：

定理 若函数 $f(x)$ 在区间 $[a,b]$ 上连续，则积分上限函数 $\Phi(x) = \int_a^x f(t)dt$ 在区间 $[a,b]$ 上可导，且导数为

$$\Phi'(x) = \frac{d}{dx}\int_a^x f(t)dt = f(x)(a \leq x \leq b).$$

这一定理称为**微积分学基本定理**，该定理说明，积分上限函数 $\Phi(x) = \int_a^x f(t)dt$ 是连续函数 $f(x)$ 的一个原函数，不仅揭示了定积分与不定积分的关系，而且肯定了连续函数的原函数的存在性。

定理(原函数存在定理) 若函数 $f(x)$ 在区间 $[a,b]$ 上连续，则函数 $f(x)$ 在区间 $[a,b]$ 上的原函数一定存在，且其中一个原函数是

$$\Phi(x) = \int_a^x f(t)dt.$$

例 1 求下列函数的导数。

(1) $\Phi(x) = \int_2^x \ln t\, dt$； (2) $\Phi(x) = \int_0^{\sin x} te^t dt.$

积分上限函数及其性质

解 (1) $\Phi'(x) = \dfrac{d}{dx}\int_2^x \ln t\, dt = \ln x.$

(2) 积分上限 $\sin x$ 是 x 的函数，所以函数 $\Phi(x) = \int_0^{\sin x} te^t dt$ 可以看作由 $\Phi(u) = \int_0^u te^t dt$ 和 $u = \sin x$ 复合而成的函数。

由复合函数求导法则得

$$\Phi'(x) = \frac{d}{dx}\int_0^{\sin x} te^t dt = \left(\int_0^u te^t dt\right)' \cdot (\sin x)' = e^{\sin x}\sin x\cos x.$$

一般地，若 $f(x)$ 为连续函数，$u(x)$ 为可导函数，则

$$\frac{d}{dx}\int_a^{u(x)} f(t)dt = f[u(x)] \cdot u'(x).$$

5.2.2 微积分学基本公式

在变速直线运动中，物体的位移函数 $s(t)$ 与速度函数 $v(t)$ 之间的关系是 $s'(t) = v(t)$，物体在时间间隔 $[a,b]$ 内所经过的路程为 $\int_a^b v(t)dt$；而物体从时刻 a 到时刻 b 所经过的路程还可以表示为 $s(b) - s(a)$，所以 $\int_a^b v(t)dt = s(b) - s(a)$。也就是说，$\int_a^b v(t)dt$ 等于 $v(t)$ 的原函数 $s(t)$ 在积分区间 $[a,b]$ 上的增量。这一结论在一定条件下具有普遍性。

定理 设函数 $F(x)$ 是连续函数 $f(x)$ 在区间 $[a,b]$ 上的一个原函数，则

$$\int_a^b f(x)dx = F(b) - F(a) = F(x)\Big|_a^b.$$

证明 已知函数 $F(x)$ 是连续函数 $f(x)$ 在区间 $[a,b]$ 上的一个原函数，由微积分学基本定理知，

$\Phi(x) = \int_a^x f(t)dt$ 也是函数 $f(x)$ 在区间 $[a,b]$ 上的一个原函数,所以
$$F(x) - \Phi(x) = C \ (C \text{ 为常数}).$$

将 $x = a$ 代入上式得[此时 $\Phi(a) = \int_a^a f(t)dt = 0$]
$$F(a) = C,$$

所以
$$F(x) - \int_a^x f(t)dt = F(a).$$

将 $x = b$ 代入上式得
$$F(b) - \int_a^b f(t)dt = F(a).$$

即
$$\int_a^b f(t)dt = F(b) - F(a).$$

这一公式称为**牛顿—莱布尼茨(Newton – Leibniz)公式**,也称**微积分基本公式**. 它表明,定积分的值等于被积函数的任意一个原函数在积分上限与积分下限的函数值之差. 这样,就可以借助不定积分来解决定积分的问题. 牛顿—莱布尼茨公式给定积分提供了一个有效简便的计算方法,大大简化了定积分的计算过程.

例 2 求下列定积分的值.

(1) $\int_0^1 x^3 dx$; (2) $\int_0^3 (\sin x - e^x)dx.$

微积分基本公式

解 (1)由牛顿—莱布尼茨公式得
$$\int_0^1 x^3 dx = \left.\frac{x^4}{4}\right|_0^1 = \frac{1^4 - 0^4}{4} = \frac{1}{4}.$$

(2) 因为 $\int(\sin x - e^x)dx = \int\sin x dx - \int e^x dx = -\cos x - e^x + C$,所以
$$\int_0^3 (\sin x - e^x)dx = (-\cos x - e^x)\Big|_0^3 = (-\cos 3 - e^3) - (-\cos 0 - e^0)$$
$$= 2 - \cos 3 - e^3.$$

例 3 设 $f(x) = \begin{cases} 4x - 1, & x \leq \frac{\pi}{2}, \\ \sin x, & x > \frac{\pi}{2}. \end{cases}$ 求 $\int_0^\pi f(x)dx.$

解 被积函数是分段函数,可以利用定积分的可加性,将区间 $[0,\pi]$ 分成 $\left[0,\frac{\pi}{2}\right]$ 和 $\left[\frac{\pi}{2},\pi\right]$ 分别求积分再求和.

$$\int_0^\pi f(x)dx = \int_0^{\frac{\pi}{2}}(4x - 1)dx + \int_{\frac{\pi}{2}}^\pi \sin x dx$$
$$= (2x^2 - x)\Big|_0^{\frac{\pi}{2}} - \cos x\Big|_{\frac{\pi}{2}}^\pi = \frac{\pi^2}{2} - \frac{\pi}{2} + 1.$$

例4 求 $\int_0^\pi \sqrt{1-\sin^2 x}\,dx$.

解 $\int_0^\pi \sqrt{1-\sin^2 x}\,dx = \int_0^\pi |\cos x|\,dx = \int_0^{\frac{\pi}{2}} |\cos x|\,dx + \int_{\frac{\pi}{2}}^\pi |\cos x|\,dx$

$= \int_0^{\frac{\pi}{2}} \cos x\,dx - \int_{\frac{\pi}{2}}^\pi \cos x\,dx = \sin x \Big|_0^{\frac{\pi}{2}} - \sin x \Big|_{\frac{\pi}{2}}^\pi = 2.$

习题 5.2

1. 求下列函数的导数：

(1) $y = \int_2^x (t^2+1)\,dt$；

(2) $y = \int_x^0 \sin 2t\,dt$；

(3) $y = \int_1^{x^2} \dfrac{e^t}{t^2+1}\,dt$；

(4) $y = \int_x^{x^2} \ln(t^2+1)\,dt$.

2. 利用牛顿—莱布尼茨公式计算下列定积分：

(1) $\int_1^2 \left(x^2 + \dfrac{1}{x^2}\right)dx$；

(2) $\int_{-1}^1 \dfrac{1}{1+x^2}\,dx$；

(3) $\int_{-1}^3 |2-x|\,dx$；

(4) $\int_0^{2\pi} \sqrt{1-\cos 2x}\,dx$.

3. 设 $f(x) = \begin{cases} x, & 0 \leq x < 1, \\ 2x-1, & x \geq 1. \end{cases}$ 求 $\int_0^2 f(x)\,dx$.

5.3 定积分的计算

在第二节中，我们已经知道，可以用牛顿—莱布尼茨公式来计算定积分，而其中的关键是找到被积函数的一个原函数，这实际上是将定积分计算问题转化为求原函数(或不定积分)问题.

求不定积分的换元积分法和分部积分法略加改变，我们就可以得到求定积分的换元积分法和分部积分法.

5.3.1 定积分的换元积分法

引例 $\int_0^3 \dfrac{x}{\sqrt{1+x}}\,dx$.

分析 关键是找到被积函数 $\dfrac{x}{\sqrt{1+x}}$ 的一个原函数，这时，我们可以先不看上下限，$\int \dfrac{x}{\sqrt{1+x}}\,dx$ 是我们非常熟悉的不定积分，求之需去根号.

解 设 $\sqrt{1+x} = t$，则 $x = t^2-1$，$dx = 2t\,dt$.

再考虑上下限的变化，当 $x = 0$ 时，$t = 1$；当 $x = 3$ 时，$t = 2$，代入原式，得

$$\int_0^3 \dfrac{x}{\sqrt{1+x}}\,dx = \int_1^2 \dfrac{t^2-1}{t}\,2t\,dt = 2\int_1^2 (t^2-1)\,dt = 2\left(\dfrac{t^3}{3} - t\right)\Big|_1^2 = \dfrac{8}{3}.$$

定理 如果函数 $f(x)$ 在区间 $[a,b]$ 上连续，函数 $x = \varphi(t)$ 满足条件：

(1) $\varphi(\alpha) = a$，$\varphi(\beta) = b$；

(2) $x = \varphi(t)$ 在区间 $[\alpha,\beta]$（或 $[\beta,\alpha]$）上具有连续导数 $\varphi'(t)$；

(3) 当 t 在区间 $[\alpha,\beta]$（或 $[\beta,\alpha]$）上变化时，相应的 x 值在区间 $[a,b]$ 上变化，则有

$$\int_a^b f(x)\,dx = \int_\alpha^\beta f[\varphi(t)]\varphi'(t)\,dt.$$

该公式叫作**定积分的换元公式**.

定积分的换元法

例 1 计算 $\int_0^9 \dfrac{1}{1+\sqrt{x}}\,dx$.

解 设 $\sqrt{x}=t$，则 $x=t^2$，$dx=2t\,dt$. 当 $x=0$ 时，$t=0$；当 $x=9$ 时，$t=3$. 根据定理，得

$$\int_0^9 \frac{1}{1+\sqrt{x}}dx = \int_0^3 \frac{2t}{1+t}dt = 2\int_0^3 \frac{(1+t)-1}{1+t}dt$$

$$= 2\int_0^3 \left(1-\frac{1}{1+t}\right)dt = 2(t-\ln|1+t|)\Big|_0^3$$

$$= 6 - 4\ln 2.$$

例 2 计算 $\int_0^2 \sqrt{4-x^2}\,dx$.

解 设 $x=2\sin t\left(-\dfrac{\pi}{2}\leqslant t\leqslant \dfrac{\pi}{2}\right)$，则 $dx=2\cos t\,dt$. 当 $x=0$ 时，$t=0$；当 $x=2$ 时，$t=\dfrac{\pi}{2}$. 得

$$\int_0^2 \sqrt{4-x^2}\,dx = 4\int_0^{\frac{\pi}{2}} \cos^2 t\,dt = 2\int_0^{\frac{\pi}{2}}(1+\cos 2t)\,dt$$

$$= 2\left(t+\frac{1}{2}\sin 2t\right)\Big|_0^{\frac{\pi}{2}} = \pi.$$

由例 1、例 2 可以看出，用换元积分法计算定积分时，积分变量由 x 换成 t，积分限也换成了 t 的积分限，但最后不必像不定积分那样将变量 t 换回 x.

例 3 计算 $\int_0^{\frac{\pi}{2}} \cos^5 x \sin x\,dx$.

解 $\int_0^{\frac{\pi}{2}} \cos^5 x \sin x\,dx = -\int_0^{\frac{\pi}{2}} \cos^5 x\,d\cos x = -\dfrac{1}{6}\cos^6 x\Big|_0^{\frac{\pi}{2}} = \dfrac{1}{6}.$

在求原函数时，如果用凑微分法没有引入新的积分变量，那么积分限不变.

例 4 设函数 $f(x)$ 在区间 $[-a,a]$ 上连续，证明：

(1) 若函数 $f(x)$ 为偶函数，则 $\int_{-a}^a f(x)\,dx = 2\int_0^a f(x)\,dx$.

(2) 若函数 $f(x)$ 为奇函数，则 $\int_{-a}^a f(x)\,dx = 0$.

证明 由定积分区间的可加性，得

$$\int_{-a}^a f(x)\,dx = \int_{-a}^0 f(x)\,dx + \int_0^a f(x)\,dx. \tag{5-3-1}$$

对于 $\int_{-a}^0 f(x)\,dx$，令 $x=-t$，得

$$\int_{-a}^{0} f(x)dx = -\int_{a}^{0} f(-t)dt = \int_{0}^{a} f(-t)dt = \int_{0}^{a} f(-x)dx, \quad (5-3-2)$$

将式(5-3-2)代入式(5-3-1),得

$$\int_{-a}^{a} f(x)dx = \int_{0}^{a} f(-x)dx + \int_{0}^{a} f(x)dx = \int_{0}^{a} [f(-x)+f(x)]dx.$$

(1)若函数 $f(x)$ 是偶函数,则 $f(-x) = f(x)$,所以

$$\int_{-a}^{a} f(x)dx = \int_{0}^{a} [f(-x)+f(x)]dx = \int_{0}^{a} [f(x)+f(x)]dx = 2\int_{0}^{a} f(x)dx.$$

(2)若函数 $f(x)$ 是奇函数,则 $f(-x) = -f(x)$,所以

$$\int_{-a}^{a} f(x)dx = \int_{0}^{a} [f(-x)+f(x)]dx = \int_{0}^{a} [-f(x)+f(x)]dx = 0.$$

上述结论可简化奇函数与偶函数在对称区间上的定积分的计算.

例 5 计算下列定积分的值.

(1) $\int_{-1}^{1} x^4 |x| dx$; (2) $\int_{-3}^{3} \dfrac{x^3 \cos x}{\sqrt{1+x^6}} dx$.

解 (1)因为被积函数 $x^4|x|$ 是区间 $[-1,1]$ 上的偶函数,所以

$$\int_{-1}^{1} x^4|x|dx = 2\int_{0}^{1} x^4|x|dx = 2\int_{0}^{1} x^5 dx = \frac{2}{6}x^6 \Big|_{0}^{1} = \frac{1}{3}.$$

(2)因为被积函数 $\dfrac{x^3 \cos x}{\sqrt{1+x^6}}$ 是区间 $[-3,3]$ 上的奇函数,所以

$$\int_{-3}^{3} \frac{x^3 \cos x}{\sqrt{1+x^6}} dx = 0.$$

5.3.2 定积分的分部积分法

定积分的换元法主要解决了求复合函数的定积分问题,下面我们介绍定积分的分部积分法.

设函数 $u(x),v(x)$ 在区间 $[a,b]$ 上有连续的导数,则

$$[u(x) \cdot v(x)]' = u'(x) \cdot v(x) + u(x) \cdot v'(x),$$

简记为

$$uv' = (uv)' - u'v.$$

等式两端分别在区间 $[a,b]$ 上求定积分,得

$$\int_{a}^{b} uv'dx = \int_{a}^{b} (uv)'dx - \int_{a}^{b} u'v dx.$$

由牛顿—莱布尼茨公式得

$$\int_{a}^{b} uv'dx = (uv)\Big|_{a}^{b} - \int_{a}^{b} u'v dx. \quad (5-3-3)$$

或

$$\int_{a}^{b} u dv = (uv)\Big|_{a}^{b} - \int_{a}^{b} v du. \quad (5-3-4)$$

式(5-3-3)、式(5-3-4)是**定积分的分部积分公式**.

例 6 计算 $\int_1^5 \ln x \, dx$.

解 $\int_1^5 \ln x \, dx = (x \ln x) \Big|_1^5 - \int_1^5 x \, d(\ln x) = (x \ln x) \Big|_1^5 - \int_1^5 dx = 5\ln 5 - 4$.

例 7 计算 $\int_0^{\frac{\pi}{2}} x^2 \sin x \, dx$.

解
$$\int_0^{\frac{\pi}{2}} x^2 \sin x \, dx = -\int_0^{\frac{\pi}{2}} x^2 d(\cos x) = -(x^2 \cos x)\Big|_0^{\frac{\pi}{2}} + \int_0^{\frac{\pi}{2}} \cos x \, d(x^2)$$
$$= 0 + \int_0^{\frac{\pi}{2}} 2x \cos x \, dx = 2\int_0^{\frac{\pi}{2}} x \, d(\sin x)$$
$$= 2(x \sin x)\Big|_0^{\frac{\pi}{2}} - 2\int_0^{\frac{\pi}{2}} \sin x \, dx$$
$$= 2\left(\frac{\pi}{2} - 0\right) - 2(-\cos x)\Big|_0^{\frac{\pi}{2}} = \pi - 2.$$

例 8 计算 $\int_0^2 x e^x \, dx$.

解 $\int_0^2 x e^x \, dx = \int_0^2 x \, de^x = (x e^x)\Big|_0^2 - \int_0^2 e^x \, dx = (x e^x)\Big|_0^2 - e^x \Big|_0^2 = e^2 + 1$.

例 9 求 $\int_0^4 e^{\sqrt{x}} \, dx$.

解 设 $\sqrt{x} = t$，则 $x = t^2$，$dx = 2t \, dt$. 当 $x = 0$ 时，$t = 0$；当 $x = 4$ 时，$t = 2$. 则
$$\int_0^4 e^{\sqrt{x}} \, dx = 2\int_0^2 t e^t \, dt.$$

又由例 8 可知，
$$\int_0^2 t e^t \, dt = e^2 + 1.$$

所以
$$\int_0^4 e^{\sqrt{x}} \, dx = 2(e^2 + 1).$$

习题 5.3

1. 计算下列定积分.

(1) $\int_0^3 \dfrac{1}{\sqrt{1+x}} dx$；

(2) $\int_1^3 \sqrt{x+1} \, dx$；

(3) $\int_0^3 \sqrt{9-x^2} \, dx$；

(4) $\int_0^3 \dfrac{1}{\sqrt{x^2+9}} dx$；

(5) $\int_0^{\frac{\pi}{2}} \sin^5 x \cos x \, dx$；

(6) $\int_0^{\frac{\pi}{2}} \cos^4 x \sin x \, dx$.

2. 计算下列定积分.

(1) $\int_1^2 x\ln x\,dx$;

(2) $\int_0^{\frac{\pi}{2}} x\cos x\,dx$;

(3) $\int_1^{\sqrt{3}} \arctan x\,dx$;

(4) $\int_0^1 xe^{-x}\,dx$.

3. 计算下列定积分.

(1) $\int_{-\pi}^{\pi} \dfrac{x}{1+\cos x}\,dx$;

(2) $\int_{-2}^{2} x^2|x|\,dx$;

(3) $\int_{-1}^{1} \dfrac{x\cos x}{\sqrt{1+x^2}}\,dx$;

(4) $\int_{-2}^{2} \dfrac{x^7\sin^2 x + x^2}{x^2+1}\,dx$.

5.4 无限区间上的广义积分

前面我们讨论定积分时,假设函数 $f(x)$ 在闭区间 $[a,b]$ 上有界,即积分区间是有限的,被积函数是有界的. 在实际问题中,有时要研究积分区间是无限区间或被积函数是无界函数的积分,此时的积分称为"广义积分". 本节主要讨论无限区间上的广义积分.

引例 计算由曲线 $y = \dfrac{1}{x^2}$, 直线 $x = 1$, 直线 $y = 0$ 所围成的图形的面积.

解 由图 5-11 可知,该图形有一边是开口的.

图形向右无限延伸,且越向右开口越小,可以认为曲线 $y = \dfrac{1}{x^2}$ 在无限远处的点与 x 轴相交.

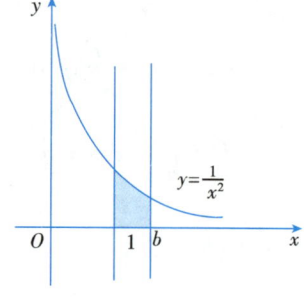

图 5-11

为了求得该图形的面积,取 $b > 1$, 先作直线 $x = b$. 由定积分的几何意义,图中阴影部分(曲边梯形)的面积是

$$\int_1^b \frac{1}{x^2}\,dx = -\frac{1}{x}\bigg|_1^b = 1 - \frac{1}{b}.$$

显然,当直线 $x = b$ 越向右移动,阴影部分的面积越接近所求面积. 利用极限的思想,即可得到所求面积为

$$\lim_{b\to+\infty}\int_1^b \frac{1}{x^2}\,dx = \lim_{b\to+\infty}\left(1 - \frac{1}{b}\right) = 1.$$

仿照定积分的记法,所求面积可形式地记作 $\int_1^{+\infty} \dfrac{1}{x^2}\,dx$, 这就是无限区间上的广义积分.

设函数 $f(x)$ 在无限区间 $[a,+\infty)$ 上连续,则称记号

$$\int_a^{+\infty} f(x)\,dx$$

为函数 $f(x)$ 在无限区间 $[a,+\infty)$ 上的广义积分. 取 $b > a$, 若极限

$$\lim_{b\to+\infty}\int_a^b f(x)\,dx$$

存在,则称广义积分 $\int_a^{+\infty} f(x)\,dx$ **收敛**,并称此极限值为该广义积分的**值**,即

$$\int_a^{+\infty} f(x)\,dx = \lim_{b\to+\infty}\int_a^b f(x)\,dx.$$

若上述极限不存在,则称广义积分 $\int_a^{+\infty} f(x)\mathrm{d}x$ **发散**.

类似地,可以定义函数 $f(x)$ 在无限区间 $(-\infty, b]$ 上的广义积分

$$\int_{-\infty}^b f(x)\mathrm{d}x = \lim_{a\to-\infty}\int_a^b f(x)\mathrm{d}x,$$

若上述极限存在,则称该广义积分收敛;若上述极限不存在,则称该广义积分发散.

函数 $f(x)$ 在无限区间 $(-\infty, +\infty)$ 上的广义积分定义为

$$\int_{-\infty}^{+\infty} f(x)\mathrm{d}x = \int_{-\infty}^c f(x)\mathrm{d}x + \int_c^{+\infty} f(x)\mathrm{d}x,$$

其中 c 为任意常数,仅当等式右端的两个广义积分都收敛时,左端的广义积分才收敛;否则左端的广义积分发散.

例1 计算广义积分 $\int_1^{+\infty} \dfrac{1}{\sqrt{x}}\mathrm{d}x$.

解 $\int_1^{+\infty} \dfrac{1}{\sqrt{x}}\mathrm{d}x = \lim\limits_{b\to+\infty}\int_1^b \dfrac{1}{\sqrt{x}}\mathrm{d}x = \lim\limits_{b\to+\infty} 2\sqrt{x}\Big|_1^b = \lim\limits_{b\to+\infty}(2\sqrt{b}-2) = +\infty$,

即该广义积分发散.

例2 计算广义积分 $\int_{-\infty}^0 \mathrm{e}^{2x}\mathrm{d}x$.

解 $\int_{-\infty}^0 \mathrm{e}^{2x}\mathrm{d}x = \lim\limits_{a\to-\infty}\int_a^0 \mathrm{e}^{2x}\mathrm{d}x = \dfrac{1}{2}\lim\limits_{a\to-\infty}\mathrm{e}^{2x}\Big|_a^0 = \dfrac{1}{2}\lim\limits_{a\to-\infty}(1-\mathrm{e}^{2a}) = \dfrac{1}{2}$,

即该广义积分收敛,其值为 $\dfrac{1}{2}$.

为了书写方便,计算广义积分时,也可采用牛顿—莱布尼茨公式的记法,即若函数 $F(x)$ 是函数 $f(x)$ 的一个原函数,则

$$\int_a^{+\infty} f(x)\mathrm{d}x = F(x)\Big|_a^{+\infty} = F(+\infty) - F(a).$$

其中 $F(+\infty) = \lim\limits_{x\to+\infty} F(x)$.

例3 计算广义积分 $\int_{-\infty}^{+\infty} \dfrac{1}{1+x^2}\mathrm{d}x$.

解 $\int_{-\infty}^{+\infty} \dfrac{1}{1+x^2}\mathrm{d}x = \int_{-\infty}^0 \dfrac{1}{1+x^2}\mathrm{d}x + \int_0^{+\infty} \dfrac{1}{1+x^2}\mathrm{d}x = \arctan x\Big|_{-\infty}^0 + \arctan x\Big|_0^{+\infty}$

$= \arctan 0 - \lim\limits_{x\to-\infty}\arctan x + \lim\limits_{x\to+\infty}\arctan x - \arctan 0$

$= -\left(-\dfrac{\pi}{2}\right) + \dfrac{\pi}{2} = \pi.$

即该广义积分收敛,其值为 π.

习题5.4

计算下列广义积分:

(1) $\int_0^{+\infty} \sin x\,\mathrm{d}x$;

(2) $\int_e^{+\infty} \dfrac{1}{x(\ln x)^2}\mathrm{d}x$;

(3) $\int_{-\infty}^{0} \dfrac{\arctan x}{1+x^2} dx$；

(4) $\int_{0}^{+\infty} x e^{-x^2} dx$；

(5) $\int_{0}^{+\infty} e^{-2x} dx$；

(6) $\int_{-\infty}^{+\infty} \dfrac{1}{x^2+2x+2} dx$.

5.5 定积分的几何应用

定积分的应用很广泛，本节主要介绍定积分在几何上的应用.

5.5.1 定积分的微元法

1. 定积分的特点

在本章第一节引入定积分的概念时，给出了两个实例：一个是曲边梯形的面积，另一个是变速直线运动的路程. 从解决这两个问题的思路来看，定积分是一种量的积累：曲边梯形的面积是"小窄条面积"的积累，由无限多个底边长趋近于零的小曲边梯形的面积相加得到；变速直线运动的路程是"小段路程"的积累，由无限多个时间间隔趋近于零的小段路程相加得到. 也就是说，定积分是无限积累.

2. 能用定积分表示的量的特点

(1) 设所求的量是 S，它不均匀地分布在一个有限区间 $[a,b]$ 上，或者说，它与自变量 x 的变化区间有关. 当区间 $[a,b]$ 给定后，S 就是一确定的值，而且量 S 对该区间具有可加性，即如果将区间 $[a,b]$ 分成 n 个部分区间 $[x_{i-1},x_i]$（$i=1,2,\cdots,n$），那么，量 S 就是对应于各个部分区间上的部分量 ΔS_i 的总和 $S = \sum_{i=1}^{n} \Delta S_i$.

(2) 由于量 S 在区间上的分布是不均匀的，部分量 ΔS_i 在部分区间上的分布一般也是不均匀的，我们可以用"以直代曲"或"以不变代变"的方法写出 ΔS_i 的近似表达式

$$\Delta S_i \approx f(\xi_i) \Delta x_i, \; i=1,2,\cdots,n, \; x_{i-1} \leq \xi_i \leq x_i.$$

其中 $f(x)$（$x \in [a,b]$）是根据具体问题所得到的函数.

量 S 具有的第一个特点，是它能用定积分表示的前提；第二个特点，是它能用定积分表示的关键. 有了部分量的近似表达式，通过求和、取极限的方法就可以得到定积分的表达式

$$S = \lim_{\max\{\Delta x_i\} \to 0} \sum_{i=1}^{n} f(\xi_i) \Delta x_i = \int_{a}^{b} f(x) dx \; (i=1,2,\cdots,n).$$

3. 用定积分解决问题的简化程序

根据上述分析，用定积分解决实际问题时，可把"分割、近似代替、求和、取极限"的步骤简化为以下程序：

(1) 写出部分量的近似表达式

在区间 $[a,b]$ 上任取一个部分区间 $[x, x+dx]$，写出所求量 S 在部分区间 $[x, x+dx]$ 上的部分量 ΔS 的近似表达式

$$\Delta S \approx f(x) dx,$$

称为量 S 的**微分元素**（简称**微元**），记作 dS，即 $dS = f(x) dx$.

(2) 定限求积分

当 $\Delta x \to 0$ 时，量 S 就是 dS 在区间 $[a,b]$ 上的无限累加，即

$$S = \int_a^b dS = \int_a^b f(x)dx.$$

用以上两个步骤(无限细分和无限累加)来建立积分表达式的方法称为**微元法**.

5.5.2 定积分求平面图形的面积

由定积分的几何意义可知,由连续曲线 $y = f(x)$ ($f(x) \geq 0$),直线 $x = a$, $x = b$ ($a < b$) 和 x 轴所围成的曲边梯形的面积为

$$A = \int_a^b f(x)dx.$$

若函数 $y = f(x)$ 在区间 $[a,b]$ 上不具有非负条件,则围成的图形面积为

$$A = \int_a^b |f(x)|dx.$$

一般地,由两条连续曲线 $y = f(x)$, $y = g(x)$ 及两条直线 $x = a$, $x = b$ ($a < b$) 所围成的平面图形(图 5 – 12)的面积为

$$A = \int_a^b |f(x) - g(x)|dx.$$

由两条连续曲线 $x = \varphi(y)$, $x = \psi(y)$ 及两条直线 $y = c$, $y = d$ ($c < d$) 所围成的平面图形(图 5 – 13)的面积为

$$A = \int_c^d |\varphi(y) - \psi(y)|dy.$$

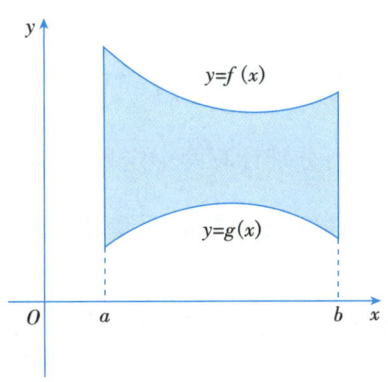

图 5 – 12

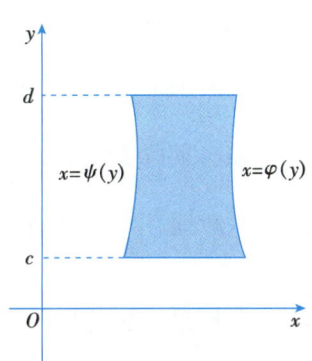

图 5 – 13

例 1 求由两抛物线 $y^2 = x$ 和 $x^2 = y$ 所围成的图形的面积.

解 (1)画图(图 5 – 14),确定积分变量为 x.

(2)解方程组

$$\begin{cases} y^2 = x, \\ x^2 = y \end{cases}$$

得两抛物线的交点为 $(0,0)$ 及 $(1,1)$,从而可知所求图形在直线 $x = 0$ 及 $x = 1$ 之间,即积分区间为 $[0,1]$.

(3)在区间 $[0,1]$ 上任取小区间 $[x, x + dx]$,对应的窄条面积近似于高为 $(\sqrt{x} - x^2)$,底为 dx 的小矩形面积,即面积元素 $dA = (\sqrt{x} - x^2)dx$.

(4)所求图形的面积为

$$A = \int_0^1 (\sqrt{x} - x^2) dx = \left(\frac{2}{3}x^{\frac{3}{2}} - \frac{x^3}{3}\right)\Big|_0^1 = \frac{1}{3}.$$

例 2 求抛物线 $y^2 = 2x$ 与直线 $2x + y - 2 = 0$ 所围成的图形的面积.

解 （1）画图（图 5 – 15），确定积分变量为 y.

（2）解方程组 $\begin{cases} y^2 = 2x \\ 2x + y - 2 = 0 \end{cases}$ 得,抛物线与直线的交点为 $\left(\frac{1}{2}, 1\right)$ 和 $(2, -2)$,故所求图形在直线 $y = -2$ 和 $y = 1$ 之间,即积分区间为 $[-2, 1]$.

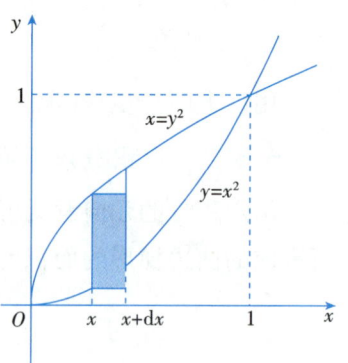

图 5 – 14

（3）在区间 $[-2, 1]$ 上任取小区间 $[y, y + dy]$,对应的窄条面积近似于以 $\left[\left(1 - \frac{1}{2}y\right) - \frac{1}{2}y^2\right]$ 为底,dy 为高的小矩形面积,即面积元素为

$$dA = \left(1 - \frac{y}{2} - \frac{y^2}{2}\right) dy.$$

（4）所求图形的面积为

$$A = \int_{-2}^{1} \left(1 - \frac{y}{2} - \frac{y^2}{2}\right) dy = \left(y - \frac{y^2}{4} - \frac{y^3}{6}\right)\Big|_{-2}^{1} = \frac{9}{4}.$$

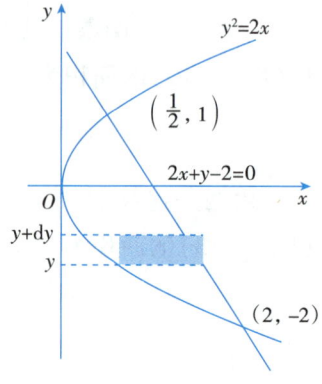

图 5 – 15

本题中,如果选取 x 为积分变量,显然图形介于直线 $x = 0$ 和 $x = 2$ 之间,而在这两条直线之间是两条曲线 $y = \sqrt{2x}$,$y = -\sqrt{2x}$ 和直线 $y = 2 - 2x$. 因此,要计算图形的面积必须以直线 $x = \frac{1}{2}$ 将图形分块,然后分别计算两个定积分,相比选取积分变量为 y 计算较为繁杂. 一般地,用定积分求面积时,应恰当地选取积分变量,尽量使图形不分块或少分块（必须分块时）.

上述两个例子,我们采用的是微元法求解,当然我们也可以直接利用前面的两个公式求解,如例 1 可以这样求解：

（1）画图（图 5 – 14），确定积分变量为 x.

（2）解方程组

$$\begin{cases} y^2 = x \\ x^2 = y \end{cases}$$

得两抛物线的交点为 $(0,0)$ 及 $(1,1)$,即积分区间为 $[0,1]$.

（3）所求图形的面积为

$$A = \int_0^1 (\sqrt{x} - x^2) dx = \left(\frac{2}{3}x^{\frac{3}{2}} - \frac{x^3}{3}\right)\Big|_0^1 = \frac{1}{3}.$$

对于例 2 也可以采用这种方式求解,不再赘述.

5.5.3 定积分求旋转体的体积

由一个平面图形绕它所在平面内一条直线旋转一周而成的几何体叫作**旋转体**,这条直线称为**旋**

转轴.圆柱、圆锥、圆台、球体等都是旋转体.

下面求由连续曲线 $y=f(x)$,直线 $x=a$,$x=b$ 及 x 轴所围成的平面图形绕 x 轴旋转一周形成的旋转体(图 5-16)的体积.

取横坐标 x 为积分变量,其变化区间为 $[a,b]$,相应 $[a,b]$ 上的任一小区间 $[x,x+dx]$ 上的小曲边梯形绕 x 轴旋转而成的薄片的体积近似于以 $f(x)$ 为底面半径、dx 为高的圆柱体的体积 $\pi f^2(x)dx$,即该旋转体的体积元素为

$$dV = \pi f^2(x)dx.$$

在闭区间 $[a,b]$ 上作定积分,可求得所求旋转体的体积为

$$V = \int_a^b \pi f^2(x)dx.$$

类似地,由连续曲线 $x=\varphi(y)$,直线 $y=c$,$y=d$ 及 y 轴所围成的平面图形绕 y 轴旋转一周形成的旋转体(图 5-17)的体积为

$$V = \int_c^d \pi \varphi^2(y)dy.$$

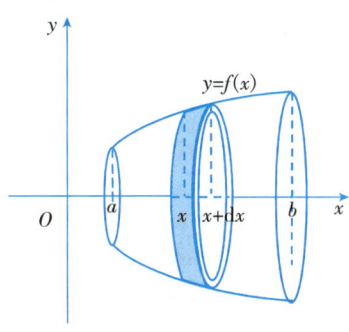

图 5-16

例 3 求曲线 $y^2=x$,直线 $x=1$ 及 x 轴所围成的图形绕 x 轴旋转一周所成的旋转体的体积.

解 所围成的旋转体如图 5-18 所示,积分区间为 $[0,1]$,其体积为

$$V = \int_a^b \pi f^2(x)dx$$
$$= \int_0^1 \pi(\sqrt{x})^2 dx = \pi \cdot \frac{1}{2}x^2 \Big|_0^1 = \frac{\pi}{2}.$$

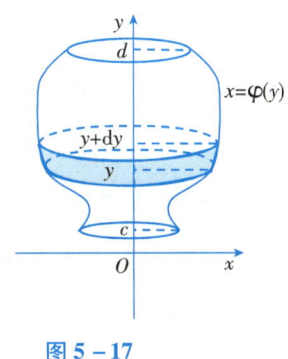

图 5-17

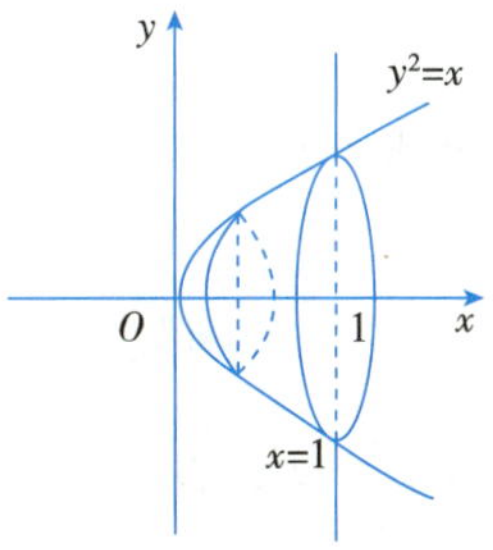

图 5-18

习题 5.5

1. 求由下列各组曲线所围成的图形的面积.

   (1) $y=1-x^2$,$y=0$;
   (2) $y=x^2$,$y=2x+3$;
   (3) $y=\sqrt{x}$,$y=x$;
   (4) $y=\ln x$,$y=0$,$x=2$.

2. 求曲线 $y=\sin x$,$x\in[0,\pi]$ 与 x 轴所围成的平面图形绕 x 轴旋转所得的旋转体的体积.

3. 求由抛物线 $y^2=x$ 及 $y=x^2$ 围成的平面图形绕 y 轴旋转形成的旋转体的体积.

复习与提问

一、知识框图

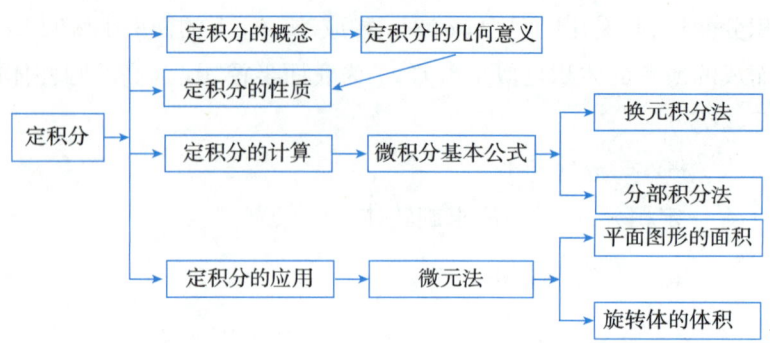

二、内容总结

1. 定积分的概念与性质

（1）函数 $f(x)$ 在区间 $[a,b]$ 上的定积分，记作_____．其中 $\int$ 为_____，$f(x)$ 为_____，$f(x)dx$ 为_____，x 为_____，a 为_____，b 为_____，$[a,b]$ 为_____．

（2）定积分 $\int_a^b f(x)dx$ 的值与_____有关，与_____无关．

（3）$\int_a^b [f(x) \pm g(x)]dx = $ _____，$\int_a^b kf(x)dx = $ _____．

（4）对于任意常数 c，有 $\int_a^b f(x)dx = $ _____．

2. 定积分的计算

（1）利用不定积分的基本公式和性质可以计算一些简单函数的不定积分，称这种方法为_____．

（2）定积分的换元积分法，若函数 $f(x)$ 在 $[a,b]$ 上连续，函数 $x = \varphi(t)$ 满足条件 $\varphi(\alpha) = a$，$\varphi(\beta) = b$；$\varphi(t)$ 在 $[\alpha,\beta]$（或 $[\beta,\alpha]$）上有连续的导函数 $\varphi'(t)$，且 $\varphi'(t) \neq 0$，则有 $\int_a^b f(x)dx = $ _____．定积分换元法中，换元的同时必须换_____．

（3）定积分的分部积分公式 $\int_a^b u(x)v'(x)dx = $ _____．

3. 无穷区间上的广义积分

（1）广义积分 $\int_a^{+\infty} f(x)dx = $ _____．

（2）广义积分 $\int_{-\infty}^b f(x)dx = $ _____．

4. 定积分的几何应用

（1）平面图形的面积：

由两条连续曲线 $y = f(x)$，$y = g(x)$ 及两条直线 $x = a$，$x = b(a < b)$ 所围成的平面图形的面

积为 $A =$ _____.

由两条连续曲线 $x = \varphi(y)$，$x = \psi(y)$ 及两条直线 $y = c$，$y = d(c < d)$ 所围成的平面图形的面积为 $A =$ _____.

(2) 旋转体的体积：

由连续曲线 $y = f(x)$，直线 $x = a$，$x = b$ 及 x 轴所围成的平面图形绕 x 轴旋转时形成的旋转体的体积为 $V =$ _____.

由连续曲线 $x = \varphi(y)$，直线 $y = c$，$y = d$ 及 y 轴所围成的平面图形绕 y 轴旋转时形成的旋转体的体积为 $V =$ _____.

复习题 5

一、选择题

1. 设 $f(x)$ 在 $[a,b]$ 上连续，则定积分 $\int_a^b f(x)\mathrm{d}x$ 的值（　　）.

A. 与区间无关，与被积函数有关　　　　B. 与积分区间及被积函数有关

C. 与积分变量用何字母有关　　　　　　D. 与被积函数 $f(x)$ 的形式无关

2. $\dfrac{\mathrm{d}}{\mathrm{d}x}\int_a^b \sin x \mathrm{d}x = $（　　）.

A. $\sin 2x$　　　　　　B. $\sin b - \sin a$　　　　　　C. 0　　　　　　D. $\cos x$

二、填空题

1. 已知 $\int_a^b f(x)\mathrm{d}x = 3$，则 $\int_a^b 2f(x)\mathrm{d}x = $ _____.

2. 已知 $\int_a^b f(x)\mathrm{d}x = 3$，$\int_a^b g(x)\mathrm{d}x = 2$，则 $\int_a^b [2f(x) + 3g(x)]\mathrm{d}x = $ _____.

3. 已知 $\int_1^2 f(x)\mathrm{d}x = 1$，$\int_2^3 f(x)\mathrm{d}x = 2$，则 $\int_1^3 f(x)\mathrm{d}x = $ _____.

4. $\int_{-2}^2 x\mathrm{d}x = $ _____.

5. 已知 $\Phi(x) = \int_1^{\sin x} \mathrm{e}^t \mathrm{d}t$，则 $\Phi'(x) = $ _____.

三、解答题

1. 求下列定积分：

(1) $\int_1^2 (2x - \mathrm{e}^x)\mathrm{d}x$；

(2) $\int_0^{\frac{\pi}{2}} \cos^3 x \sin x \mathrm{d}x$；

(3) $\int_1^9 \dfrac{1}{1 + \sqrt{x}}\mathrm{d}x$；

(4) $\int_1^{\mathrm{e}} x\ln x\mathrm{d}x$.

2. 求下列极限：

(1) $\lim\limits_{x \to 0} \dfrac{\int_0^x \cos 2t \mathrm{d}t}{x}$；

(2) $\lim\limits_{x \to 0} \dfrac{\int_0^{x^2} \arctan\sqrt{t}\mathrm{d}t}{x^3}$.

四、应用题

1. 求抛物线 $y = x^2$ 和直线 $y = x + 2$ 所围成的平面图形的面积.

2. 求由曲线 $y = x^2, y^2 = x$ 所围成的图形绕 x 轴旋转而成的旋转体的体积.

阅读与欣赏

牛顿和莱布尼茨对微积分的贡献

1. 牛顿的"流数术"

17 世纪生产力的发展推动了自然科学和技术的发展,不但使已有的数学成果得到进一步巩固、充实和扩大,而且由于实践的需要,开始研究运动着的物体和变化的量,这样就获得了变量的概念,研究变量的一般性和它们之间的依赖关系. 到了 17 世纪下半叶,在前人创造性研究的基础上,英国大数学家、物理学家牛顿(1642—1727)从物理学的角度研究微积分. 他为了研究运动问题,创立了一种和物理概念直接联系的数学理论,即牛顿称为"流数术"的理论,这实际上就是微积分理论. 牛顿有关"流数术"的主要著作是《求曲边形的面积》《运用无穷多项方程的计算法》《流数术和无穷级数》. 这些概念是力的概念的数学反映. 牛顿认为任何运动存在于空间,依赖于时间,因而他把时间作为自变量,把和时间有关的因变量作为流量,不仅这样,他还把几何图形——线、角、体,都看作力学位移的结果. 因而,一切变量都是流量.

牛顿指出,"流数术"基本上包括三类问题:

(1) 已知流量之间的关系,求它们的流数的关系,这相当于微分学.

(2) 已知表示流数之间的关系的方程,求相应的流量间的关系,这相当于积分学. 牛顿意义下的积分法不仅包括求原函数,还包括解微分方程.

(3) "流数术"应用范围包括计算曲线的极大值、极小值,求曲线的切线和斜率,求曲线长度及计算曲边形的面积等.

牛顿已完全清楚上述(1)与(2)两类问题中的运算是互逆的运算,于是建立起微分学和积分学之间的联系. 牛顿在 1665 年 5 月 20 日的一份手稿中提到"流数术",这一天也被认为是微积分诞生的标志.

2. 莱布尼茨使微积分更加简洁和准确

德国数学家莱布尼茨(G. W. Leibniz,1646—1716)则是从几何方面独立发现了微积分,与牛顿创立微积分的途径与方法是不同的. 莱布尼茨是经过研究曲线的切线和曲线包围的面积,运用分析学方法引进微积分概念,得出运算法则的. 牛顿在微积分的应用上更多地结合了运动学,造诣较莱布尼茨高一等,但莱布尼茨的表达形式采用数学符号又远远优于牛顿一筹,既简洁又准确地揭示出微积分的实质,强有力地促进了微积分学的发展.

牛顿和莱布尼茨的特殊功绩在于,他们站在更高的角度,分析和综合了前人的工作,将前人解决各种具体问题的特殊技巧,统一为两类普通的算法——微分和积分,并发现了微分和积分互为逆运算,建立了微积分基本定理,从而为微积分的发展和应用铺平了道路.

数学实验

Matlab 应用之计算定积分

使用 Matlab 软件计算定积分与计算不定积分的命令函数相同,均为 int. 由于定积分包含积分区间,因此,在调用命令函数 int 时,需要说明积分区间. 下面介绍使用 Matlab 软件计算定积分.

一、相关命令

1. 命令函数

Matlab 符号运算工具箱提供了求定积分的命令函数 int.

2. 调用格式

命令函数 int 的调用格式为 int(y,x,a,b),此格式用来计算以 y 为被积函数、以 x 为积分变量,积分区间为 $[a,b]$ 的定积分,其中,默认的积分变量 x 可以省略.

二、操作实例

1. 利用 Matlab 计算定积分

使用 Matlab 软件计算定积分时,首先通过符号变量创建一个符号函数 syms x,然后调用积分命令 int 来计算定积分.

例1 计算定积分 $\int_0^{\frac{\pi}{2}} e^{-x} \cos x \, dx$.

解 在命令行窗口中输入

\>\> syms x   %定义符号变量 x

\>\> y = int(exp(-x) * cos(x),x,0,pi * 1/2)   %计算定积分

按 Enter 键,得到以下计算结果:

y =

exp(-pi/2)/2 + 1/2

即 $\int_0^{\frac{\pi}{2}} e^{-x} \cos x \, dx = \frac{1}{2} e^{-\frac{\pi}{2}} + \frac{1}{2}$.

例2 计算定积分 $\int_0^1 \sqrt{1-x^2} \, dx$.

解 在命令行窗口中输入

\>\> syms x

\>\> y = int(sqrt(1 - x^2),x,0,1)

按 Enter 键,得到以下计算结果:

y =

pi/4

即 $\int_0^1 \sqrt{1-x^2} \, dx = \frac{\pi}{4}$.

2. 利用 Matlab 计算无穷区间上的广义积分

对于无穷区间上的广义积分,由于积分上下限含有 ∞ 的形式,当左极限为负无穷时,需使用 -inf,替换积分区间的左端;当右极限为正无穷时,需使用 inf,替换积分区间的右端.

例3 计算广义积分 $\int_0^{+\infty} e^{-x} dx$.

解 在命令行窗口中输入

\>\> syms x

\>\> y = int(exp(-x),0,inf)   % 计算广义积分

按 Enter 键,得到以下计算结果:

y =

1

即 $\int_0^{+\infty} e^{-x} dx = 1$ 是收敛的.

例4 计算广义积分 $\int_2^{+\infty} x\ln^2 x dx$.

解 在命令行窗口中输入

\>\> syms x

\>\> y = int(x*(log(x))^2,x,2,inf)

按 Enter 键,得到以下计算结果:

y =

Inf

即 $\int_2^{+\infty} x\ln^2 x dx$ 是发散的.

第六章 常微分方程

为研究工程技术、经济管理中的一些实际问题,经常需要确定变量之间的函数关系,但这种函数关系有时并不能直接得到,只能根据实际意义或某些学科中的基本原理或公式得到未知函数及其导数或微分的关系式,然后由关系式解出所求函数,这种关系式就是微分方程.微分方程是数学的一个重要分支,在自然科学等许多领域有着广泛的应用.

本章主要介绍微分方程的一些基本概念和几种常用的微分方程解法.

学习目标

1. 理解微分方程的定义,理解微分方程的阶、解、通解、初始条件和特解等概念;
2. 掌握可分离变量微分方程的解法;
3. 掌握一阶线性微分方程的解法;
4. 理解二阶线性微分方程解的结构;
5. 掌握二阶常系数齐次线性微分方程的解法;
6. 会用 Matlab 软件求解微分方程;
7. 培养缜密严谨的态度和刻苦钻研的探索精神.

6.1 微分方程的基本概念

6.1.1 微分方程的基本概念

我们知道,含有未知数的等式是方程,那么什么是微分方程呢? 下面通过一个例题来说明微分方程的一些基本概念.

引例 设曲线上任意点处的切线的斜率等于这点横坐标的两倍,

(1) 求此曲线方程;

(2) 若此曲线过点 $P(0,0)$,求此曲线方程.

分析 (1) 设所求曲线方程为 $y = f(x)$,由导数的几何意义可知 $f'(x) = 2x$. 在这里,$f(x)$ 是一

个未知函数,它要满足关系式

$$\frac{dy}{dx} = 2x. \tag{6-1-1}$$

将式(6-1-1)两端积分得

$$y = x^2 + C. \tag{6-1-2}$$

其中 C 是任意常数,式(6-1-2)表示的是一族函数.

(2)曲线过点 $P(0,0)$,即当 $x = 0$ 时, $y = 0$. 为了求出满足这一条件的曲线,将 $x = 0, y = 0$ 代入式(6-1-2),有

$$0 = 0^2 + C,$$

则

$$C = 0.$$

从而所求曲线方程为

$$y = x^2.$$

我们把形如式(6-1-1)这种含有未知函数导数(或微分)的方程称为**微分方程**. 未知函数是一元函数的微分方程称为**常微分方程**. 本章中我们只讨论常微分方程,以下简称微分方程或方程.

微分方程中含有的未知函数的导数(或微分)的最高阶数称为**微分方程的阶**. 如式(6-1-1)中未知函数的导数的最高阶数是一阶,这样的微分方程称为**一阶微分方程**.

例如,$y' = e^{x-y}$ 与 $(2x - y)dx + (x + y)dy = 0$ 是一阶微分方程;$y'' - 2yy' + y = x, \frac{d^2y}{dx^2} + 2x = \sin^2 y$ 是二阶微分方程.

在引例中,将 $y = x^2 + C$ 代入式(6-1-1),显然式(6-1-1)成为恒等式 $2x = 2x$. 也就是说,函数 $y = x^2 + C$ 使得微分方程式(6-1-1)恒成立,这种能使微分方程成为恒等式的函数称为**微分方程的解**. 如果微分方程的解中含有任意常数,并且相互独立的任意常数的个数等于微分方程的阶数,那么这样的解称为**微分方程的通解**,如 $y = x^2 + C$ 是微分方程 $\frac{dy}{dx} = 2x$ 的通解;不含任意常数的解称为**微分方程的特解**,如 $y = x^2$ 是微分方程 $\frac{dy}{dx} = 2x$ 的特解.

微分方程的概念

从通解中确定任意常数的值,即可得到相应的特解.用来确定微分方程通解中任意常数的条件称为**初始条件**,如引例的初始条件是当 $x = 0$ 时, $y = 0$,或记作 $y|_{x=0} = 0$. 显然,初始条件不同,特解也会不同.

求微分方程满足某初始条件的特解的问题,称为**微分方程的初值问题**. 一阶微分方程的初值问题记作

$$\begin{cases} y' = f(x,y), \\ y|_{x=x_0} = y_0. \end{cases}$$

二阶微分方程的初值问题记作

$$\begin{cases} y'' = f(x,y,y'), \\ y|_{x=x_0} = y_0, y'|_{x=x_0} = y_1. \end{cases}$$

例1 验证函数 $y = Ce^{x^2}$（C 是任意常数）为一阶微分方程 $y' = 2xy$ 的通解，并求微分方程满足初始条件 $y|_{x=0} = 3$ 的特解.

解 由 $y = Ce^{x^2}$ 得
$$y' = 2Cxe^{x^2}.$$

将 $y' = 2Cxe^{x^2}$ 代入微分方程 $y' = 2xy$，得
$$\text{左端} = 2Cxe^{x^2}, \text{右端} = 2x \cdot Ce^{x^2} = 2Cxe^{x^2}.$$

即函数 $y = Ce^{x^2}$ 使微分方程 $y' = 2xy$ 成为恒等式，则 $y = Ce^{x^2}$ 是微分方程 $y' = 2xy$ 的解，又因此解中含有一个任意常数，且任意常数的个数与微分方程的阶数相同，故是微分方程的通解.

由初始条件 $y|_{x=0} = 3$ 得
$$3 = Ce^0 = C \cdot 1.$$

即 $C = 3$，于是所求特解为
$$y = 3e^{x^2}.$$

6.1.2 简单微分方程的建立

利用微分方程寻求实际问题中未知函数的一般步骤如下：

(1) 分析问题，设所求未知函数，建立微分方程，并确定初始条件；

(2) 求出微分方程的通解；

(3) 由初始条件确定通解中的任意常数，求出微分方程的特解.

例2 一个物体以初速度 v_0 垂直上抛，设此物体运动过程中只受重力的影响，试确定物体运动的速度与时间 t 的函数关系.

解 设所求的函数为 $v = v(t)$，根据导数的力学意义，函数 $v = v(t)$ 应满足关系式
$$\frac{dv}{dt} = -g \text{ 或 } v'(t) = -g.$$

上式两边积分得
$$v = -gt + C.$$

又 $v(0) = v_0$，故 $C = v_0$，从而物体运动的速度与时间 t 的函数关系为
$$v = -gt + v_0.$$

对于运动物体，我们可以通过建立反映运动规律的变量与其导数或微分之间的关系式，找到反映运动规律的变量与变量之间的函数关系，这就是我们研究微分方程的意义所在.

习题 6.1

1. 下列方程中，不是微分方程的是（　　）.

A. $\left(\dfrac{dy}{dx}\right)^2 - 3xy = 0$ B. $dy + \sqrt{x}dx = 0$

C. $y' = e^{x+y}$ D. $x^2 + 2x - 3 = 0$

2. 指出下列各微分方程的阶数：

(1) $xy' + y = 1$；   (2) $y'' + 2xy' + 3y = 0$；

(3) $x^3(y'')^2 - 2y' + y = 0$；   (4) $ydx + x^2dy = 0$.

3. 验证所给函数是已知微分方程的解,并说明是通解还是特解.

(1) $x^2 + y^2 = C\ (C > 0)$, $y' = -\dfrac{x}{y}$； (2) $y = \dfrac{\sin x}{x}$, $xy' + y = \cos x$.

4. 验证 $y = C_1 e^x + C_2 e^{-2x}$ 是微分方程 $\dfrac{d^2 y}{dx^2} + \dfrac{dy}{dx} - 2y = 0$ 的通解,并求满足初始条件 $y|_{x=0} = 1$, $y'|_{x=0} = 1$ 的特解.

5. 已知曲线上任意一点 $M(x,y)$ 处的切线的斜率为 $\cos x$,且该曲线过点 $(0,0)$,求该曲线的方程.

6. 一个物体做直线运动,其运动速度为 $v = 2\sin t$,当 $t = \dfrac{\pi}{4}$ 秒时,物体与出发点 O 相距 10 米,求物体在时刻 t 与出发点 O 的距离 $S(t)$.

6.2 一阶微分方程

一阶微分方程的一般形式是

$$F(x, y, y') = 0 \quad \text{或} \quad \dfrac{dy}{dx} = F(x, y).$$

本节介绍一阶微分方程的基本类型及其解法.

6.2.1 可分离变量的微分方程

形如

$$\dfrac{dy}{dx} = f(x) g(y) \qquad (6-2-1)$$

的微分方程称为**可分离变量的微分方程**.

例如,$\dfrac{dy}{dx} = 2xy$, $y' = y\sin x$, $\dfrac{dy}{dx} = y e^x$ 都是可分离变量的微分方程.

如果 $g(y) \neq 0$,则式 $(6-2-1)$ 可变形为

$$\dfrac{dy}{g(y)} = f(x) dx . \qquad (6-2-2)$$

式 $(6-2-2)$ 为变量已分离的微分方程,如果 $g(y)$ 与 $f(x)$ 是连续函数,将式 $(6-2-2)$ 两边分别积分,即

$$\int \dfrac{1}{g(y)} dy = \int f(x) dx + C.$$

记 $\dfrac{1}{g(y)}$, $f(x)$ 的一个原函数分别为 $G(y)$, $F(x)$,则式 $(6-2-1)$ 的通解为

$$G(y) = F(x) + C.$$

所以,可分离变量微分方程的求解步骤为:

(1) 分离变量 $\dfrac{dy}{g(y)} = f(x) dx$;

(2) 两边积分 $\int \dfrac{1}{g(y)} dy = \int f(x) dx + C$;

(3) 得通解为 $G(y) = F(x) + C$，其中 $G(y), F(x)$ 分别是 $\frac{1}{g(y)}, f(x)$ 的一个原函数；

(4) 若方程给出初始条件，则根据初始条件确定常数 C，求出方程满足初始条件的特解.

例 1 求方程 $\frac{dy}{dx} = \frac{4xy}{1+x^2}$ 的通解.

解 这是可分离变量的微分方程.

当 $y \neq 0$ 时，分离变量得

$$\frac{dy}{y} = \frac{4x}{1+x^2}dx.$$

对上式两边分别取积分

$$\int \frac{1}{y}dy = \int \frac{4x}{1+x^2}dx,$$

积分得

$$\ln|y| = 2\ln(1+x^2) + C_1.$$

于是

$$|y| = e^{2\ln(1+x^2)+C_1} = e^{\ln(1+x^2)^2+C_1},$$

则

$$y = \pm e^{C_1}(1+x^2)^2.$$

因为 $\pm e^{C_1}$ 是不为 0 的常数，令 $C = \pm e^{C_1} \neq 0$，则

$$y = C(1+x^2)^2.$$

当 $y = 0$ 时，显然 $y = 0$ 也是方程的解，此时上式中的 $C = 0$.

所以 C 可取一切实数. 即方程的通解为

$$y = C(1+x^2)^2.$$

为方便起见，可将式中的 $\ln|y|$ 写成 $\ln y$，只要最后得到的 C 是任意常数即可.

例 2 求 $y^2\cos x dx - dy = 0$ 的通解.

解 将方程变形为 $\frac{dy}{dx} = y^2\cos x$，这是可分离变量的微分方程.

当 $y \neq 0$ 时，分离变量得

$$\frac{dy}{y^2} = \cos x dx.$$

对上式两边分别取积分

$$\int \frac{1}{y^2}dy = \int \cos x dx,$$

积分得

$$-\frac{1}{y} = \sin x + C.$$

于是方程的通解为

$$y = -\frac{1}{\sin x + C} \quad (C \text{ 为任意常数}).$$

另外，$y = 0$ 显然也是方程的解，但它没有被包含在通解中，这种解称为奇解，本书不讨论这类解.

例3 求方程 $\dfrac{\mathrm{d}y}{\mathrm{d}x} = \mathrm{e}^{x-y}$ 满足初始条件 $y|_{x=0} = 0$ 的特解.

解 将方程变形为 $\dfrac{\mathrm{d}y}{\mathrm{d}x} = \dfrac{\mathrm{e}^x}{\mathrm{e}^y}$，这是可分离变量的微分方程.

分离变量得
$$\mathrm{e}^y \mathrm{d}y = \mathrm{e}^x \mathrm{d}x.$$

对上式两边取积分
$$\int \mathrm{e}^y \mathrm{d}y = \int \mathrm{e}^x \mathrm{d}x,$$

积分得
$$\mathrm{e}^y = \mathrm{e}^x + C,$$

于是方程的通解为
$$\mathrm{e}^y = \mathrm{e}^x + C\ (C\ 为任意常数).$$

将初始条件 $y|_{x=0} = 0$ 代入通解中，求得 $C = 0$，则所求方程的特解为
$$\mathrm{e}^y = \mathrm{e}^x,\ 即\ y = x.$$

例4 党的二十大报告指出要发展乡村特色产业，拓宽农民增收致富渠道. 一乡镇水产养殖企业在水库内养鱼，已知鱼的尾数 y 与时间 t 的函数关系为 $y = y(t)$，其变化率与鱼尾数 y 及 $5000 - y$ 成正比. 在水库内放养鱼 1000 尾，3 个月后池塘内有鱼 2500 尾，求放养 t 个月后池塘内鱼尾数 $y(t)$ 的函数表达式及放养 6 个月后鱼的尾数.

解 由题意可得鱼尾数 $y(t)$ 满足微分方程
$$\dfrac{\mathrm{d}y}{\mathrm{d}t} = ky(5000 - y),$$

这里 k 为比例常数，且满足条件
$$y(0) = 1000,\ y(3) = 2500.$$

此方程为可分离变量的微分方程，分离变量后可得
$$\dfrac{\mathrm{d}y}{y(5000 - y)} = k\mathrm{d}t,$$

即
$$\left(\dfrac{1}{y} + \dfrac{1}{5000 - y}\right)\mathrm{d}y = 5000k\mathrm{d}t,$$

两边积分得
$$\dfrac{y}{5000 - y} = C\mathrm{e}^{5000kt}.$$

将 $t = 0$ 时，$y = 1000$ 代入上式可得
$$C = \dfrac{1}{4},$$

即
$$\dfrac{y}{5000 - y} = \dfrac{1}{4}\mathrm{e}^{5000kt}.$$

再将 $t=3$ 时，$y=2500$ 代入上式可得

$$k = \frac{\ln 4}{15000},$$

故 t 个月后池塘内鱼尾数 $y(t)$ 的函数表达式为

$$y(t) = \frac{5000 \cdot 4^{\frac{t}{3}}}{4 + 4^{\frac{t}{3}}}.$$

当 $t=6$ 时得

$$y(6) = 4000,$$

即 6 个月后池塘内有 4000 尾鱼.

6.2.2 齐次方程

微分方程

$$\frac{\mathrm{d}y}{\mathrm{d}x} = \frac{xy - y^2}{x^2}$$

是一阶微分方程，但不能直接用分离变量求其通解，将上式右端变形为

$$\frac{xy - y^2}{x^2} = \frac{y}{x} - \left(\frac{y}{x}\right)^2,$$

若以 $\frac{y}{x}$ 为变量，上式右端可以看作 $\frac{y}{x}$ 的函数 $\varphi\left(\frac{y}{x}\right)$，则原方程可写成 $\frac{\mathrm{d}y}{\mathrm{d}x} = \varphi\left(\frac{y}{x}\right)$.

形如

$$\frac{\mathrm{d}y}{\mathrm{d}x} = \varphi\left(\frac{y}{x}\right) \tag{6-2-3}$$

的一阶微分方程称为**齐次方程**.

在式 (6-2-3) 中，可设 $\frac{y}{x} = u$，则 $y = ux$，

两边关于 x 求导得

$$\frac{\mathrm{d}y}{\mathrm{d}x} = u + x\frac{\mathrm{d}u}{\mathrm{d}x},$$

代入式 (6-2-3)，得

$$u + x\frac{\mathrm{d}u}{\mathrm{d}x} = \varphi(u),$$

即

$$x\frac{\mathrm{d}u}{\mathrm{d}x} = \varphi(u) - u.$$

上式为以 x 为自变量，$u(x)$ 为未知函数的可分离变量的微分方程. 求出 $u(x)$ 后，再以 $\frac{y}{x}$ 代替 u，便得到齐次方程的解.

例 5 求微分方程 $x^2 \frac{\mathrm{d}y}{\mathrm{d}x} = xy - y^2$ 的通解.

解 将方程变形，得

$$\frac{dy}{dx} = \frac{xy - y^2}{x^2},$$

即

$$\frac{dy}{dx} = \frac{y}{x} - \left(\frac{y}{x}\right)^2.$$

这是齐次方程,设 $\frac{y}{x} = u$,则 $\frac{dy}{dx} = u + x\frac{du}{dx}$,

代入方程,得

$$u + x\frac{du}{dx} = u - u^2, \text{即} x\frac{du}{dx} = -u^2,$$

分离变量,得

$$-\frac{du}{u^2} = \frac{dx}{x},$$

两边取积分,得

$$-\int \frac{du}{u^2} = \int \frac{dx}{x},$$

积分,得

$$\frac{1}{u} = \ln|x| + C \text{ 或 } u = \frac{1}{\ln|x| + C}.$$

将 $u = \frac{y}{x}$ 代入上式,得原方程的通解为

$$y = \frac{x}{\ln|x| + C} \ (C \text{ 为任意常数}).$$

6.2.3 一阶线性微分方程

形如

$$y' + P(x)y = Q(x) \tag{6-2-4}$$

的微分方程称为**一阶线性微分方程**,其中 $P(x)$ 和 $Q(x)$ 为已知的连续函数,$Q(x)$ 称为**自由项**.

当 $Q(x) = 0$ 时,方程

$$y' + P(x)y = 0 \tag{6-2-5}$$

为方程(6-2-4)对应的**一阶线性齐次微分方程**;

当 $Q(x) \neq 0$ 时,方程(6-2-4)为**一阶线性非齐次微分方程**.

例如,微分方程 $y' + 2y = x^3, y' + \frac{2}{x}y = \frac{\sin x}{x}, y' + y\sin x = 0$ 都是一阶线性微分方程,其中 $y' + y\sin x = 0$ 是一阶线性齐次微分方程.

一阶线性齐次微分方程 $y' + P(x)y = 0$ 是可分离变量的微分方程,通过分离变量,两边积分,即可得微分方程 $y' + P(x)y = 0$ 的通解为

$$y = Ce^{-\int P(x)dx},$$

其中 C 是任意常数.

下面主要讨论一阶线性非齐次微分方程通解的求法.

将方程 $y' + P(x)y = Q(x)$ 化成

$$\frac{\mathrm{d}y}{y} = \frac{Q(x)}{y}\mathrm{d}x - P(x)\mathrm{d}x,$$

由于 y 是 x 的函数,所以可设 $\frac{Q(x)}{y} = \varphi(x), \int\varphi(x)\mathrm{d}x = \Phi(x) + C_1$.

对上式取积分,得

$$\int\frac{\mathrm{d}y}{y} = \int\frac{Q(x)}{y}\mathrm{d}x - \int P(x)\mathrm{d}x,$$

积分,得

$$\ln y = \Phi(x) + C_1 - \int P(x)\mathrm{d}x,$$

则有

$$y = \mathrm{e}^{\Phi(x)+C_1} \cdot \mathrm{e}^{-\int P(x)\mathrm{d}x}.$$

设 $\mathrm{e}^{\Phi(x)+C_1} = C(x)$,则

$$y = C(x)\mathrm{e}^{-\int P(x)\mathrm{d}x}.$$

将其与一阶线性齐次微分方程 $y' + P(x)y = 0$ 的通解 $y = C\mathrm{e}^{-\int P(x)\mathrm{d}x}$ 对照,可以看出,只要将 $y = C\mathrm{e}^{-\int P(x)\mathrm{d}x}$ 中的常数 C 换成 x 的函数 $C(x)$,即为一阶线性非齐次微分方程 $y' + P(x)y = Q(x)$ 的通解 $y = C(x)\mathrm{e}^{-\int P(x)\mathrm{d}x}$.

下面确定待定函数 $C(x)$.

对 $y = C(x)\mathrm{e}^{-\int P(x)\mathrm{d}x}$ 求导,得

$$y' = C'(x)\mathrm{e}^{-\int P(x)\mathrm{d}x} - P(x)C(x)\mathrm{e}^{-\int P(x)\mathrm{d}x},$$

又 $y = C(x)\mathrm{e}^{-\int P(x)\mathrm{d}x}$ 是方程 $y' + P(x)y = Q(x)$ 的解,将 y 及 y' 代入微分方程 $y' + P(x)y = Q(x)$,得

$$C'(x)\mathrm{e}^{-\int P(x)\mathrm{d}x} - P(x)C(x)\mathrm{e}^{-\int P(x)\mathrm{d}x} + P(x)C(x)\mathrm{e}^{-\int P(x)\mathrm{d}x} = Q(x).$$

化简得

$$C'(x)\mathrm{e}^{-\int P(x)\mathrm{d}x} = Q(x),$$

即

$$C'(x) = Q(x)\mathrm{e}^{\int P(x)\mathrm{d}x}.$$

两边积分,得

$$C(x) = \int Q(x)\mathrm{e}^{\int P(x)\mathrm{d}x}\mathrm{d}x + C.$$

将 $C(x) = \int Q(x)\mathrm{e}^{\int P(x)\mathrm{d}x}\mathrm{d}x + C$ 代入 $y = C(x)\mathrm{e}^{-\int P(x)\mathrm{d}x}$,得一阶线性非齐次微分方程 $y' + P(x)y = Q(x)$ 的通解为

$$y = \mathrm{e}^{-\int P(x)\mathrm{d}x}\left[\int Q(x)\mathrm{e}^{\int P(x)\mathrm{d}x}\mathrm{d}x + C\right]. \qquad (6-2-6)$$

把式 $(6-2-6)$ 改写为

$$y = Ce^{-\int P(x)dx} + e^{-\int P(x)dx}\int Q(x)e^{\int P(x)dx}dx. \qquad (6-2-7)$$

可以看出,式(6-2-7)右端的第一项恰是其对应的齐次方程 $y' + P(x)y = 0$ 的通解,而第二项是非齐次方程 $y' + P(x)y = Q(x)$ 的一个特解. 由此可知,一阶线性非齐次微分方程的通解等于其所对应的齐次方程的通解与它自身的一个特解之和.

这种将一阶线性齐次微分方程的通解中任意常数 C 换成待定函数 $C(x)$,然后求得一阶线性非齐次微分方程的通解的方法,称为**常数变易法**.

例 6 求微分方程 $y' - \dfrac{2}{x+1}y = (x+1)^3$ 的通解.

解 这是一阶线性非齐次微分方程,其中 $P(x) = -\dfrac{2}{x+1}, Q(x) = (x+1)^3$.

代入通解公式得

$$\begin{aligned} y &= e^{\int \frac{2}{x+1}dx}\left[\int (x+1)^3 e^{-\int \frac{2}{x+1}dx}dx + C\right] \\ &= e^{2\ln(x+1)}\left[\int (x+1)^3 e^{-2\ln(x+1)}dx + C\right] \\ &= (x+1)^2\left[\int \frac{(x+1)^3}{(x+1)^2}dx + C\right] \\ &= (x+1)^2\left[\frac{1}{2}(x+1)^2 + C\right]. \end{aligned}$$

即原微分方程通解为 $y = (x+1)^2\left[\dfrac{1}{2}(x+1)^2 + C\right]$.

例 7 求微分方程 $x\dfrac{dy}{dx} - y = x$ 满足初始条件 $y|_{x=1} = 1$ 的特解.

解 将方程化为一般形式,得

$$\frac{dy}{dx} - \frac{y}{x} = 1.$$

(1) 求对应的一阶线性齐次微分方程 $\dfrac{dy}{dx} - \dfrac{y}{x} = 0$ 的通解.

将 $\dfrac{dy}{dx} - \dfrac{y}{x} = 0$ 分离变量得

$$\frac{dy}{y} = \frac{dx}{x},$$

两边积分,得

$$\ln|y| = \ln|x| + C_1,$$

整理得 $\dfrac{dy}{dx} - \dfrac{y}{x} = 0$ 的通解为 $y = Cx$.

(2) 用常数变易法确定待定函数 $C(x)$.

设 $y = C(x)x$ 是方程 $x\dfrac{dy}{dx} - y = x$ 的解,则

$$y' = C'(x)x + C(x),$$

代入方程 $\dfrac{dy}{dx} - \dfrac{y}{x} = 1$，得

$$C'(x)x + C(x) - \dfrac{1}{x}C(x)x = 1,$$

即

$$C'(x) = \dfrac{1}{x}.$$

积分得

$$C(x) = \ln|x| + C.$$

所以，原微分方程的通解为

$$y = x(\ln|x| + C).$$

（3）求满足初始条件的特解.

将初始条件 $x = 1, y = 1$ 代入通解 $y = x(\ln|x| + C)$，有

$$1 = 1(\ln|1| + C),$$

则

$$C = 1.$$

故满足初始条件 $y|_{x=1} = 1$ 的特解为

$$y = x(\ln|x| + 1).$$

例8 设一个由电感 L、电阻 R 组成的串联电路如图 6-1 所示，电源的电动势为 $E = E_0 \sin\omega t$，在 $t = 0$ 时闭合开关，求电流 i 与时间 t 的函数关系.

解 （1）建立微分方程.

由基尔霍夫第二定律可知，回路中总电动势等于接入回路中各部分电压降的和. 设时刻 t 的电流为 $i(t)$，则电阻上的电压降为 Ri，电感上的电压降为 $L\dfrac{di}{dt}$，从而有

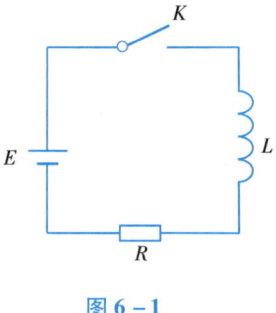

图 6-1

$$L\dfrac{di}{dt} + Ri = E_0 \sin\omega t,$$

且满足初始条件 $i|_{t=0} = 0$.

（2）求微分方程 $L\dfrac{di}{dt} + Ri = E_0 \sin\omega t$ 的通解.

这是一个一阶线性非齐次微分方程.

对应的一阶线性齐次微分方程 $L\dfrac{di}{dt} + Ri = 0$ 的通解为 $i(t) = Ce^{-\frac{R}{L}t}$.

由常数变易法，设 $L\dfrac{di}{dt} + Ri = E_0 \sin\omega t$ 的通解为 $i(t) = C(t)e^{-\frac{R}{L}t}$，则

$$i'(t) = C'(t)e^{-\frac{R}{L}t} - \dfrac{R}{L}C(t)e^{-\frac{R}{L}t}.$$

将 $i(t), i'(t)$ 代入 $L\dfrac{di}{dt} + Ri = E_0 \sin\omega t$，得

$$C'(t) = \frac{E_0}{L} e^{\frac{R}{L}t} \sin\omega t.$$

利用函数计算器将上式积分得

$$C(t) = \frac{E_0}{L} e^{\frac{R}{L}t} \left(\frac{RL}{\omega^2 L^2 + R^2} \sin\omega t - \frac{\omega L^2}{\omega^2 L^2 + R^2} \cos\omega t \right) + C.$$

则通解为

$$i(t) = C e^{-\frac{R}{L}t} + \frac{E_0}{\omega^2 L^2 + R^2} (R\sin\omega t - \omega L\cos\omega t).$$

(3) 求微分方程 $L\dfrac{di}{dt} + Ri = E_0 \sin\omega t$ 的特解.

将初始条件 $i|_{t=0} = 0$ 代入通解得

$$C = \frac{E_0 \omega L}{\omega^2 L^2 + R^2}.$$

所以

$$i(t) = \frac{E_0 \omega L}{\omega^2 L^2 + R^2} e^{-\frac{R}{L}t} + \frac{E_0}{\omega^2 L^2 + R^2} (R\sin\omega t - \omega L\cos\omega t).$$

当 t 增大时,上式右端的第一项很快衰减并趋近于 0,在电学上称为暂态电流,而第二项起着决定性的作用,称为稳态电流.

习题 6.2

1. 求下列微分方程的通解:

(1) $\dfrac{dy}{dx} = xy$;

(2) $(1 + x^2)dy - 2xy dx = 0$;

(3) $\dfrac{dy}{dx} = 3y$;

(4) $dy - y\cos^2 x dx = 0.$

2. 求下列微分方程的特解:

(1) $\dfrac{dy}{dx} = e^{x-y}, y|_{x=0} = 0$;

(2) $xy' - y = 0, y|_{x=1} = 2.$

3. 求下列齐次方程的通解或满足初始条件的特解:

(1) $\dfrac{dy}{dx} = e^{-\frac{y}{x}} + \dfrac{y}{x}$;

(2) $y' = \dfrac{y}{x}(1 + \ln y - \ln x)$;

(3) $y' = \dfrac{x}{y} + \dfrac{y}{x}, y|_{x=-1} = 2.$

4. 求下列微分方程的通解:

(1) $y' - y = e^x$;

(2) $y' + y = e^{-x}$;

(3) $y' + y = x$;

(4) $y' - 3xy = 2x$;

(5) $y' - xy = xe^{x^2}$;

(6) $xy' + 2y = 3x.$

5. 求下列微分方程满足初始条件的特解:

(1) $y' + y = \cos x, y|_{x=0} = 0$;

(2) $xy' + y - e^x = 0, y|_{x=1} = 0$;

(3) $y' - y = \cos x, y|_{x=0} = 0$;

(4) $(t+2)\dfrac{dx}{dt} = 3x + 1, x|_{t=0} = 0$.

6.3 二阶常系数线性微分方程

形如
$$y'' + py' + qy = f(x)$$
的微分方程称为**二阶常系数线性微分方程**,其中 p, q 为常数, $f(x)$ 为已知的连续函数,称为**自由项**.

例如, $y'' + 3y' - 4y = 0$, $y'' + 3y' - 4y = x^2$ 都是二阶常系数线性微分方程.

当 $f(x) \equiv 0$ 时,微分方程
$$y'' + py' + qy = 0 \qquad (6-3-1)$$
为二阶常系数线性齐次微分方程.

当 $f(x) \not\equiv 0$ 时,微分方程
$$y'' + py' + qy = f(x) \qquad (6-3-2)$$
为二阶常系数线性非齐次微分方程.

6.3.1 二阶常系数线性齐次微分方程的解法

1. 二阶常系数线性齐次微分方程解的结构

容易验证,若 $y(x)$ 是二阶常系数线性齐次微分方程(6-3-1)的解,则 $Cy(x)$ 也是它的解. 若 $y_1(x), y_2(x)$ 都是式(6-3-1)的解,则 $y_1(x) + y_2(x)$ 也是它的解. 由此可得下述定理.

定理 6.1（二阶常系数线性齐次微分方程解的结构定理）

(1) 如果 $y_1(x), y_2(x)$ 是方程 $y'' + py' + qy = 0$ 的两个解,则
$$y = C_1 y_1(x) + C_2 y_2(x)$$
也是该微分方程的解,其中 C_1, C_2 为任意常数.

(2) 如果 $y_1(x), y_2(x)$ 是方程 $y'' + py' + qy = 0$ 的两个解,且 $\dfrac{y_1(x)}{y_2(x)} \neq k$ (k 为常数),则
$$y = C_1 y_1(x) + C_2 y_2(x)$$
是 $y'' + py' + qy = 0$ 的通解.

若 $\dfrac{y_1(x)}{y_2(x)} = k$, 即 $y_1(x) = ky_2(x)$, 则
$$C_1 y_1(x) + C_2 y_2(x) = (kC_1 + C_2)y_2(x) = Cy_2(x),$$
其中 $C = kC_1 + C_2$, 故 $y = C_1 y_1(x) + C_2 y_2(x)$ 中实际上只含有一个任意常数,因此不是微分方程 $y'' + py' + qy = 0$ 的通解.

当 $y'' + py' + qy = 0$ 的两个特解 $y_1(x)$ 与 $y_2(x)$ 不成比例,即 $\dfrac{y_1(x)}{y_2(x)} \neq k$ 时,则 $y = C_1 y_1(x) + C_2 y_2(x)$ 中含有两个任意常数,是微分方程 $y'' + py' + qy = 0$ 的通解.

设 $y_1(x)$ 与 $y_2(x)$ 是微分方程 $y'' + py' + qy = 0$ 的两个特解,若 $\dfrac{y_1(x)}{y_2(x)} \neq k$, 则这两个解是**线性无关**的. 若 $\dfrac{y_1(x)}{y_2(x)} = k$, 则这两个解是**线性相关**的.

由定理 6.1 可知,求二阶常系数线性齐次微分方程 $y'' + py' + qy = 0$ 的通解,就转化为求它的两个线性无关的特解.例如,$y_1(x) = \sin x$ 和 $y_2(x) = \cos x$ 是微分方程 $y'' + y = 0$ 的特解,且 $\frac{\sin x}{\cos x} = \tan x \neq k$,即 $y_1(x) = \sin x$ 和 $y_2(x) = \cos x$ 是微分方程 $y'' + y = 0$ 的两个线性无关的特解,则 $y'' + y = 0$ 的通解为 $y = C_1 \sin x + C_2 \cos x$.

2. 二阶常系数线性齐次微分方程的解法

由解的结构定理可知,求微分方程 $y'' + py' + qy = 0$ 的通解,关键是求它的两个线性无关的特解.在微分方程 $y'' + py' + qy = 0$ 中,p, q 为常数,若一个函数与其一阶导数 y',二阶导数 y'' 仅相差一个常数因子,则可能是该微分方程的解.

根据求导经验,函数 e^{rx}(r 为常数)的一阶导数与二阶导数都是函数 e^{rx} 的常数倍,只要适当地选择 r,就可以使它满足微分方程 (6-3-1). 于是,设微分方程 $y'' + py' + qy = 0$ 的特解为 $y = e^{rx}$,其中 r 为待定的常数,则 $y' = re^{rx}, y'' = r^2 e^{rx}$,代入方程 (6-3-1) 得

$$e^{rx}(r^2 + pr + q) = 0.$$

因为 $e^{rx} \neq 0$,若上式成立,必有

$$r^2 + pr + q = 0. \qquad (6-3-3)$$

这是一个关于 r 的一元二次方程,显然,只要 r 满足方程 (6-3-3),则函数 $y = e^{rx}$ 就是方程 (6-3-1) 的解.

一元二次方程 (6-3-3) 完全由二阶常系数线性齐次微分方程 (6-3-1) 确定,因此称 $r^2 + pr + q = 0$ 为微分方程 $y'' + py' + qy = 0$ 的**特征方程**,特征方程的根称为**特征根**.

由上述分析可知,求二阶常系数线性齐次微分方程 (6-3-1) 的解的问题,就转化为求它的特征方程的根的问题.

由于特征方程 (6-3-3) 的根有三种情况,微分方程 (6-3-1) 的通解也有三种不同的情况:

(1) 当特征方程有两个不相等的实根 r_1, r_2 时,$\frac{e^{r_1 x}}{e^{r_2 x}} = e^{(r_1 - r_2)x} \neq k$,所以 $y_1 = e^{r_1 x}$ 与 $y_2 = e^{r_2 x}$ 是方程 (6-3-1) 的两个线性无关的特解,则方程 (6-3-1) 的通解为

$$y = C_1 e^{r_1 x} + C_2 e^{r_2 x}.$$

(2) 当特征方程有两个相等的实数根 $r_1 = r_2$ 时,由于 $\frac{e^{r_1 x}}{e^{r_2 x}} = 1$,所以 $e^{r_1 x}$ 与 $e^{r_2 x}$ 线性相关,但容易验证 $xe^{r_1 x}$ 也是方程 (6-3-1) 的一个解,且 $e^{r_1 x}$ 与 $xe^{r_1 x}$ 是线性无关的,故方程 (6-3-1) 的通解为

$$y = C_1 e^{r_1 x} + C_2 x e^{r_1 x} = (C_1 + C_2 x) e^{r_1 x}.$$

(3) 当特征方程有两个共轭复数根 $r_1 = \alpha + i\beta, r_2 = \alpha - i\beta$ 时,可以证明,方程 (6-3-1) 的通解为

$$y = e^{\alpha x}(C_1 \cos \beta x + C_2 \sin \beta x).$$

由此可见,求二阶常系数线性齐次微分方程 $y'' + py' + qy = 0$ 通解的步骤为:

(1) 根据微分方程写出相应的特征方程 $r^2 + pr + q = 0$;

(2) 求出特征根 r_1, r_2;

(3) 根据特征根的不同情形,写出微分方程的通解.

例 1 求微分方程 $y'' - 3y' - 4y = 0$ 的通解.

解 其特征方程为 $r^2 - 3r - 4 = 0$, 特征根为
$$r_1 = -1, r_2 = 4.$$
所以, 微分方程的通解为
$$y = C_1 e^{-x} + C_2 e^{4x}.$$

例 2 求微分方程 $y'' + 2y' + y = 0$ 的通解.

解 其特征方程为 $r^2 + 2r + 1 = 0$, 特征根为
$$r_1 = r_2 = -1.$$
故微分方程的通解为
$$y = (C_1 + C_2 x) e^{-x}.$$

例 3 求微分方程 $y'' + 2y' + 10y = 0$ 满足初始条件 $y|_{x=0} = 1, y'|_{x=0} = 2$ 的特解.

解 其特征方程为 $r^2 + 2r + 10 = 0$, 特征根为两个共轭复数根
$$r_1 = -1 + 3i, r_2 = -1 - 3i.$$
因此微分方程的通解为
$$y = e^{-x}(C_1 \cos 3x + C_2 \sin 3x).$$
将初始条件 $y|_{x=0} = 1$ 代入通解, 得 $C_1 = 1$, 从而
$$y = e^{-x}(\cos 3x + C_2 \sin 3x).$$
对上式求导得
$$y' = e^{-x}[(3C_2 - 1)\cos 3x + (-C_2 - 3)\sin 3x],$$
将 $y'|_{x=0} = 2$ 代入得 $C_2 = 1$.
故所求的特解为
$$y = e^{-x}(\cos 3x + \sin 3x).$$

6.3.2 二阶常系数非齐次线性微分方程的解法

1. 二阶常系数非齐次线性微分方程解的结构

我们知道, 一阶线性非齐次微分方程的解由两部分构成: 一部分是对应的齐次方程的通解, 另一部分是非齐次方程本身的一个特解. 这一特点, 对二阶线性非齐次微分方程来说同样存在.

定理 6.2 (二阶常系数线性非齐次微分方程解的结构定理)

若二阶常系数线性非齐次微分方程 $y'' + py' + qy = f(x)$ 的一个特解是 $y^*(x)$, 其对应的齐次微分方程 $y'' + qy' + qy = 0$ 的通解是 $y_c(x)$, 则 $y'' + py' + qy = f(x)$ 的通解为
$$y(x) = y_c(x) + y^*(x).$$

2. 二阶常系数非齐次线性微分方程的解法

由定理 6.2 可知, 求二阶常系数非齐次线性微分方程 (6-3-2) 的通解, 可以归结为求方程 (6-3-1) 的通解和方程 (6-3-2) 的一个特解. 前面已经解决了方程 (6-3-1) 的通解问题, 所以主要问题是如何求出方程 (6-3-2) 的一个特解 $y^*(x)$.

二阶常系数线性非齐次微分方程 $y'' + py' + qy = f(x)$ 的特解 $y^*(x)$ 与自由项 $f(x)$ 有着非常密切的关系. 下面讨论当 $f(x) = P_n(x) e^{\lambda x}$ (其中 $P_n(x)$ 为 n 次多项式, λ 为常数) 时, 特解 $y^*(x)$ 的求法.

对于方程(6-3-2),由于 p,q 为常数,且多项式与指数函数的乘积求导后仍为这种形式,因此推测该方程的特解为 $y^*(x) = Q(x)e^{\lambda x}$,其中 $Q(x)$ 为待定系数的多项式.

对 $y^*(x) = Q(x)e^{\lambda x}$ 分别求一阶导数 $y^{*\prime}(x)$ 和二阶导数 $y^{*\prime\prime}(x)$,得
$$y^{*\prime}(x) = e^{\lambda x}[\lambda Q(x) + Q'(x)],$$
$$y^{*\prime\prime}(x) = e^{\lambda x}[\lambda^2 Q(x) + 2\lambda Q'(x) + Q''(x)].$$

将 $y^*(x), y^{*\prime}(x)$ 及 $y^{*\prime\prime}(x)$ 代入方程(6-3-2),约去 $e^{\lambda x}$,整理得
$$Q''(x) + (2\lambda + p)Q'(x) + (\lambda^2 + p\lambda + q)Q(x) = P_n(x),$$

上式右端是 n 次多项式,因此左端也应该是 n 次多项式,故有以下三种情况:

(1) 当 λ 不是 $y'' + py' + qy = 0$ 的特征方程的特征根时,即 $\lambda^2 + p\lambda + q \neq 0, 2\lambda + p \neq 0$,则 $Q(x)$ 是与 $P_n(x)$ 的次数相同的多项式,取 $Q(x) = Q_n(x)$($Q_n(x)$ 为 n 次多项式),所以可设待定特解为 $y^*(x) = e^{\lambda x}Q_n(x)$;

(2) 当 λ 是 $y'' + py' + qy = 0$ 的特征方程的一重特征根时,即 $\lambda^2 + p\lambda + q = 0, 2\lambda + p \neq 0$,则 $Q'(x)$ 是与 $P_n(x)$ 的次数相同的多项式,取 $Q(x) = xQ_n(x)$,所以可设待定特解 $y^*(x) = xe^{\lambda x}Q_n(x)$;

(3) 当 λ 是 $y'' + py' + qy = 0$ 的特征方程的二重特征根时,即 $\lambda^2 + p\lambda + q = 0, 2\lambda + p = 0$,则 $Q''(x)$ 是与 $P_n(x)$ 的次数相同的多项式,取 $Q(x) = x^2 Q_n(x)$,所以可设待定特解 $y^*(x) = x^2 e^{\lambda x}Q_n(x)$.

例 4 求微分方程 $y'' + 8y' = 8x$ 的通解.

解 这是二阶常系数线性非齐次微分方程,其自由项 $f(x) = P_1(x) = 8x$,为 $P_n(x)e^{\lambda x}$ 型,其中 $\lambda = 0$.

先求已知微分方程对应的齐次微分方程 $y'' + 8y' = 0$ 的通解.

$y'' + 8y' = 0$ 的特征方程是 $r^2 + 8r = 0$,特征根是 $r_1 = 0, r_2 = -8$. 则 $y'' + 8y' = 0$ 的通解为
$$y_C(x) = C_1 + C_2 e^{-8x} \quad (C_1, C_2 \text{ 为任意常数}).$$

再求 $y'' + 8y' = 8x$ 的一个特解 $y^*(x)$.

因 $P_1(x) = 8x$ 是一次多项式,且 $\lambda = 0$ 是特征方程 $r^2 + 8r = 0$ 的一重根,所以设特解为
$$y^*(x) = x(ax + b),$$
则
$$y^{*\prime}(x) = 2ax + b, \quad y^{*\prime\prime}(x) = 2a,$$

将 $y^*(x), y^{*\prime}(x), y^{*\prime\prime}(x)$ 代入原微分方程,得
$$2a + 8(2ax + b) = 8x,$$
即
$$8ax + (a + 4b) = 4x.$$

比较等式两端 x 同次幂的系数,可得
$$a = \frac{1}{2}, b = -\frac{1}{8},$$

故所求的一个特解为
$$y^*(x) = x\left(\frac{1}{2}x - \frac{1}{8}\right).$$

从而可得所求微分方程的通解是

$$y(x) = y_C(x) + y^*(x) = C_1 + C_2 e^{-8x} + x\left(\frac{1}{2}x - \frac{1}{8}\right).$$

例 5 求微分方程 $y'' - 4y' = 12e^{2x}$ 的特解.

解 这是二阶常系数非齐次线性微分方程,其自由项 $f(x) = 12e^{2x}$,为 $P_n(x)e^{\lambda x}$ 型,其中 $P_0(x) = 12, \lambda = 2$. $\lambda = 2$ 不是特征方程 $r^2 - 4r = 0$ 的特征根,因此设特解 $y^*(x) = ae^{2x}$,则

$$y^{*\prime}(x) = 2ae^{2x}, y^{*\prime\prime}(x) = 4ae^{2x}.$$

将 $y^*(x), y^{*\prime}(x), y^{*\prime\prime}(x)$ 代入原微分方程,得

$$4ae^{2x} - 8ae^{2x} = 12e^{2x}, \text{即 } a = -3,$$

故微分方程的特解为

$$y^*(x) = -3e^{2x}.$$

例 6 求微分方程 $y'' - 2y' + y = 3xe^x$ 的特解.

解 这是二阶常系数非齐次线性微分方程,其自由项 $f(x) = 3xe^x$,为 $P_n(x)e^{\lambda x}$ 型,其中 $P_1(x) = 3x, \lambda = 1$. 因为 $\lambda = 1$ 是特征方程 $r^2 - 2r + 1 = 0$ 的二重根,所以设特解 $y^*(x) = x^2(ax+b)e^x$,则

$$y^{*\prime}(x) = [ax^3 + (3a+b)x^2 + 2bx]e^x,$$
$$y^{*\prime\prime}(x) = [ax^3 + (6a+b)x^2 + (6a+4b)x + 2b]e^x.$$

将 $y^*(x), y^{*\prime}(x), y^{*\prime\prime}(x)$ 代入原微分方程,得

$$(6a + 2b)xe^x + 2be^x = 3xe^x,$$

比较等式两端同次幂的系数,得

$$\begin{cases} 6a + 2b = 3, \\ 2b = 0, \end{cases}$$

解得

$$a = \frac{1}{2}, b = 0.$$

故微分方程的特解为

$$y^*(x) = \frac{1}{2}x^3 e^x.$$

以上求二阶常系数非齐次线性微分方程特解的方法称为**待定系数法**,总结如下:

(1) 根据 $f(x)$ 的形式,确定 $y'' + py' + qy = f(x)$ 特解的形式 $y^*(x)$;
(2) 将 $y^*(x), y^{*\prime}(x), y^{*\prime\prime}(x)$ 代入所给原微分方程,使方程成为恒等式;
(3) 根据恒等关系求出 $y^*(x)$.

当 $y'' + py' + qy = f(x)$ 的自由项 $f(x)$ 为正弦函数或余弦函数时,也可以用待定系数法求出方程的一个特解 $y^*(x)$,这里就不一一赘述了.

习题 6.3

1. 求下列微分方程的通解:

(1) $y'' - 3y' + 2y = 0$; (2) $y'' + 6y' + 9y = 0$;
(3) $y'' - 2y' + 5y = 0$; (4) $y'' + 4y' = 0$;
(5) $y'' - 7y' + 12y = 0$; (6) $y'' - 8y' + 16y = 0$.

2. 求下列微分方程的特解：

(1) $y'' - 3y' = 0, y|_{x=0} = 1, y'|_{x=0} = 2$；

(2) $y'' - 4y' + 4y = 0, y|_{x=0} = 2, y'|_{x=0} = 1$；

(3) $y'' + 2y' + 10y = 0, y|_{x=0} = 1, y'|_{x=0} = 5.$

3. 求下列微分方程的通解：

(1) $y'' - 4y' + 4y = x^2$；

(2) $y'' + y = x^2 + 1$；

(3) $y'' + 2y' + 2y = 1 + x$；

(4) $y'' - y' - 2y = 4x.$

复习与提问

一、知识框图

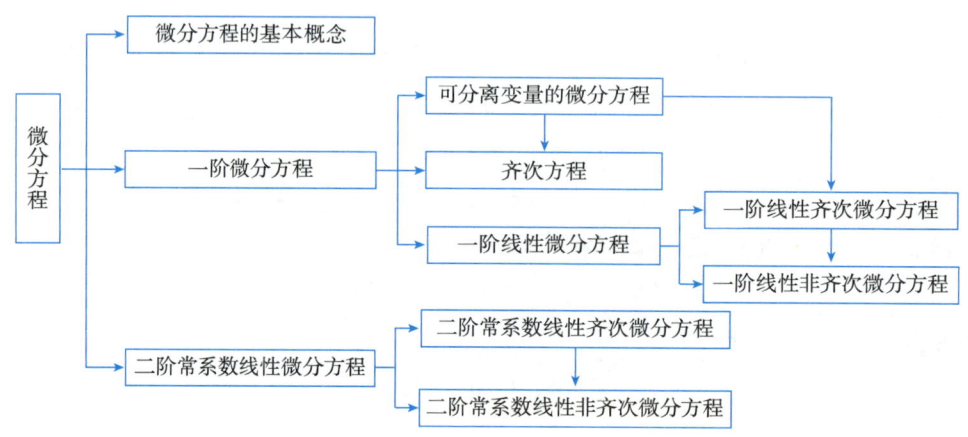

二、内容总结

1. 微分方程的概念

（1）含有未知函数的_____或_____的方程称为微分方程．当未知函数是_____时称为常微分方程．

（2）微分方程中出现未知函数的导数（或微分）的_____ 称为微分方程的阶．

（3）如果将一个函数及其导数代入微分方程中，使得该方程成为恒等式，则称此函数是_____．

（4）如果微分方程的解中含有任意常数，并且相互独立的任意常数的个数等于微分方程的阶数，这样的解称为_____．不含有任意常数的解称为_____．

2. 一阶微分方程

（1）如果一阶微分方程经整理可以写成 $g(y)\mathrm{d}y = f(x)\mathrm{d}x$ 的形式，这样的微分方程称为_____．其求解步骤是_____、_____、_____．

（2）齐次方程的形式是_____，其求解方法是通过变量代换化为_____的方程然后求解．

（3）形如 $y' + P(x)y = Q(x)$ 的微分方程称为_____，其中 $Q(x)$ 称为_____．当 $Q(x)$ 不恒等于 0 时，称为_____．其解法称为_____．

3. 二阶常系数线性微分方程

（1）形如 $y'' + py' + qy = 0$ 的微分方程称为_____，其特征方程为_____，当特征方程有两个不相等的实数根时，通解为_____；当特征方程有两个相等的实数根时，通解为_____;当特征方程无实数根时,通解为_____.

(2)二阶常系数线性非齐次微分方程 $y'' + py' + qy = f(x)$ 的通解由两部分组成,一部分是_____,另一部分是_____.

复习题 6

一、选择题

1. 下列方程中是可分离变量的微分方程的是( ).

   A. $y' = (\tan x)y + x^2 - \cos x$　　　B. $xe^{x^2-y}y' - y\ln y = 0$

   C. $y^2 + x^2\dfrac{dy}{dx} = xy\dfrac{dy}{dx}$　　　D. $xy'\ln x\sin y + \cos y(1 - x\cos y) = 0$

2. 方程 $y' - 2y = 0$ 的通解是( ).

   A. $y = C\sin 2x$　　　B. $y = Ce^{-2x}$

   C. $y = Ce^{2x}$　　　D. $y = Ce^x$

3. 方程 $(1 - x^2)y - xy' = 0$ 的通解是( ).

   A. $y = C\sqrt{1-x^2}$　　　B. $y = C\dfrac{C}{\sqrt{1-x^2}}$

   C. $y = Cxe^{-\frac{1}{2}x^2}$　　　D. $y = -\dfrac{1}{2}x^3 + Cx$

4. 方程 $xy' - y = x$ 满足初始条件 $y|_{x=1} = 1$ 的特解是( ).

   A. $y = x\ln x + x$　　　B. $y = x\ln x + Cx$

   C. $y = 2x\ln x + x$　　　D. $y = 2x\ln x + Cx$

5. 下列函数组在定义域内线性相关的是( ).

   A. $e^{-x}, 1$　　　B. $\log_a x, \log_a x^2$

   C. $x, \dfrac{1}{x}$　　　D. $\sin x, \cos x$

6. 具有形如 $y = C_1 e^{r_1 x} + C_2 e^{r_2 x}$ 的通解的微分方程是( ).

   A. $y'' - 4y' = 0$　　　B. $y'' + 4y' = 0$

   C. $y'' - 4y = 0$　　　D. $y'' + 4y = 0$

7. 具有形如 $y = (C_1 + C_2 x)e^{rx}$ 的通解的微分方程是( ).

   A. $y'' + 8y' + 16y = 0$　　　B. $y'' - 4y' - 4y = 0$

   C. $y'' - 6y' + 8y = 0$　　　D. $y'' - 3y' + 2y = 0$

8. 具有形如 $y = e^{\alpha x}(C_1\cos\beta x + C_2\sin\beta x)$ 的通解的微分方程是( ).

   A. $y'' - 6y' + 9y = 0$　　　B. $y'' - 6y' + 13y = 0$

   C. $y'' + 9y' = 0$　　　D. $y'' - 9y' = 0$

9. 若 C_1 和 C_2 为两个独立的任意常数,则 $y = C_1\cos x + C_2\sin x$ 为下列方程( )的通解.

   A. $y'' + y = 0$　　　B. $y'' + 4y = x^2$

   C. $y'' + 3y' + 2y = 0$　　　D. $y'' + y' - 2y = 2x$

二、填空题

1. 微分方程 $y'' - 4y' - 12y = 0$ 的通解为_____.

2. 微分方程 $y' = \dfrac{y(1-x)}{x}$ 的通解为_____.

3. 若二阶常系数齐次线性微分方程有特解 $y_1 = e^{-x}, y_2 = xe^{-x}$，则该微分方程为_____.

4. 微分方程 $(y')^4 + (y'')^5 y + xy^3 = 0$ 的阶数为_____.

5. 若二阶常系数齐次线性微分方程有特解 $y_1 = e^{-x}, y_2 = e^{2x}$，则该微分方程为_____.

6. 设 $y = e^x(C_1 \cos x + C_2 \sin x)$（$C_1, C_2$ 为任意常数）为某二阶常系数齐次线性微分方程的通解，则该微分方程为_____.

三、求下列微分方程的通解

1. $2\ln x \mathrm{d}x + x\mathrm{d}y = 0$；

2. $\dfrac{\mathrm{d}y}{\mathrm{d}x} + y = e^{-x}$；

3. $\dfrac{\mathrm{d}y}{\mathrm{d}x} + \dfrac{y}{x} = \dfrac{e^x}{x}$；

4. $y'' + 4y' - 5y = 0$；

5. $y'' + 6y' + 12y = 0$；

6. $y'' - 12y' + 36y = 0$；

7. $y'' - 3y' + 2y = 2x + 1$；

8. $y'' - 2y' - 3y = 5$.

四、求下列微分方程满足初始条件的特解

1. $\dfrac{\mathrm{d}x}{y} + \dfrac{\mathrm{d}y}{x} = 0, y|_{x=3} = 4$；

2. $y' + \dfrac{y}{x} = \dfrac{e^x}{x}, y|_{x=1} = 0$；

3. $y'' - 4y' + 3y = 0, y|_{x=0} = 6, y'|_{x=0} = 10$；

4. $y'' - 4y' + 4y = 0, y|_{x=0} = 2, y'|_{x=0} = 1$.

五、已知曲线 $y = f(x)$ 在任意一点 x 处的切线斜率比该点横坐标的立方少 1，

(1) 求出该曲线方程的所有可能形式；

(2) 若已知该曲线经过点 $(1, 1)$，求该曲线的方程.

阅读与欣赏

海王星的发现与微分方程的建立

数学不仅能总结自然现象的运动规律，用数学公式加以表达，而且通过数学方法的计算，可以预见自然现象的发生.

海王星是唯一利用数学预测而非有计划的观测发现的第一颗行星，被称为"笔尖上的发现"！1781 年发现天王星后，人们注意到它所在的位置总是和万有引力定律计算出来的结果不符. 于是，有人怀疑万有引力定律的正确性. 但也有人认为，这可能是受另外一颗尚未发现的行星吸引所致. 当时虽有不少人相信后一种假设，但缺乏去寻找这颗未知行星的办法和勇气. 23 岁的英国剑桥大学的学生亚当斯利用引力定律和对天王星的观测资料，建立起微分方程来求解和推算这颗未知行星的轨道.

1843 年 10 月 21 日,他把计算结果寄给格林尼治天文台台长艾利,但艾利对此置之不理.两年后,法国青年勒威耶也开始从事这项研究,1846 年 9 月 18 日,他把计算结果告诉了柏林天文台助理员卡勒,23 日晚,卡勒果然在勒威耶预言的位置上发现了海王星.

海王星的发现是人类智慧的结晶,体现了数学演绎法的强大威力,也是微分方程巨大作用的体现.微分方程广泛地应用在自然科学、工程技术等领域,通过求解微分方程可以求出所研究变量之间的代数关系,为弹道轨道的定位、气象数值预报、数值模拟技术等问题的解决提供思路和方法,从而为党的二十大报告提出要构建新一代信息技术、人工智能、生物技术等一批新的增长引擎提供关键技术支撑.

数学实验

Matlab 应用之解微分方程

对于常微分方程,只有一小部分可以求得解析解,大部分常微分方程无法求得解析(符号)解,只能求数值解.下面介绍如何使用 Matlab 软件求微分方程的解析解.

一、相关命令

1. 命令函数

Matlab 符号运算工具箱提供了求常微分方程的命令函数 dsolve,此命令函数用于求解微分方程(组)的解析(符号)解.

2. 调用格式

y = dsolve ('eq','cond','v')

此调用格式用于求符号微分方程的通解或特解,其中 eq 代表微分方程,cond 代表微分方程的初始条件(cond 省略时,则求微分方程的通解),v 为指定自变量(如未指定,系统默认 t 为自变量),初始条件 'cond' 应写成 'y(a) = b,Dy(c) = d' 的格式.

3. 规定说明

在 Matlab 中,用 D(注意:一定是大写)表示微分方程中函数的导数.当 y 是因变量时,用 Dny 表示 y 的 n 阶导数.例如,Dy 表示 y 的一阶导数,D2y 表示 y 的二阶导数.

Dy(0) = 5 表示 $y'(0) = 5$.

D2y + Dy − x + 5 = 0 表示微分方程 $y'' + y' - x + 5 = 0$.

二、操作实例

例 1 求微分方程 $y' + 2xy = xe^{-x^2}$ 的通解,并加以验证.

解 在命令行窗口中输入

\>\>syms x y

\>\>y = dsolve('Dy + 2 * x * y = x * exp(− x^2)','x')   % 求微分方程的解

按 Enter 键,得到以下计算结果:

y =

C1 * exp(− x^2) + (x^2 * exp(− x^2))/2

下面我们来验证得到的结果是否准确,继续在命令行窗口中输入

\>\> diff(y,x) + 2 * x * y = x * exp(− x^2)   % 将所求得的解代入微分方程

按 Enter 键,得到以下计算结果:

ans =
2 * x * (C1 * exp(-x^2) + (x^2 * exp(-x^2))/2) - x^3 * exp(-x^2) - 2 * C1 * x * exp(-x^2)

可以发现,得到的是一个比较烦琐的结果. 如果前面我们求得的解的确是微分方程的解,那么这里得到的这个验证结果应该为 0,我们使用 simplify 命令将其进行简化,输入

>> simplify(diff(y,x) + 2 * x * y - x * exp(-x^2))

按 Enter 键,得到以下计算结果:

ans =
0

即说明所得结果正确,微分方程 $y' + 2xy = xe^{-x^2}$ 的通解为 $y = C_1 e^{-x^2} + \frac{1}{2}x^2 e^{-x^2}$.

例 2 求微分方程 $y' + \frac{y}{x} = \frac{\sin x}{x}$ 满足初始条件 $y|_{x=\pi} = 0$ 的特解.

解 在命令行窗口中输入

>> syms x y

>> dsolve('Dy + y/x = sin(x)/x','y(pi) = 0','x')   % 求微分方程的解

按 Enter 键,得到以下计算结果:

ans =
(-cos(x) -1)/x

$y = -\frac{1}{x}(\cos x + 1)$ 即为满足初始条件的特解.

例 3 求微分方程 $y'' + 3y' - 4y = 0$ 的通解.

解 在命令行窗口中输入

>> syms x y

>> dsolve('D2y + 3 * Dy - 4 * y = 0','x')   % 求微分方程的解

按 Enter 键,得到以下计算结果:

ans =
C1 * exp(-4 * x) + C2 * exp(x)

即原方程的通解为 $y = C_1 e^{-4x} + C_2 e^x$.

例 4 求微分方程 $y'' - 2y' - 3y = xe^{2x}$ 的通解.

解 在命令行窗口中输入

>> syms x y

>> dsolve('D2y - 2 * Dy - 3 * y = x * exp(2 * x)','x')   % 求微分方程的解

按 Enter 键,得到以下计算结果:

ans =
exp(-x) * C1 + exp(3 * x) * C2 + 1/9 * (-2 -3 * x) * exp(2 * x)

即原方程的通解为 $y = C_1 e^{-x} + C_2 e^{3x} - (\frac{1}{3}x + \frac{2}{9})e^{2x}$.

第七章
向量代数与空间解析几何

空间解析几何将数学研究中的两个基本对象"数"与"形"统一起来,可以用代数的方法研究几何问题,也可以用几何方法解决代数问题.

本章在介绍空间直角坐标系的基础上学习向量及其运算,然后以向量为工具,讨论空间直线方程和平面方程.

学习目标

1. 理解向量的基本概念、两向量的数量积与向量积的概念;
2. 掌握向量的线性运算;
3. 会求向量的模、方向角、投影;
4. 会求两向量的数量积与向量积;
5. 会求平面的方程、直线的方程;
6. 会判断两向量、两直线、两平面、直线和平面的位置关系.

7.1 向量及其线性运算

7.1.1 空间直角坐标系

通过平面直角坐标系,在平面上任一点 P 与有序数对 (x,y) 之间建立起一一对应的关系,从而将平面曲线用代数方程表示. 为确定空间图形与方程的关系,需要建立空间中的点与有序数组间的一一对应关系,这种关系需要借助空间直角坐标系来实现.

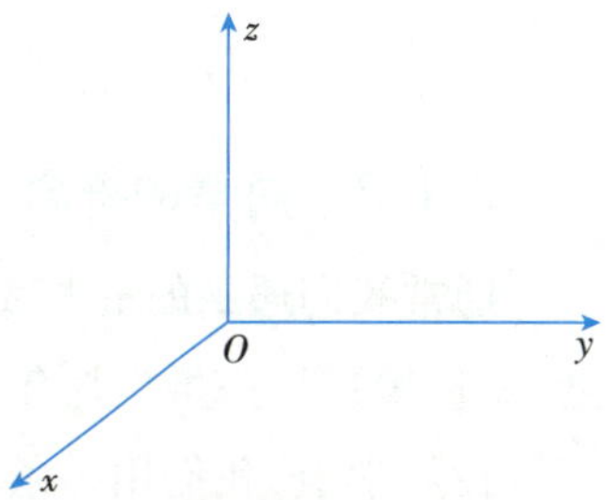

1. 空间直角坐标系的建立

在空间取定一点 O,以 O 为**原点**,作三条两两相互垂直且具有相同长度单位的数轴(图7-1),这三条数轴分别为 x 轴(横轴)、y 轴(纵轴)、z 轴(竖

图 7-1

轴),统称为**坐标轴**.坐标轴的正向通常符合右手规则,即以右手握住 z 轴,四指由 x 轴正方向沿逆时针转向 y 轴正方向,此时大拇指的指向为 z 轴正方向,这样就构成一个**空间直角坐标系**,称为 $Oxyz$ 坐标系.

在空间直角坐标系中,任意两个坐标轴可以确定一个平面,这个平面称为**坐标面**. x 轴及 y 轴所确定的坐标面叫作 xOy 面, y 轴及 z 轴所确定的坐标面叫作 yOz 面, z 轴及 x 轴所确定的坐标面叫作 zOx 面.

三个坐标面将空间分成八个部分,称为八个**卦限**,其中在 xOy 面上方 yOz 面前方及 zOx 面右方的卦限叫作第一卦限.在 xOy 面的上方,按逆时针方向依次排列着第二卦限、第三卦限和第四卦限.在 xOy 面的下方,与第一卦限对应的是第五卦限,按逆时针方向依次排列着第六卦限、第七卦限和第八卦限.八个卦限分别用字母Ⅰ、Ⅱ、Ⅲ、Ⅳ、Ⅴ、Ⅵ、Ⅶ、Ⅷ表示(图 7-2).

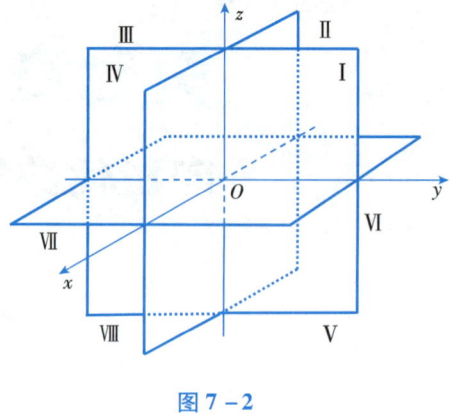

图 7-2

2. 空间中点的表示

设 M 为空间中一点,过点 M 分别作垂直于 x 轴、y 轴、z 轴的三个平面,这三个平面与三个坐标轴分别交于 P,Q,R 三点.若这三个点在三个数轴上的坐标分别为 x_0,y_0,z_0,则称有序数组 (x_0,y_0,z_0) 为点 M 的坐标(图 7-3).

反之,对任意给定的三元有序数组 (x_0,y_0,z_0),可以唯一确定空间一点 M.于是空间点 M 与三元有序数组 (x_0,y_0,z_0) 之间建立了一一对应关系,(x_0,y_0,z_0) 称为点 M 在空间直角坐标系下的**坐标**,而 x_0,y_0,z_0 为点 M 分别在 x 轴、y 轴、z 轴上的**坐标分量**.

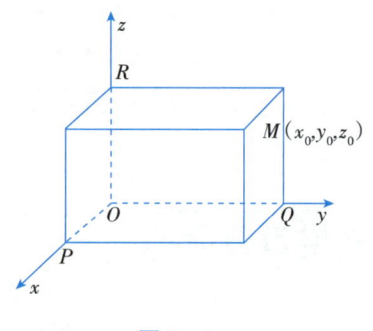

图 7-3

易知,坐标原点 O 的坐标为 $(0,0,0)$,x 轴、y 轴和 z 轴上任意一点的坐标分别为 $(x,0,0)$、$(0,y,0)$、$(0,0,z)$,xOy 平面、yOz 平面和 zOx 平面上任意一点的坐标分别为 $(x,y,0)$、$(0,y,z)$ 和 $(x,0,z)$.

设空间中任意两点为 $M_1(x_1,y_1,z_1)$,$M_2(x_2,y_2,z_2)$,则点 M_1,M_2 之间的**距离** d 为

$$d = \sqrt{(x_1-x_2)^2+(y_1-y_2)^2+(z_1-z_2)^2}.$$

例 1 求在 y 轴上且与点 $A(3,1,-2)$ 和点 $B(4,0,-1)$ 等距离的点.

解 设在 y 轴上所求点为 $P(0,y,0)$,且 $|PA|=|PB|$,即

$$\sqrt{3^2+(1-y)^2+(-2)^2} = \sqrt{4^2+(-y)^2+(-1)^2},$$

解得 $y=-\dfrac{3}{2}$,即所求点为 $P\left(0,-\dfrac{3}{2},0\right)$.

7.1.2 向量的概念

通常我们遇到的量大致可以分为两类:一类是只有大小的量,如长度、温度、面积等,这一类量称为**数量**(或**标量**);另一类是既有大小又有方向的量,如力、位移、速度等,这一类量称为**向量**(或**矢量**).

在数学上,我们用一条有方向的线段(**有向线段**)来表示向量.有向线段的长度表示向量的大小,有向线段的方向表示向量的方向.如以 A 为起点,B 为终点的有向线段所表示的向量记作 $\overrightarrow{AB}$.向量也

可用黑体小写字母表示,如 **a**、**r**、**v** 等,为书写方便可以在字母上加箭头表示,如 $\vec{a}$、$\vec{r}$.

向量的大小称为**向量的模**(或向量的长度),如向量 **a**, $\vec{a}$ 和 $\overrightarrow{AB}$ 的模分别记作 |**a**|,|$\vec{a}$| 和 |$\overrightarrow{AB}$|.模为 1 的向量称为**单位向量**.模为 0 的向量称为**零向量**,记作 **0** 或 $\vec{0}$,零向量的起点与终点重合,它的方向可以看作任意的.

在实际问题中,有些向量与起点有关,有些向量与起点无关.在此我们只讨论与起点无关的向量,称为**自由向量**,简称向量.如果向量 **a** 和 **b** 的大小相等,方向相同,则称向量 **a** 和 **b** 是**相等向量**,记为 **a** = **b**,相等的向量经过平移后能够完全重合.

将两个非零向量 **a** 与 **b** 的起点放到同一点时,规定两个向量之间不超过π的夹角 θ 为向量 **a** 与 **b** 的**夹角**(图 7-4),记作 <**a**,**b**>.

即

$0 \leq <\bm{a},\bm{b}> \leq \pi$.

显然,<**a**,**b**> = <**b**,**a**>.

若向量 **a** 与 **b** 中有一个是零向量,规定其夹角可以在 0 与 π 之间任意取值.如果 <**a**,**b**> = 0 或 π,即两个非零向量 **a** 与 **b** 的方向相同或相反,则称向量 **a** 与 **b** 是平行向量,记作 **a**∥**b**.如果 <**a**,**b**> = $\frac{\pi}{2}$,则称向量 **a** 与 **b** 垂直,记作 **a**⊥**b**.由于零向量的方向是任意的,由此可以认为零向量与任何向量都平行,与任何向量都垂直.

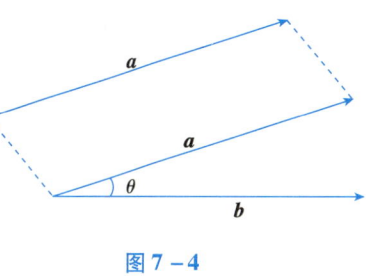

图 7-4

7.1.3 向量的线性运算

1. 向量的加法及减法

在力学中,作用在同一个质点上的两个力的合力可以通过三角形法则或平行四边形法则确定,据此,对向量的加法运算规定如下:

设有两个向量 **a** 与 **b**,任取一点 A,作 $\overrightarrow{AB}$ = **a**,再以 B 为起点,作 $\overrightarrow{BC}$ = **b**,连接 AC,那么向量 $\overrightarrow{AC}$ = **c** 称为向量 **a** 与 **b** 的和,记作 **a** + **b**,即 **c** = **a** + **b**(图 7-5),这种确定两个向量和的方法称为**三角形法则**.

当向量 **a** 与 **b** 不平行时,作 $\overrightarrow{AB}$ = **a**,$\overrightarrow{AD}$ = **b**,以 AB,AD 为邻边作一平行四边形,连接对角线 AC,显然向量 $\overrightarrow{AC}$ 即表示向量 **a** 与 **b** 的和(图 7-6).这种确定两个向量和的方法称为**平行四边形法则**.

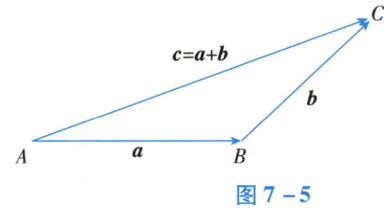

图 7-5

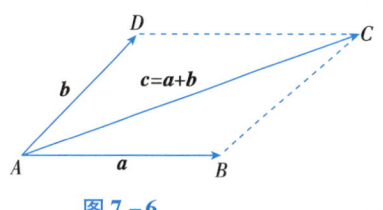

图 7-6

向量加法满足下列运算律:

(1)交换律 **a** + **b** = **b** + **a**;

(2)结合律 (**a** + **b**) + **c** = **a** + (**b** + **c**).

由于向量加法满足交换律和结合律,故 n 个向量 $a_1, a_2, \cdots, a_n (n \geq 3)$ 相加可写成

$$a_1 + a_2 + \cdots + a_n.$$

根据三角形法则,当 n 个向量相加时,将参与求和的各向量首尾顺次相连,则第一个向量的起点到最后一个向量的终点相连所得的向量,即为这些向量的和(图 7-7).

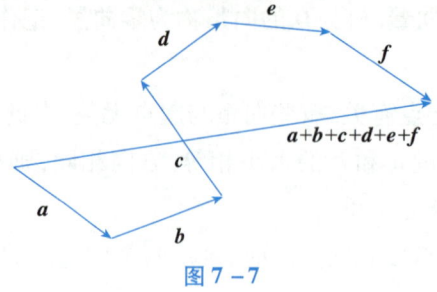

图 7-7

设 $\boldsymbol{a}$ 为一向量,与 $\boldsymbol{a}$ 的模相同而方向相反的向量称为 $\boldsymbol{a}$ 的**负向量**,记为 $-\boldsymbol{a}$(图 7-8). 根据向量加法的三角形法则,我们规定向量 $\boldsymbol{a}$ 与 $\boldsymbol{b}$ 的**减法**,即向量 $\boldsymbol{a}$ 与 $\boldsymbol{b}$ 的**差**,记作

$$\boldsymbol{a} - \boldsymbol{b} = \boldsymbol{a} + (-\boldsymbol{b}).$$

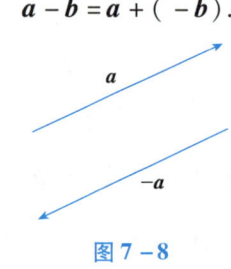

图 7-8

即把向量 $-\boldsymbol{b}$ 加到向量 $\boldsymbol{a}$ 上,便得到向量 $\boldsymbol{a}$ 与 $\boldsymbol{b}$ 的差(图 7-9).

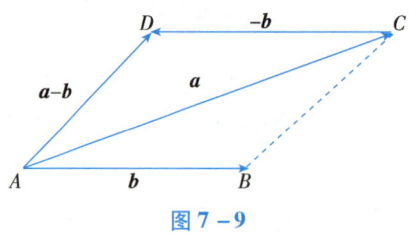

图 7-9

由此,可以得到向量减法的三角形法则,即若把向量 $\boldsymbol{a}$ 与 $\boldsymbol{b}$ 移到同一起点,以向量 $\boldsymbol{b}$ 的终点为起点,向量 $\boldsymbol{a}$ 的终点为终点的向量即为 $\boldsymbol{a}$ 与 $\boldsymbol{b}$ 的差(图 7-10).

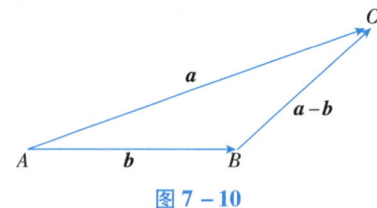

图 7-10

特别地,当 $\boldsymbol{b} = \boldsymbol{a}$ 时,有 $\boldsymbol{a} - \boldsymbol{a} = \boldsymbol{a} + (-\boldsymbol{a}) = \boldsymbol{0}$.

2. 向量与数的乘法

实数 λ 与向量 $\boldsymbol{a}$ 的乘积记作 $\lambda\boldsymbol{a}$,规定 $\lambda\boldsymbol{a}$ 是一个向量:它的模 $|\lambda\boldsymbol{a}| = |\lambda||\boldsymbol{a}|$,它的方向与 λ 有关,当 $\lambda > 0$ 时,$\lambda\boldsymbol{a}$ 与 $\boldsymbol{a}$ 方向相同;当 $\lambda < 0$ 时,$\lambda\boldsymbol{a}$ 与 $\boldsymbol{a}$ 方向相反.

当 $\lambda = 0$ 时,$|\lambda\boldsymbol{a}| = 0$,即 $\lambda\boldsymbol{a}$ 为零向量,这时它的方向是任意的.

特别地,当 $\lambda = \pm 1$ 时,有 $1\boldsymbol{a} = \boldsymbol{a}$,$(-1)\boldsymbol{a} = -\boldsymbol{a}$.

向量与数的乘积满足以下运算律：

（1）结合律 $\lambda(u\boldsymbol{a}) = u(\lambda\boldsymbol{a}) = (\lambda u)\boldsymbol{a}$；

（2）分配律 $(\lambda + u)\boldsymbol{a} = \lambda\boldsymbol{a} + u\boldsymbol{a}, \lambda(\boldsymbol{a} + \boldsymbol{b}) = \lambda\boldsymbol{a} + \lambda\boldsymbol{b}$.

由数乘向量的定义可知，$\boldsymbol{a}$ 的负向量是 -1 与 $\boldsymbol{a}$ 的乘积.

对任意向量 $\boldsymbol{a}$ 有

$$\boldsymbol{a} = |\boldsymbol{a}|\boldsymbol{e}_a,$$

其中 $\boldsymbol{e}_a$ 是与向量 $\boldsymbol{a}$ 同向的单位向量，因此当向量 $\boldsymbol{a} \neq \boldsymbol{0}$ 时有

$$\boldsymbol{e}_a = \frac{\boldsymbol{a}}{|\boldsymbol{a}|}.$$

设向量 $\boldsymbol{a} \neq \boldsymbol{0}$，则向量 $\boldsymbol{a}$ 与 $\boldsymbol{b}$ 满足 $\boldsymbol{b} // \boldsymbol{a}$ 的**充要条件**是存在唯一的实数 λ，使 $\boldsymbol{b} = \lambda\boldsymbol{a}$.

向量的加法、减法及数乘向量统称为向量的**线性运算**.

7.1.4　向量的坐标表示

1. 向量的坐标表示

在空间直角坐标系中，与 x、y、z 轴正方向同向的单位向量分别记为 $\boldsymbol{i}$、$\boldsymbol{j}$、$\boldsymbol{k}$，称为**基本单位向量**. 设向量 $\boldsymbol{r}$ 的起点为坐标原点 O，终点为 $M(x, y, z)$，则 $\boldsymbol{r} = \overrightarrow{OM}$. 以 OM 为对角线，三条坐标轴为棱，作长方体（图 7-11），有 $\boldsymbol{r} = \overrightarrow{OM} = \overrightarrow{OP} + \overrightarrow{PN} + \overrightarrow{NM}$，又 $\overrightarrow{PN} = \overrightarrow{OQ}, \overrightarrow{NM} = \overrightarrow{OR}$，

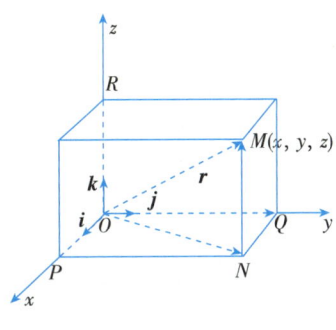

图 7-11

所以

$$\boldsymbol{r} = \overrightarrow{OM} = \overrightarrow{OP} + \overrightarrow{OQ} + \overrightarrow{OR},$$

设 $\overrightarrow{OP} = x\boldsymbol{i}, \overrightarrow{OQ} = y\boldsymbol{j}, \overrightarrow{OR} = z\boldsymbol{k}$，则

$$\boldsymbol{r} = \overrightarrow{OM} = x\boldsymbol{i} + y\boldsymbol{j} + z\boldsymbol{k}.$$

上式称为向量 $\boldsymbol{r}$ 的**坐标表示式**，$x\boldsymbol{i}$、$y\boldsymbol{j}$、$z\boldsymbol{k}$ 称为向量 $\boldsymbol{r}$ 沿三个坐标轴方向的**分向量**. 点 M、向量 $\boldsymbol{r}$ 与三个有序数 x、y、z 之间有一一对应的关系. 据此，定义有序数 x、y、z 为向量 $\boldsymbol{r}$ 在坐标系 $Oxyz$ 中的**坐标**，向量 $\boldsymbol{r}$ 又可记作 $\boldsymbol{r} = \overrightarrow{OM} = (x, y, z)$.

当向量的起点不是坐标原点时，向量也可以用坐标表示. 设向量 $\boldsymbol{a}$ 的起点是 $M(x_1, y_1, z_1)$，终点是 $N(x_2, y_2, z_2)$，由向量的减法有

$$\boldsymbol{a} = \overrightarrow{MN} = \overrightarrow{ON} - \overrightarrow{OM} = (x_2\boldsymbol{i} + y_2\boldsymbol{j} + z_2\boldsymbol{k}) - (x_1\boldsymbol{i} + y_1\boldsymbol{j} + z_1\boldsymbol{k})$$
$$= (x_2 - x_1)\boldsymbol{i} + (y_2 - y_1)\boldsymbol{j} + (z_2 - z_1)\boldsymbol{k}.$$

这就是向量 $\boldsymbol{a}$ 的坐标表示式，由此得向量 $\boldsymbol{a}$ 的坐标为

$$(x_2 - x_1, y_2 - y_1, z_2 - z_1).$$

向量的坐标表示

2. 向量线性运算的坐标表示

利用向量的坐标表示，可得向量的线性运算的坐标表示.

设向量 $\boldsymbol{a} = (a_x, a_y, a_z), \boldsymbol{b} = (b_x, b_y, b_z)$，则

$$\boldsymbol{a} \pm \boldsymbol{b} = (a_x\boldsymbol{i} + a_y\boldsymbol{j} + a_z\boldsymbol{k}) \pm (b_x\boldsymbol{i} + b_y\boldsymbol{j} + b_z\boldsymbol{k}) = (a_x \pm b_x)\boldsymbol{i} + (a_y \pm b_y)\boldsymbol{j} + (a_z \pm b_z)\boldsymbol{k},$$

$$\lambda\boldsymbol{a} = \lambda(a_x\boldsymbol{i} + a_y\boldsymbol{j} + a_z\boldsymbol{k}) = (\lambda a_x)\boldsymbol{i} + (\lambda a_y)\boldsymbol{j} + (\lambda a_z)\boldsymbol{k}.$$

即

$$a \pm b = (a_x \pm b_x, a_y \pm b_y, a_z \pm b_z),$$
$$\lambda a = (\lambda a_x, \lambda a_y, \lambda a_z).$$

由此可见，对向量进行线性运算，只需对其坐标进行相应的代数运算即可．

当向量 $a \neq 0$ 时，由向量 a 与 b 平行的充要条件可知，$b // a$ 相当于存在唯一的实数 λ，使 $b = \lambda a$，其坐标表示为

$$(b_x, b_y, b_z) = (\lambda a_x, \lambda a_y, \lambda a_z).$$

例 2 设向量 $a = (3,5,8), b = (5,1,-4)$，求 $a+b, a-b, 2a-3b$．

解 由向量的线性坐标运算公式得
$$a + b = (3+5, 5+1, 8-4) = (8, 6, 4),$$
$$a - b = (3-5, 5-1, 8-(-4)) = (-2, 4, 12),$$
$$2a - 3b = 2(3,5,8) - 3(5,1,-4) = (6,10,16) - (15,3,-12)$$
$$= (-9, 7, 28).$$

例 3 已知点 $A(x_1, y_1, z_1)$，点 $B(x_2, y_2, z_2)$，在直线 AB 上求点 M，使 $\overrightarrow{AM} = \overrightarrow{MB}$．

解 如图 7-12 所示，因为 $\overrightarrow{AM} = \overrightarrow{OM} - \overrightarrow{OA}, \overrightarrow{MB} = \overrightarrow{OB} - \overrightarrow{OM}$，则
$$\overrightarrow{OM} - \overrightarrow{OA} = \overrightarrow{OB} - \overrightarrow{OM},$$

从而
$$\overrightarrow{OM} = \frac{1}{2}(\overrightarrow{OA} + \overrightarrow{OB}).$$

将 $\overrightarrow{OA}, \overrightarrow{OB}$ 的坐标（点 A，B 的坐标）代入，可得
$$\overrightarrow{OM} = \frac{1}{2}(x_1 + x_2, y_1 + y_2, z_1 + z_2).$$

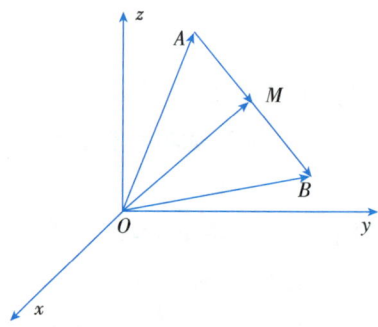

图 7-12

由此可得，线段 AB 的中点坐标为
$$\left(\frac{x_1 + x_2}{2}, \frac{y_1 + y_2}{2}, \frac{z_1 + z_2}{2}\right).$$

3. 向量的模与方向余弦的坐标表示

向量的线性运算可以利用向量的坐标表示，下面我们讨论向量的模和方向的坐标表示．

设向量 $r = (x, y, z)$，作 $\overrightarrow{OM} = r$（图 7-11），则向量 $r = \overrightarrow{OM}$ 的模等于原点 O 到点 M 的距离，由勾股定理可得

$$|r| = |OM| = \sqrt{|OP|^2 + |OQ|^2 + |OR|^2},$$

设 $\overrightarrow{OP} = xi, \overrightarrow{OQ} = yj, \overrightarrow{OR} = zk$，有 $|\overrightarrow{OP}| = |x|, |\overrightarrow{OQ}| = |y|, |\overrightarrow{OR}| = |z|$，

则向量 r 的模的坐标表示式为
$$|r| = \sqrt{x^2 + y^2 + z^2}.$$

即向量的模等于**向量坐标平方和的算术平方根**．

设 $r = (x, y, z)$ 为任意一个非零向量，r 与 x, y, z 坐标轴正方向的夹角 α, β, γ 称为向量 r 的**方向角**（图 7-13）．方向角的余弦 $\cos\alpha, \cos\beta, \cos\gamma$

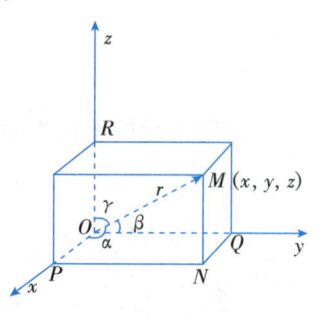

图 7-13

称为向量 **r** 的**方向余弦**. 即

$$\cos\alpha = \frac{x}{|r|}, \cos\beta = \frac{y}{|r|}, \cos\gamma = \frac{z}{|r|}.$$

易知

$$\cos^2\alpha + \cos^2\beta + \cos^2\gamma = 1.$$

$$(\cos\alpha, \cos\beta, \cos\gamma) = \frac{1}{|r|}r = e_r.$$

即以向量 **r** 的方向余弦为坐标的向量就是与 **r** 同方向的单位向量 e_r.

例 4 已知两点 $A(4,1,-2)$ 和 $B(7,1,2)$,求与 $\overrightarrow{AB}$ 方向相同的单位向量 **e**.

解 由于

$$\overrightarrow{AB} = (7,1,2) - (4,1,-2) = (3,0,4), |\overrightarrow{AB}| = \sqrt{3^2 + 0^2 + 4^2} = 5,$$

则向量 $\overrightarrow{AB}$ 的单位向量为

$$e = \frac{\overrightarrow{AB}}{|\overrightarrow{AB}|} = \frac{1}{5}(3,0,4) = \left(\frac{3}{5}, 0, \frac{4}{5}\right).$$

例 5 已知两点 $A(2,2,\sqrt{2})$ 和 $B(1,3,0)$,计算向量 $\overrightarrow{AB}$ 的模、方向余弦和方向角.

解 向量 $\overrightarrow{AB} = (1,3,0) - (2,2,\sqrt{2}) = (-1,1,-\sqrt{2})$,则

$$|\overrightarrow{AB}| = \sqrt{(-1)^2 + 1^2 + (-\sqrt{2})^2} = 2.$$

向量 $\overrightarrow{AB}$ 的单位向量为

$$e = \frac{\overrightarrow{AB}}{|\overrightarrow{AB}|} = \frac{1}{2}(-1,1,-\sqrt{2}) = \left(-\frac{1}{2}, \frac{1}{2}, -\frac{\sqrt{2}}{2}\right).$$

向量 $\overrightarrow{AB}$ 的方向余弦为

$$\cos\alpha = -\frac{1}{2}, \cos\beta = \frac{1}{2}, \cos\gamma = -\frac{\sqrt{2}}{2},$$

对应的方向角为

$$\alpha = \frac{2\pi}{3}, \beta = \frac{\pi}{3}, \gamma = \frac{3\pi}{4}.$$

习题 7.1

1. 在空间直角坐标系中指出下列各点所在的卦限:

   $A(1,2,3)$;　　　　$B(3,-2,4)$;　　　　$C(-1,4,-3)$;　　　　$D(1,-4,-3)$.

2. 写出点 $M(3,1,-2)$ 关于各坐标平面、坐标轴及坐标原点的对称点的坐标.

3. 求点 $M(3,4,-5)$ 到各坐标轴的距离.

4. 已知向量 $\boldsymbol{a} = (3,-1,2), \boldsymbol{b} = (2,-4,2), \boldsymbol{c} = (9,-4,0)$,计算:

   (1) $\boldsymbol{a} + \boldsymbol{b}$;　　　(2) $\boldsymbol{b} - \boldsymbol{c}$;　　　(3) $2\boldsymbol{a}$;　　　(4) $3\boldsymbol{a} - 2\boldsymbol{c}$.

5. 已知点 $A(-1,0,2)$,点 $B(1,1,3)$,求 $\overrightarrow{AB}$ 及 $2\overrightarrow{AB}$ 的坐标.

6. 已知点 $A(-1,2,0)$,点 $B(2,-3,\sqrt{2})$,求与向量 $\overrightarrow{AB}$ 同方向的单位向量.

7. 已知点 $A(2,2,\sqrt{2})$,点 $B(1,3,0)$,求向量 $\overrightarrow{AB}$ 的模、方向角及方向余弦.

7.2 向量的数量积与向量积

7.2.1 两向量的数量积

1. 数量积的概念

一物体在常力 $\boldsymbol{F}$ 作用下沿直线从点 M 移动到点 N,以 $\boldsymbol{s}$ 表示位移 $\overrightarrow{MN}$. 力 $\boldsymbol{F}$ 所作的功为

$$W = |\boldsymbol{F}||\boldsymbol{s}|\cos\theta,$$

其中 θ 为 $\boldsymbol{F}$ 与 $\boldsymbol{s}$ 的夹角. 即力 $\boldsymbol{F}$ 所作的功 W 等于力 $\boldsymbol{F}$ 与位移 $\boldsymbol{s}$ 这两个向量的模 $|\boldsymbol{F}|$,$|\boldsymbol{s}|$ 与它们之间夹角余弦的乘积.

一般地,任意两个向量 $\boldsymbol{a}$ 和 $\boldsymbol{b}$,它们的模 $|\boldsymbol{a}|$、$|\boldsymbol{b}|$ 及它们的夹角余弦的乘积称为向量 $\boldsymbol{a}$ 和 $\boldsymbol{b}$ 的**数量积**(也称为**点积**或**内积**),记作 $\boldsymbol{a} \cdot \boldsymbol{b}$,即

$$\boldsymbol{a} \cdot \boldsymbol{b} = |\boldsymbol{a}||\boldsymbol{b}|\cos\theta,$$

其中 θ 是两个向量 $\boldsymbol{a}$ 与 $\boldsymbol{b}$ 间的夹角 $<\boldsymbol{a},\boldsymbol{b}>$.

由上述定义可知,力 $\boldsymbol{F}$ 所作的功 W 是力 $\boldsymbol{F}$ 与位移 $\boldsymbol{s}$ 的数量积,即

$$W = \boldsymbol{F} \cdot \boldsymbol{s}.$$

向量的数量积

当 $\boldsymbol{a} \neq \boldsymbol{0}$ 时,$|\boldsymbol{b}|\cos\theta = |\boldsymbol{b}|\cos<\boldsymbol{a},\boldsymbol{b}>$ 称为向量 $\boldsymbol{b}$ 在向量 $\boldsymbol{a}$ 上的**投影**,记作 $\text{Prj}_{\boldsymbol{a}}\boldsymbol{b}$,即

$$\text{Prj}_{\boldsymbol{a}}\boldsymbol{b} = |\boldsymbol{b}|\cos<\boldsymbol{a},\boldsymbol{b}>.$$

当 $\boldsymbol{b} \neq \boldsymbol{0}$ 时,$|\boldsymbol{a}|\cos\theta = |\boldsymbol{a}|\cos<\boldsymbol{a},\boldsymbol{b}>$ 称为向量 $\boldsymbol{a}$ 在向量 $\boldsymbol{b}$ 上的**投影**,记作 $\text{Prj}_{\boldsymbol{b}}\boldsymbol{a}$,即

$$\text{Prj}_{\boldsymbol{b}}\boldsymbol{a} = |\boldsymbol{a}|\cos<\boldsymbol{a},\boldsymbol{b}>.$$

因此,向量的数量积还可以表示为

$$\boldsymbol{a} \cdot \boldsymbol{b} = |\boldsymbol{a}|\text{Prj}_{\boldsymbol{a}}\boldsymbol{b} = |\boldsymbol{b}|\text{Prj}_{\boldsymbol{b}}\boldsymbol{a}.$$

也就是说,两向量的数量积等于其中一个向量的模乘以另一个向量在这个向量上的投影.

由数量积的定义可得:

(1) $\boldsymbol{a} \cdot \boldsymbol{a} = |\boldsymbol{a}|^2$.

(2) 对两个非零向量 $\boldsymbol{a}, \boldsymbol{b}$,如果 $\boldsymbol{a} \cdot \boldsymbol{b} = 0$,则 $\boldsymbol{a} \perp \boldsymbol{b}$;若 $\boldsymbol{a} \perp \boldsymbol{b}$,则 $\boldsymbol{a} \cdot \boldsymbol{b} = 0$.

由于零向量的方向可以看作任意的,因此认为零向量与任何向量都垂直,则

$$\boldsymbol{a} \perp \boldsymbol{b} \Leftrightarrow \boldsymbol{a} \cdot \boldsymbol{b} = 0.$$

数量积满足下列运算律:

(1) 交换律 $\boldsymbol{a} \cdot \boldsymbol{b} = \boldsymbol{b} \cdot \boldsymbol{a}$;

(2) 分配律 $(\boldsymbol{a} + \boldsymbol{b}) \cdot \boldsymbol{c} = \boldsymbol{a} \cdot \boldsymbol{c} + \boldsymbol{b} \cdot \boldsymbol{c}$;

(3) 结合律 $(\lambda\boldsymbol{a}) \cdot \boldsymbol{b} = \boldsymbol{a} \cdot (\lambda\boldsymbol{b}) = \lambda(\boldsymbol{a} \cdot \boldsymbol{b}), \lambda(\mu\boldsymbol{b}) = (\lambda\mu)\boldsymbol{b}$,其中 λ, μ 为实数.

2. 数量积的坐标表示

根据向量积的运算律可以得到数量积的坐标表示. 设两个向量分别为

$$\boldsymbol{a} = (a_x, a_y, a_z) = a_x\boldsymbol{i} + a_y\boldsymbol{j} + a_z\boldsymbol{k}, \boldsymbol{b} = (b_x, b_y, b_z) = b_x\boldsymbol{i} + b_y\boldsymbol{j} + b_z\boldsymbol{k},$$

则

$$\boldsymbol{a} \cdot \boldsymbol{b} = (a_x\boldsymbol{i} + a_y\boldsymbol{j} + a_z\boldsymbol{k}) \cdot (b_x\boldsymbol{i} + b_y\boldsymbol{j} + b_z\boldsymbol{k})$$

$$= a_x\boldsymbol{i} \cdot (b_x\boldsymbol{i} + b_y\boldsymbol{j} + b_z\boldsymbol{k}) + a_y\boldsymbol{j} \cdot (b_x\boldsymbol{i} + b_y\boldsymbol{j} + b_z\boldsymbol{k}) + a_z\boldsymbol{k} \cdot (b_x\boldsymbol{i} + b_y\boldsymbol{j} + b_z\boldsymbol{k})$$
$$= (a_x b_x \boldsymbol{i} \cdot \boldsymbol{i} + a_x b_y \boldsymbol{i} \cdot \boldsymbol{j} + a_x b_z \boldsymbol{i} \cdot \boldsymbol{k}) + (a_y b_x \boldsymbol{j} \cdot \boldsymbol{i} + a_y b_y \boldsymbol{j} \cdot \boldsymbol{j} + a_y b_z \boldsymbol{j} \cdot \boldsymbol{k}) +$$
$$(a_z b_x \boldsymbol{k} \cdot \boldsymbol{i} + a_z b_y \boldsymbol{k} \cdot \boldsymbol{j} + a_z b_z \boldsymbol{k} \cdot \boldsymbol{k})$$
$$= a_x b_x + a_y b_y + a_z b_z.$$

于是数量积的坐标表示为

$$\boldsymbol{a} \cdot \boldsymbol{b} = a_x b_x + a_y b_y + a_z b_z.$$

即两个向量的数量积等于它们对应坐标乘积之和.

由数量积的坐标表示可得:

(1)设 $\theta = <\boldsymbol{a},\boldsymbol{b}>$ 为两个向量 $\boldsymbol{a}$ 与 $\boldsymbol{b}$ 之间的夹角,则当 $\boldsymbol{a} \neq \boldsymbol{0}, \boldsymbol{b} \neq \boldsymbol{0}$ 时,**两向量夹角余弦的坐标表示为**

$$\cos\theta = \frac{\boldsymbol{a} \cdot \boldsymbol{b}}{|\boldsymbol{a}||\boldsymbol{b}|} = \frac{a_x b_x + a_y b_y + a_z b_z}{\sqrt{a_x^2 + a_y^2 + a_z^2}\sqrt{b_x^2 + b_y^2 + b_z^2}}. \quad (7-2-1)$$

(2)向量 $\boldsymbol{a}$ 与 $\boldsymbol{b}$ **垂直**的充要条件是 $\boldsymbol{a} \cdot \boldsymbol{b} = a_x b_x + a_y b_y + a_z b_z = 0$.

例1 设 $\boldsymbol{a} = (2, -2, -1), \boldsymbol{b} = (1, -4, 1)$,求:

(1) $\boldsymbol{a} \cdot \boldsymbol{b}$;   (2) $|\boldsymbol{a}|, |\boldsymbol{b}|, <\boldsymbol{a},\boldsymbol{b}>$;   (3) $\text{Prj}_{\boldsymbol{a}}\boldsymbol{b}$.

解 (1)由数量积的坐标表示可得

$$\boldsymbol{a} \cdot \boldsymbol{b} = 2 \times 1 + (-2) \times (-4) + (-1) \times 1 = 9.$$

(2)由向量模的坐标表示得

$$|\boldsymbol{a}| = \sqrt{2^2 + (-2)^2 + (-1)^2} = 3, \quad |\boldsymbol{b}| = \sqrt{1^2 + (-4)^2 + 1^2} = 3\sqrt{2}.$$

两向量夹角余弦为

$$\cos<\boldsymbol{a},\boldsymbol{b}> = \frac{\boldsymbol{a} \cdot \boldsymbol{b}}{|\boldsymbol{a}||\boldsymbol{b}|} = \frac{a_x b_x + a_y b_y + a_z b_z}{\sqrt{a_x^2 + a_y^2 + a_z^2}\sqrt{b_x^2 + b_y^2 + b_z^2}} = \frac{9}{3 \times 3\sqrt{2}} = \frac{\sqrt{2}}{2},$$

所以 $<\boldsymbol{a},\boldsymbol{b}> = \dfrac{\pi}{4}$.

(3)由 $\text{Prj}_{\boldsymbol{a}}\boldsymbol{b} = |\boldsymbol{b}|\cos<\boldsymbol{a},\boldsymbol{b}>$ 可得

$$\text{Prj}_{\boldsymbol{a}}\boldsymbol{b} = 3\sqrt{2} \times \frac{\sqrt{2}}{2} = 3.$$

或由数量积与向量投影的关系 $\boldsymbol{a} \cdot \boldsymbol{b} = |\boldsymbol{a}|\text{Prj}_{\boldsymbol{a}}\boldsymbol{b}$ 可得

$$\text{Prj}_{\boldsymbol{a}}\boldsymbol{b} = \frac{\boldsymbol{a} \cdot \boldsymbol{b}}{|\boldsymbol{a}|} = \frac{9}{3} = 3.$$

7.2.2 两向量的向量积

1. 向量积的概念

在很多实际问题中会遇到两个向量的另一种乘法运算,如在研究物体转动时,物体受力作用而产生的力矩、磁场中通电导线受到的力等. 在这些问题中,两个向量的运算结果是一个向量. 由此可以抽象出两个向量的向量积的概念.

设由两个向量 $\boldsymbol{a}$ 与 $\boldsymbol{b}$ 确定的一个向量 $\boldsymbol{c}$ 满足:

(1) $\boldsymbol{c}$ 的模为 $|\boldsymbol{c}| = |\boldsymbol{a}||\boldsymbol{b}|\sin\theta$,其中 θ 为 $\boldsymbol{a}$ 与 $\boldsymbol{b}$ 之间的夹角;

(2) c 的方向既垂直于 a 又垂直于 b,且 c 的正方向按右手规则从 a 转向 b 来确定,则向量 c 称为向量 a 与 b 的**向量积**(也称为**外积**或**叉积**),记作 $c = a \times b$.

由向量积的定义可得:

(1) $a \times a = 0$;

(2) 对非零向量 a, b,如果 $a \times b = 0$,则 $a // b$;如果 $a // b$,则 $a \times b = 0$.

由于零向量的方向可以看作任意的,因此认为零向量与任何向量都平行,即

$$a // b \Leftrightarrow a \times b = 0.$$

向量积满足下列运算律:

(1) 反交换律 $a \times b = -b \times a$;

(2) 分配律 $(a+b) \times c = a \times c + b \times c$;

(3) 数乘结合律 $(\lambda a) \times b = a \times (\lambda b) = \lambda(a \times b)$ (λ 为实数).

2. 向量积的坐标表示

设向量 $a = (a_x, a_y, a_z)$,$b = (b_x, b_y, b_z)$,则

$$\begin{aligned}a \times b &= (a_x i + a_y j + a_z k) \times (b_x i + b_y j + b_z k) \\ &= a_x b_x i \times i + a_x b_y i \times j + a_x b_z i \times k + a_y b_x j \times i + a_y b_y j \times j + a_y b_z j \times k + \\ &\quad a_z b_x k \times i + a_z b_y k \times j + a_z b_z k \times k\end{aligned}$$

因为

$$i \times i = j \times j = k \times k = 0, \quad i \times j = k, \quad j \times k = i, \quad k \times i = j,$$

所以向量积的坐标表示为

$$a \times b = (a_y b_z - a_z b_y) i + (a_z b_x - a_x b_z) j + (a_x b_y - a_y b_x) k.$$

为便于记忆,利用二阶行列式和三阶行列式,上式可写成

$$a \times b = \begin{vmatrix} i & j & k \\ a_x & a_y & a_z \\ b_x & b_y & b_z \end{vmatrix} = \begin{vmatrix} a_y & a_z \\ b_y & b_z \end{vmatrix} i + (-1) \begin{vmatrix} a_x & a_z \\ b_x & b_z \end{vmatrix} j + \begin{vmatrix} a_x & a_y \\ b_x & b_y \end{vmatrix} k. \qquad (7-2-2)$$

由向量积的坐标表示可知,若 $|a| \neq 0$,$|b| \neq 0$,则

$$a // b \Leftrightarrow a \times b = 0 \Leftrightarrow a_y b_z - a_z b_y = 0, \; a_z b_x - a_x b_z = 0, \; a_x b_y - a_y b_x = 0,$$

即

$$\frac{a_x}{b_x} = \frac{a_y}{b_y} = \frac{a_z}{b_z}.$$

例 2 设 $a = (2, 1, -1)$,$b = (1, 3, 2)$,求:

(1) $a \times b$; (2) $a \times b$ 的单位向量.

解 (1) 由向量积的坐标表示可得

$$\begin{aligned}a \times b &= \begin{vmatrix} i & j & k \\ 2 & 1 & -1 \\ 1 & 3 & 2 \end{vmatrix} = \begin{vmatrix} 1 & -1 \\ 3 & 2 \end{vmatrix} i + (-1) \begin{vmatrix} 2 & -1 \\ 1 & 2 \end{vmatrix} j + \begin{vmatrix} 2 & 1 \\ 1 & 3 \end{vmatrix} k \\ &= (2+3)i + (-1)(4+1)j + (6-1)k \\ &= 5i - 5j + 5k = (5, -5, 5).\end{aligned}$$

(2) 因为 $|a\times b| = \sqrt{5^2+(-5)^2+5^2} = 5\sqrt{3}$,则 $a\times b$ 的单位向量为

$$\frac{a\times b}{|a\times b|} = \frac{(5,-5,5)}{5\sqrt{3}} = \left(\frac{\sqrt{3}}{3}, -\frac{\sqrt{3}}{3}, \frac{\sqrt{3}}{3}\right).$$

习题 7.2

1. 已知向量 a,b,求两个向量的数量积 $a\cdot b$.

(1) $a=(3,1,-1)$, $b=(2,5,2)$;   (2) $a=(1,3,-4)$, $b=(4,3,-2)$.

2. 已知向量 a,b,求两个向量的向量积 $a\times b$.

(1) $a=(2,5,-3)$, $b=(1,0,2)$;   (2) $a=(3,1,-1)$, $b=(2,-3,1)$.

3. 设 $a=(1,2,3)$, $b=(0,1,-2)$,求 $(a+b)\times(a-b)$.

4. 求向量 $a=(1,1,4)$ 与向量 $b=(1,-2,2)$ 的夹角的余弦.

5. 已知点 $A(3,5,2)$,点 $B(4,8,0)$,点 $C(1,7,4)$,判断向量 $\overrightarrow{AB}$ 与 $\overrightarrow{AC}$ 是否垂直.

6. 已知点 $A(1,1,1)$,点 $B(3,x,y)$,且向量 $\overrightarrow{AB}$ 与向量 $a=(2,3,4)$ 平行,求 x,y.

7. 已知点 $A(1,-1,2)$,点 $B(3,3,1)$,点 $C(3,1,3)$,求与向量 $\overrightarrow{AB}$ 和 $\overrightarrow{AC}$ 同时垂直的单位向量.

7.3 平面及其方程

在平面直角坐标系中,平面曲线与二元方程 $F(x,y)=0$ 之间建立了对应关系. 同样地,在空间直角坐标系中,空间曲面是具有某种性质的点的集合,在曲面上的点具有这种性质,不在曲面上的点就不具有这种性质. 若曲面上任一点的坐标为 (x,y,z),则 x,y,z 之间必然满足一种确定的关系,这种关系一般由含有三个变量的方程

$$F(x,y,z)=0$$

来刻画,这样上述方程就与空间曲面建立了对应关系.

例如,球面可以看成空间中到定点 $M_0(x_0,y_0,z_0)$ 的距离等于 R 的点的轨迹. 设点 $M(x,y,z)$ 为轨迹上任一点,则 $|MM_0|=R$,故

$$\sqrt{(x-x_0)^2+(y-y_0)^2+(z-z_0)^2}=R,$$

两边平方得

$$(x-x_0)^2+(y-y_0)^2+(z-z_0)^2=R^2.$$

这个含有三个变量 x,y,z 的方程就是以点 $M_0(x_0,y_0,z_0)$ 为球心,以 R 为半径的球面方程. 特别地,球心在坐标原点 $O(0,0,0)$,半径为 R 的球面方程为

$$x^2+y^2+z^2=R^2.$$

一般地,如果空间曲面 S' 与方程 $F(x,y,z)=0$ 之间存在以下关系:

(1) 凡在曲面 S' 上的点的坐标都满足方程 $F(x,y,z)=0$;

(2) 满足方程 $F(x,y,z)=0$ 的点都在曲面 S' 上.

则称方程 $F(x,y,z)=0$ 为**曲面 S' 的方程**,曲面 S' 为**方程 $F(x,y,z)=0$ 的图形**.

下面以向量为工具,讨论最简单的曲面——平面.

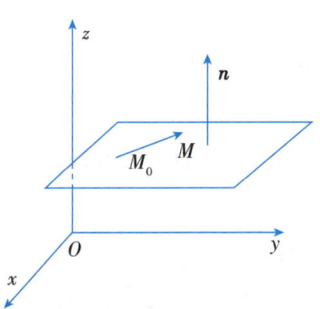

图 7-14

7.3.1 平面的点法式方程

我们知道,过空间一点与已知直线垂直的平面有且仅有一个,因此,若已知平面上的一点及与该平面垂直的一个非零向量,就可以唯一地确定该平面的位置.

如果一个非零向量垂直于一个平面(图 7-14),则该向量就称为该**平面的法向量**,通常记作 $\boldsymbol{n}$.

设空间一点为 $M_0(x_0,y_0,z_0)$,法向量为 $\boldsymbol{n}=(A,B,C)$,则过空间点 M_0 且以 $\boldsymbol{n}$ 为法向量的平面 π 是唯一的. 下面我们来建立平面 π 的方程.

设 $M(x,y,z)$ 为平面上任一点,则向量 $\overrightarrow{M_0M}$ 必与平面 π 的法向量 $\boldsymbol{n}$ 垂直,从而它们的数量积等于零,即

$$\boldsymbol{n} \cdot \overrightarrow{M_0M} = 0.$$

因为 $\boldsymbol{n}=(A,B,C)$,$\overrightarrow{M_0M}=(x-x_0,y-y_0,z-z_0)$,所以

$$A(x-x_0)+B(y-y_0)+C(z-z_0)=0. \tag{7-3-1}$$

式(7-3-1)称为**平面的点法式方程**.

例1 求过点 $(3,-1,0)$ 且以 $\boldsymbol{n}=(1,3,-2)$ 为法向量的平面方程.

解 根据平面的点法式方程,得所求平面方程为

$$(x-3)+3(y+1)-2z=0,$$

即

$$x+3y-2z=0.$$

例2 求过点 $M_1(0,1,0)$,点 $M_2(1,0,2)$,点 $M_3(0,-1,3)$ 的平面方程.

解 先求平面的法向量 $\boldsymbol{n}$.

由于 $\boldsymbol{n}\perp\overrightarrow{M_1M_2}$,$\boldsymbol{n}\perp\overrightarrow{M_1M_3}$,而 $\overrightarrow{M_1M_2}=(1,-1,2)$,$\overrightarrow{M_1M_3}=(0,-2,3)$,所以

$$\boldsymbol{n}=\overrightarrow{M_1M_2}\times\overrightarrow{M_1M_3}=\begin{vmatrix} \boldsymbol{i} & \boldsymbol{j} & \boldsymbol{k} \\ 1 & -1 & 2 \\ 0 & -2 & 3 \end{vmatrix}=\boldsymbol{i}-3\boldsymbol{j}-2\boldsymbol{k},$$

根据平面的点法式方程,得所求平面方程为

$$(x-0)-3(y-1)-2(z-0)=0,$$

即

$$x-3y-2z+3=0.$$

7.3.2 平面的一般式方程

过点 $M_0(x_0,y_0,z_0)$ 且法向量为 $\boldsymbol{n}=(A,B,C)$ 的平面方程可由式(7-3-1)表示,将式(7-3-1)整理可得

$$Ax+By+Cz-Ax_0-By_0-Cz_0=0,$$

记 $D=-Ax_0-By_0-Cz_0$,则上式转化为

$$Ax+By+Cz+D=0. \tag{7-3-2}$$

这种形式的平面方程称为**平面的一般式方程**.

方程 $Ax+By+Cz+D=0$ 是 x,y,z 的三元一次方程. 由此可知,平面方程是三元一次方程,即任何一个平面都可以用三元一次方程表示;反之,任何一个三元一次方程都表示一个平面.

例如，三元一次方程 $3x - y + 2z - 3 = 0$ 表示一个平面，该平面的一个法向量 $\boldsymbol{n} = (3, -1, 2)$.

当平面方程 $Ax + By + Cz + D = 0$ 中的某些系数（A，B，C）或常数项 D 为 0 时，得到一些特殊位置的平面.

当 $D = 0$ 时，方程（7-3-2）成为 $Ax + By + Cz = 0$，它表示一个过原点的平面.

当 $A = 0$ 时，方程（7-3-2）成为 $By + Cz + D = 0$，其法向量 $\boldsymbol{n} = (0, B, C)$ 垂直于 x 轴，该方程表示一个平行于（或包含）x 轴的平面.

同理，方程 $Ax + Cz + D = 0$ 和 $Ax + By + D = 0$ 分别表示一个平行于（或包含）y 轴和 z 轴的平面.

当 $A = B = 0$ 时，方程（7-3-2）成为 $Cz + D = 0$，其法向量 $\boldsymbol{n} = (0, 0, C)$ 同时垂直于 x 轴和 y 轴，该方程表示平行于 xOy 面的平面.

同样，方程 $By + D = 0$ 和 $Ax + D = 0$ 分别表示平行于 xOz 面和 yOz 面的平面.

例 3 求过点 $(2, -1, 3)$ 且通过 x 轴的平面方程.

解 由于平面通过 x 轴，可设该平面方程为 $By + Cz = 0$，又因为平面过点 $(2, -1, 3)$，则
$$-B + 3C = 0,$$
或
$$B = 3C.$$
代入所设方程并除以 $C(C \neq 0)$，则所求的平面方程为
$$3y + z = 0.$$

例 4 求过点 $(3, 0, 0)$ 和点 $(0, 2, 0)$ 且平行于 z 轴的平面方程.

解 由于平面平行于 z 轴，可设该平面方程为
$$Ax + By + D = 0.$$
又因为平面过点 $(3, 0, 0)$ 和点 $(0, 2, 0)$，代入上式可得
$$\begin{cases} 3A + D = 0, \\ 2B + D = 0, \end{cases}$$
解得
$$A = -\frac{1}{3}D, \quad B = -\frac{1}{2}D.$$
代入所设方程并除以 $D(D \neq 0)$，则所求的平面方程为
$$2x + 3y - 6 = 0.$$

7.3.3 两平面的夹角

两平面的法向量的夹角（通常指锐角或直角）称为**两平面的夹角**.

设两平面 $\pi_1: A_1 x + B_1 y + C_1 z + D_1 = 0$，$\pi_2: A_2 x + B_2 y + C_2 z + D_2 = 0$，它们的法向量分别为 $\boldsymbol{n}_1 = (A_1, B_1, C_1)$ 和 $\boldsymbol{n}_2 = (A_2, B_2, C_2)$. 则两平面的夹角 θ（图 7-15）应是 $<\boldsymbol{n}_1, \boldsymbol{n}_2>$ 和 $<-\boldsymbol{n}_1, \boldsymbol{n}_2> = \pi - <\boldsymbol{n}_1, \boldsymbol{n}_2>$ 二者中的锐角或直角，则有 $\cos\theta = |\cos<\boldsymbol{n}_1, \boldsymbol{n}_2>|$，由向量夹角余弦坐标表达式得

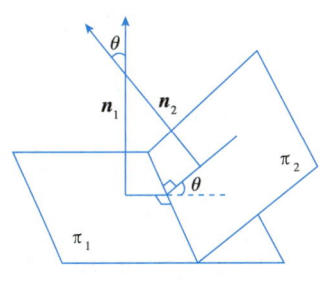

图 7-15

$$\cos\theta = \frac{|\boldsymbol{n}_1 \cdot \boldsymbol{n}_2|}{|\boldsymbol{n}_1||\boldsymbol{n}_2|} = \frac{|A_1A_2 + B_1B_2 + C_1C_2|}{\sqrt{A_1^2+B_1^2+C_1^2}\sqrt{A_2^2+B_2^2+C_2^2}}. \qquad (7-3-3)$$

由两向量垂直、平行的充要条件,可得:

(1) $\pi_1 \perp \pi_2 \Leftrightarrow \boldsymbol{n}_1 \perp \boldsymbol{n}_2 \Leftrightarrow A_1A_2 + B_1B_2 + C_1C_2 = 0$.

(2) $\pi_1 // \pi_2 \Leftrightarrow \boldsymbol{n}_1 // \boldsymbol{n}_2 \Leftrightarrow \frac{A_1}{A_2} = \frac{B_1}{B_2} = \frac{C_1}{C_2}$.

例 5 求两平面 $x + 2y + z + 5 = 0$ 和 $2x + y - z - 3 = 0$ 的夹角.

解 由夹角公式可得

$$\cos\theta = \frac{|1\times 2 + 2\times 1 + 1\times(-1)|}{\sqrt{1^2+2^2+1^2} \times \sqrt{2^2+1^2+(-1)^2}} = \frac{1}{2},$$

得

$$\theta = \frac{\pi}{3},$$

即两平面的夹角为 $\frac{\pi}{3}$.

例 6 两平面 $2x - y + z + 3 = 0$ 和 $3x + y - 5z - 1 = 0$ 是否垂直?

解 两平面的法向量分别为 $\boldsymbol{n}_1 = (2,-1,1), \boldsymbol{n}_2 = (3,1,-5)$,
由于

$$\boldsymbol{n}_1 \cdot \boldsymbol{n}_2 = 2\times 3 + (-1)\times 1 + 1\times(-5) = 0,$$

所以两平面垂直.

7.3.4 平面外一点到平面的距离

从平面外一点向平面作垂线,该点和垂足之间的距离称为**点到平面的距离**.

如图 7-16 所示,设平面 π 的方程为 $Ax + By + Cz + D = 0$,法向量 $\boldsymbol{n} = (A,B,C)$,$M_0(x_0,y_0,z_0)$ 是平面 π 外一点,从点 M_0 向平面 π 作垂线交平面于点 $M(x,y,z)$,则点 M_0 到平面 π 的距离 d 为 $|\overrightarrow{M_0M}|$.

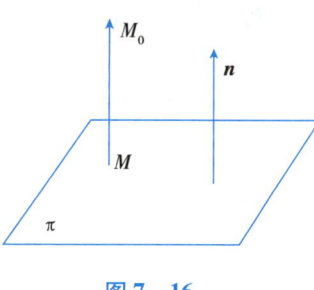

图 7-16

可以证明,点 $M_0(x_0,y_0,z_0)$ 到平面 $Ax + By + Cz + D = 0$ 的距离为

$$d = \frac{|Ax_0 + By_0 + Cz_0 + D|}{\sqrt{A^2+B^2+C^2}}. \qquad (7-3-4)$$

例 7 求点 $(3,1,1)$ 到平面 $2x - y + 2z - 1 = 0$ 的距离.

解 由点到平面的距离公式可得

$$d = \frac{|2\times 3 + (-1)\times 1 + 2\times 1 - 1|}{\sqrt{2^2+(-1)^2+2^2}} = 2.$$

习题 7.3

1. 求过点 $(a,0,0)$ 且垂直于 x 轴的平面方程.

2. 求通过点 $M_1(3,-5,1)$ 和 $M_2(4,1,2)$ 且垂直于平面 $x - 8y + 3z - 1 = 0$ 的平面方程.

3. 求通过点 $A(0,0,0)$，点 $B(1,0,1)$ 和点 $C(2,1,0)$ 三点的平面方程.

4. 求过点 $(1,2,-1)$ 且与平面 $3x-4y+z-1=0$ 和 $4x-z+5=0$ 都垂直的平面方程.

5. 指出下列平面的位置：

(1) $x=0$；
(2) $2x-5=0$；
(3) $2x+3y=6$；
(4) $2x+3y-z=0$.

6. 求平行于 y 轴且过点 $P(1,2,3)$ 和点 $Q(3,2,-1)$ 的平面方程.

7. 求平行于 zOx 面且过点 $P(2,-3,1)$ 的平面方程.

8. 求平面 $x-y+2z-6=0$ 与平面 $2x+y+z-5=0$ 的夹角.

9. 求平面 $2x-2y+z+5=0$ 与各坐标面的夹角的余弦.

10. 求点 $(1,2,3)$ 到平面 $2x-3y+z=6$ 的距离.

7.4 空间直线及其方程

空间曲线可以看成两个曲面的交线. 设两个曲面 S_1，S_2 的方程分别是 $F(x,y,z)=0$ 和 $G(x,y,z)=0$，则 S_1 与 S_2 的交线 C 的方程可用方程组

$$\begin{cases} F(x,y,z)=0, \\ G(x,y,z)=0 \end{cases} \tag{7-4-1}$$

来表示，这个方程组称为**空间曲线的一般方程**.

例如，方程 $x^2+y^2+z^2=25$ 表示以原点为球心，半径为 5 的球面，$z=4$ 表示平行于 xOy 面的平面，方程组

$$\begin{cases} x^2+y^2+z^2=25, \\ z=4 \end{cases}$$

表示球面与平面的交线. 即在平面 $z=4$ 上，圆心为 $(0,0,4)$，半径为 3 的一个圆.

将曲线 C 上动点的坐标 x,y,z 都表示成另一个变量 t 的函数

$$\begin{cases} x=x(t), \\ y=x(t), \\ z=z(t). \end{cases} \tag{7-4-2}$$

方程组 (7-4-2) 为**空间曲线的参数方程**. 对于给定的 t 值，得到一组相应的 x,y,z 值，即对应于曲线 C 上的一点. 当 t 在某个范围内变化时，就得到曲线 C 上的全部点.

空间直线是空间曲线的特殊情况，下面以向量为工具，讨论空间直线及其方程.

7.4.1 空间直线方程

1. 直线的一般方程

空间直线可以看作两个相交平面的交线，两个三元一次方程构成的方程组

$$\begin{cases} A_1x+B_1y+C_1z+D_1=0, \\ A_2x+B_2y+C_2z+D_2=0 \end{cases} \tag{7-4-3}$$

表示一条空间直线，其中 A_1，B_1，C_1 与 A_2，B_2，C_2 不成比例. 方程组 (7-4-3) 称为直线的**一般方程**.

如平面 $2x-y+z+3=0$ 与平面 $z=0$ 的交线就是 xOy 面上的直线 $y=2x+3$. 可以用两个平面

方程构成的方程组来表示这条直线,即

$$\begin{cases} 2x - y + z + 3 = 0, \\ z = 0. \end{cases}$$

2. 直线的点向式方程

若一个非零向量 $s = (m,n,p)$ 平行于一条已知直线 L,则称向量 s 为直线 L 的**方向向量**.

我们知道,过一定点与已知非零向量平行的直线只有一条. 若已知直线上一点及它的一个方向向量,那么这条直线的位置就完全确定了. 设直线 L 过点 $M_0(x_0,y_0,z_0)$,且平行于向量 $s = (m,n,p)$,点 $M(x,y,z)$ 是直线 L 上任一点(图7-17),因为 $\overrightarrow{M_0M} \parallel s$,由两向量平行的充要条件,得直线 L 的方程为

$$\frac{x-x_0}{m} = \frac{y-y_0}{n} = \frac{z-z_0}{p}. \qquad (7-4-4)$$

式(7-4-4)称为直线的**点向式方程**或**对称式方程**.

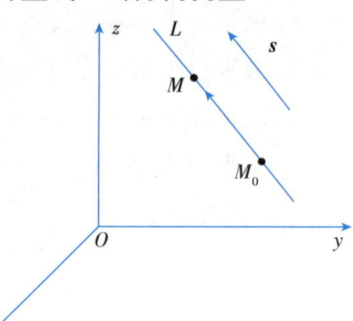

图 7-17

3. 直线的参数方程

在直线的点向式方程中,令比值为 t,即

$$\frac{x-x_0}{m} = \frac{y-y_0}{n} = \frac{z-z_0}{p} = t,$$

则有

$$\begin{cases} x = x_0 + mt, \\ y = y_0 + nt, \\ z = z_0 + pt. \end{cases} \qquad (7-4-5)$$

式(7-4-5)称为直线 L 的**参数方程**,其中 t 为**参数**.

例1 求过点 $M_0(1,-2,3)$ 且与向量 $s = (-2,3,7)$ 平行的直线方程.

解 所求直线的点向式方程为

$$\frac{x-1}{-2} = \frac{y+2}{3} = \frac{z-3}{7}.$$

例2 求过点 $M_0(2,-3,4)$ 且与直线 $\dfrac{x+1}{4} = \dfrac{y-3}{-1} = \dfrac{z+3}{-2}$ 平行的直线方程.

解 由题意可知,所求直线的方向向量为 $s = (4,-1,-2)$,则所求直线的点向式方程为

$$\frac{x-2}{4} = \frac{y+3}{-1} = \frac{z-4}{-2}.$$

例3 已知一直线过点 $M_0(1,-3,2)$ 且与平面 $2x - y + z + 3 = 0$ 垂直,求此直线方程.

解 因为所求直线与平面 $2x - y + z + 3 = 0$ 垂直,所以平面的法向量可作为所求直线的方向向量,即 $s = (2,-1,1)$,则所求直线的点向式方程为

$$\frac{x-1}{2} = \frac{y+3}{-1} = \frac{z-2}{1}.$$

例4 将直线 $\begin{cases} x - 2y - z + 4 = 0, \\ 5x + y - 2z + 8 = 0 \end{cases}$ 化为直线的点向式方程和参数方程.

解 先确定直线的方向向量.

因为直线是两平面的交线,所以它与两平面的法向量 $\boldsymbol{n}_1=(1,-2,-1)$,$\boldsymbol{n}_2=(5,1,-2)$ 都垂直,则直线的方向向量为

$$\boldsymbol{s}=\boldsymbol{n}_1\times\boldsymbol{n}_2=\begin{vmatrix} \boldsymbol{i} & \boldsymbol{j} & \boldsymbol{k} \\ 1 & -2 & -1 \\ 5 & 1 & -2 \end{vmatrix}=5\boldsymbol{i}-3\boldsymbol{j}+11\boldsymbol{k}=(5,-3,11).$$

再在直线上任意取定一点 $M_0(x_0,y_0,z_0)$.

为简单起见,令 $x_0=0$,则

$$\begin{cases} -2y_0-z_0+4=0, \\ y_0-2z_0+8=0. \end{cases}$$

解得 $y_0=0$,$z_0=4$,即直线过点 $M_0(0,0,4)$,故直线的点向式方程为

$$\frac{x}{5}=\frac{y}{-3}=\frac{z-4}{11}.$$

令 $\dfrac{x}{5}=\dfrac{y}{-3}=\dfrac{z-4}{11}=t$,则直线的参数方程为

$$\begin{cases} x=5t, \\ y=-3t, \\ z=4+11t. \end{cases}$$

7.4.2 两直线的夹角

两直线的方向向量的夹角(通常指锐角或者直角)叫作**两直线的夹角**.

设直线 L_1 和 L_2 的方程分别为 $\dfrac{x-x_1}{m_1}=\dfrac{y-y_1}{n_1}=\dfrac{z-z_1}{p_1}$,$\dfrac{x-x_2}{m_2}=\dfrac{y-y_2}{n_2}=\dfrac{z-z_2}{p_2}$,其方向向量分别是 $\boldsymbol{s}_1=(m_1,n_1,p_1)$,$\boldsymbol{s}_2=(m_2,n_2,p_2)$.两直线的夹角 φ 应是 $<\boldsymbol{s}_1,\boldsymbol{s}_2>$ 或 $<-\boldsymbol{s}_1,\boldsymbol{s}_2>=\pi-<\boldsymbol{s}_1,\boldsymbol{s}_2>$,则有 $\cos\varphi=|\cos<\boldsymbol{s}_1,\boldsymbol{s}_2>|$,由两向量夹角的余弦公式可得

$$\cos\varphi=\frac{|m_1m_2+n_1n_2+p_1p_2|}{\sqrt{m_1^2+n_1^2+p_1^2}\sqrt{m_2^2+n_2^2+p_2^2}}. \tag{7-4-6}$$

可得下列结论:

(1) $L_1\perp L_2 \Leftrightarrow m_1m_2+n_1n_2+p_1p_2=0$;

(2) $L_1 /\!/ L_2 \Leftrightarrow \dfrac{m_1}{m_2}=\dfrac{n_1}{n_2}=\dfrac{p_1}{p_2}$.

两直线的夹角

例5 求直线 $L_1:\dfrac{x}{1}=\dfrac{y-3}{-4}=\dfrac{z+2}{1}$ 和 $L_2:\dfrac{x-1}{2}=\dfrac{y+1}{-2}=\dfrac{z}{-1}$ 的夹角.

解 L_1 和 L_2 的方向向量分别为 $\boldsymbol{s}_1=(1,-4,1)$,$\boldsymbol{s}_2=(2,-2,-1)$.

由两直线夹角公式得

$$\cos\varphi=\frac{|1\times 2+(-4)\times(-2)+1\times(-1)|}{\sqrt{1^2+(-4)^2+1^2}\times\sqrt{2^2+(-2)^2+(-1)^2}}=\frac{\sqrt{2}}{2}.$$

所以两直线的夹角为 $\dfrac{\pi}{4}$.

7.4.3 直线与平面的夹角

当直线与平面不垂直时,直线与其在平面上的投影直线之间的夹角 $\varphi\left(0 \leq \varphi \leq \dfrac{\pi}{2}\right)$ 称为**直线与平面的夹角**(图 7-18),当直线与平面垂直时,规定直线与平面的夹角为 $\dfrac{\pi}{2}$.

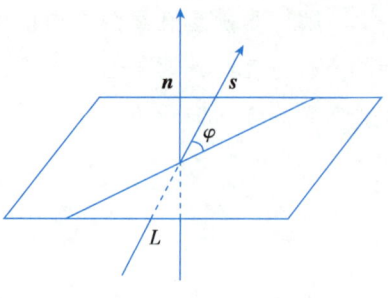

图 7-18

设直线的方向向量为 $\boldsymbol{s}=(m,n,p)$,平面的法向量为 $\boldsymbol{n}=(A,B,C)$,直线与平面的夹角 φ 与 $\boldsymbol{s}$ 和 $\boldsymbol{n}$ 的夹角互余,所以 $\sin\varphi=|\cos<\boldsymbol{s},\boldsymbol{n}>|$.
由两向量的夹角的余弦公式可得

$$\sin\varphi = \dfrac{|Am+Bn+Cp|}{\sqrt{m^2+n^2+p^2}\sqrt{A^2+B^2+C^2}}. \qquad (7-4-7)$$

由两个向量垂直、平行的充分必要条件可得,直线与平面平行的充要条件为

$$Am+Bn+Cp=0.$$

直线与平面垂直的充要条件为

$$\dfrac{m}{A}=\dfrac{n}{B}=\dfrac{p}{C}.$$

例 6 求直线 $L:\dfrac{x-1}{-2}=\dfrac{y+3}{2}=\dfrac{z-5}{1}$ 与平面 $\Pi:y+z-3=0$ 的夹角.

解 直线 L 的方向向量 $\boldsymbol{s}=(-2,2,1)$,平面 Π 的法向量 $\boldsymbol{n}=(0,1,1)$.
由直线与平面的夹角公式得

$$\sin\varphi = \dfrac{|(-2)\times0+2\times1+1\times1|}{\sqrt{(-2)^2+2^2+1^2}\times\sqrt{0^2+1^2+1^2}}=\dfrac{\sqrt{2}}{2}.$$

则其夹角为 $\dfrac{\pi}{4}$.

习题 7.4

1. 求下列直线的方程:
(1) 过点 $(1,-2,-1)$ 与点 $(3,4,5)$;
(2) 过点 $(1,0,2)$ 且与点 $(3,4,-7)$ 和点 $(2,7,-6)$ 的连线平行;
(3) 过点 $(2,-1,-1)$ 且平行于直线 $\dfrac{x-3}{2}=\dfrac{y}{1}=\dfrac{z-1}{5}$.

2. 将下列直线的一般方程化为点向式方程:

(1) $\begin{cases}x-y+z-2=0,\\2x+y+z+8=0;\end{cases}$ (2) $\begin{cases}x-5y+2z-1=0,\\-x+y+8=0.\end{cases}$

3. 求直线 $\dfrac{x-1}{2}=\dfrac{y+1}{-2}=\dfrac{z}{-1}$ 与直线 $\dfrac{x-2}{3}=\dfrac{y-1}{2}=\dfrac{z+5}{-1}$ 的夹角.

4. 求直线 $\dfrac{x-2}{2}=\dfrac{y-1}{4}=\dfrac{z}{-2}$ 与平面 $x-y-z-3=0$ 的夹角.

5. 求过点 $(2,0,-3)$ 且与平面 $x-2y+7z-9=0$ 垂直的直线方程.

复习与提问

一、知识框图

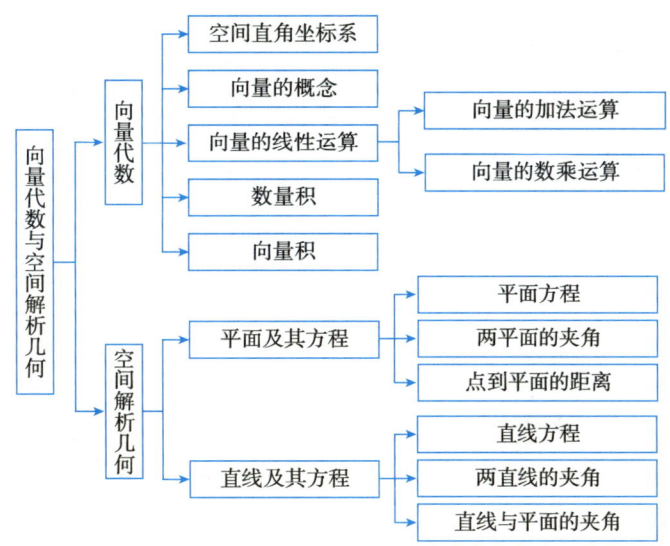

二、内容总结

1. 向量及其线性运算

（1）设空间中任意两点为 $M_1(x_1,y_1,z_1)$，$M_2(x_2,y_2,z_2)$，则两点 M_1，M_2 之间的距离为 _____.

（2）通常遇到的量大致可以分为两类：一类是只有大小的量，称为_____；一类是既有大小又有方向的量，称为_____，这类量通常用_____表示.

（3）空间中任意两点 $M_1(x_1,y_1,z_1)$，$M_2(x_2,y_2,z_2)$ 间的距离为_____.

（4）若向量 $\boldsymbol{a}=(a_x,a_y,a_z)$，$\boldsymbol{b}=(b_x,b_y,b_z)$，则 $|\boldsymbol{a}|=$ _____，$\lambda\boldsymbol{a}=$ _____，$\boldsymbol{a}\pm\boldsymbol{b}=$ _____，$\boldsymbol{e}_a=$ _____.

2. 向量的数量积与向量积

（1）若向量 $\boldsymbol{a}=(a_x,a_y,a_z)$，$\boldsymbol{b}=(b_x,b_y,b_z)$，则 $\boldsymbol{a}\cdot\boldsymbol{b}=$ _____，$\cos<\boldsymbol{a},\boldsymbol{b}>=$ _____，$\boldsymbol{a}\times\boldsymbol{b}=$ _____.

（2）若向量 $\boldsymbol{a}=(a_x,a_y,a_z)$，$\boldsymbol{b}=(b_x,b_y,b_z)$，则 $\boldsymbol{a}//\boldsymbol{b}\Leftrightarrow$ _____，$\boldsymbol{a}\perp\boldsymbol{b}\Leftrightarrow$ _____.

3. 平面及其方程

（1）一平面过空间一点 $M_0(x_0,y_0,z_0)$，法向量为 $\boldsymbol{n}=(A,B,C)$，则平面的点法式方程为_____.

（2）设两平面 $\pi_1:A_1x+B_1y+C_1z+D_1=0$，$\pi_2:A_2x+B_2y+C_2z+D_2=0$，则 $\pi_1\perp\pi_2\Leftrightarrow$ _____，$\pi_1//\pi_2\Leftrightarrow$ _____.

（3）点 $M_0(x_0,y_0,z_0)$ 到平面 $Ax+By+Cz+D=0$ 的距离为_____.

4. 空间直线及其方程

（1）直线 L 是两平面 $\pi_1:A_1x+B_1y+C_1z+D_1=0$，$\pi_2:A_2x+B_2y+C_2z+D_2=0$ 的交线，则直

线 L 的一般方程为_____.

(2) 直线 L 过点 $M_0(x_0,y_0,z_0)$,且平行于向量 $s=(m,n,p)$,则直线 L 的点向式(对称式)方程为_____,参数方程为_____.

(3) 设直线 L_1 和 L_2 的方程分别为 $\dfrac{x-x_1}{m_1}=\dfrac{y-y_1}{n_1}=\dfrac{z-z_1}{p_1}$,$\dfrac{x-x_2}{m_2}=\dfrac{y-y_2}{n_2}=\dfrac{z-z_2}{p_2}$,则两直线的夹角为_____,$L_1 \perp L_2 \Leftrightarrow$_____,$L_1 // L_2 \Leftrightarrow$_____.

(4) 设直线 L 的方程为 $\dfrac{x-x_0}{m}=\dfrac{y-y_0}{n}=\dfrac{z-z_0}{p}$,平面 π 的方程为 $Ax+By+Cz+D=0$,则直线 L 与平面 π 的夹角为_____,$L \perp \pi \Leftrightarrow$_____,$L // \pi \Leftrightarrow$_____.

复习题 7

一、选择题

1. 下列等式正确的是( ).

　A. $|a|a = a^2$　　　　　　　　　　　B. $a \cdot (b \cdot b) = -ab^2$

　C. $a \cdot b = b \cdot a$　　　　　　　　　　D. $a \times b = b \times a$

2. 已知向量 $a=(-1,1,2)$,$b=(2,-2,-4)$,则两向量的位置关系是( ).

　A. 垂直　　　　B. 平行　　　　C. 重合　　　　D. 以上都不是

3. 若直线 $L_1: \dfrac{x-6}{1}=\dfrac{y+2}{2}=\dfrac{z-3}{3}$ 与 $L_2: \dfrac{x-2}{3}=\dfrac{y-1}{-6}=\dfrac{z}{k}$ 垂直,则 $k=$( ).

　A. 2　　　　　B. 5　　　　　C. 4　　　　　D. 3

4. 平面 $\pi_1: x-2y+z-3=0$ 与 $\pi_2: -3x+y+5z-1=0$ 的位置关系是( ).

　A. 垂直　　　　B. 重合　　　　C. 平行　　　　D. 不确定

二、填空题

1. 已知向量 $a=(5,-1,7)$,$b=(-2,0,3)$,则 $a-b=$_____,$2a=$_____.

2. 已知两点 $A(1,-3,1)$ 和 $B(-2,-4,1)$,则 $|\overrightarrow{AB}|=$_____.

3. 点 $M(1,0,1)$ 到平面 $2x-4y+4z-15=0$ 的距离 $d=$_____.

4. 设向量 $a=(2,k,4)$ 与 $b=(1,-1,2)$ 平行,则 $k=$_____.

三、解答题

1. 已知向量 $a=(1,1,-4)$,$b=(1,-2,2)$,求:

(1) $a \cdot b$;　　　　　　　　　　(2) a 与 b 的夹角 θ.

2. 已知向量 $a=(1,-2,1)$,$b=(2,3,1)$,求 $a \times b$.

3. 求过点 $M(4,-1,3)$ 且与平面 $x-3y+4z-5=0$ 垂直的直线.

4. 求过点 $(2,0,-3)$ 且与直线 $\begin{cases} x-2y+4z-7=0, \\ 3x+5y-2z+1=0 \end{cases}$ 垂直的平面方程.

5. 求过点 $(-1,0,4)$ 且平行于平面 $3x-4y+z-10=0$ 又与直线 $\dfrac{x+1}{1}=\dfrac{y-3}{1}=\dfrac{z}{2}$ 相交的直线方程.

6. 求过点 $(3,1,-2)$ 且过直线 $\dfrac{x-4}{5}=\dfrac{y+3}{2}=\dfrac{z}{1}$ 的平面.

7. 求直线 $\begin{cases} x + y + 3z = 0, \\ x - y - z = 0 \end{cases}$ 与平面 $x + 2y - z + 1 = 0$ 的夹角.

阅读与欣赏

解析几何的发展及应用

解析几何是几何学的一个分支,是研究几何图形与代数方程之间关系的重要分支学科. 它将几何问题转化为代数问题,通过运用坐标系和向量等数学工具研究几何问题.

解析几何的发展历史可以追溯到公元前 3 世纪的古希腊时期,当时欧多克索斯和阿波罗尼奥斯分别提出了解析法的雏形. 欧多克索斯使用两个垂直于彼此的线(分别称为 abscissa 和 ordinate)来给平面上的点赋以坐标,并且认为两个坐标轴上的点是互相独立的,这是我们今天所使用的笛卡尔坐标系的雏形. 阿波罗尼奥斯则描述了圆锥曲线,提出了带参数的方程,但他并没有使用坐标系,而是使用几何结构上的关系语言来描述曲线.

随着科学技术的日益发展,迫切需要数学为其提供一种使用方便的数量工具,这在 17 世纪成为一种公开的需求. 而解析几何的创立恰好适应了这种需求. 解析几何对曲线的研究使人们对曲线的性质认识更加深刻. 圆锥曲线由于自身的某些特殊性质,在实际应用中有其重要的价值,特别表现在物理学、光学等方面的应用.

解析几何是 17 世纪 40 年代由法国数学家费马和笛卡尔所创立的. 1629 年费马写成《平面和立体轨迹引论》一书,通过引进坐标使各种不同的曲线有了代数方程一般的表示方法. 费马具体地研究了直线、圆和其他圆锥曲线的方程. 费马注意到坐标可以平移或旋转,通过平移或旋转将较复杂的二次方程化为简单的形式. 1643 年,费马在一封信中简短地描述了三维解析几何的思想,意味着空间解析几何思想的萌芽. 笛卡尔则从经纬制度出发,指出平面上的点和实数对 (x, y) 的对应关系,从而树立起坐标的观念,把互相关联的两个未知数的任意代数方程看成平面上的一条曲线,从而推广了曲线的概念.

许多数学家为解析几何的发展和完善作了重要贡献. 解析几何的一个重要发展是由平面推广到空间. 1679 年拉·希尔对三维坐标几何作了较为特殊的讨论,1715 年约翰·伯努利首先引用了现在通用的三个坐标平面. 在此基础上,通过帕朗、克雷罗、赫尔曼等人的工作,明确了曲面能用三个坐标变量表示. 1731 年法国数学家克雷罗又指出,描述一条空间曲线需要两个曲面方程. 解析几何的又一个重要发展是向量的引入,1788 年拉格朗日在《解析力学》中以向量形式表示力、速度等具有方向的量,对解析几何产生了深刻的影响. 20 世纪 60 年代以后,计算机图形学的崛起使得解析几何又进入了一个新的发展阶段.

解析几何学的建立,不仅由于在内容上引入变量的研究而开创了变量数学,而且在方法上使几何与代数方法实现了结合. 解析几何作为数学研究重要的、有效的工具,集几何与代数的优点于一体,为数学的研究带来了方便.

数学实验

Matlab 应用之向量运算

一、利用 Matlab 进行向量的线性运算

在 Matlab 软件中,向量元素需要用"[ ]"括起来,元素之间可以用空格、逗号或分号分隔.

在 Matlab 中,实现向量的线性运算可以在命令行窗口中输入

\>\> A = [3, 11, 5, 2, 9]

\>\> B = [2, 5, 13, 6, 2]

\>\> C1 = A + B %向量加法

\>\> C2 = A - B %向量减法

\>\> C3 = 3 * A %向量乘法

disp(C1)

disp(C2)

disp(C3)

运行后会显示以下结果:

5　16　18　8　11

1　6　-8　-4　7

9　33　15　6　27

二、利用 Matlab 求向量的模

在 Matlab 中,用 norm 函数可以直接求一个向量的模,其格式为 $n = \text{norm}(X)$.

\>\> A = [1, 2, 5]

\>\> n = norm(A)

n =

5.4772

三、利用 Matlab 计算向量的数量积

在 Matlab 中,两个向量的数量积用 dot(A,B) 函数计算,其格式为 $c = \text{dot}(A, B)$.

\>\> A = [1, 2, 3, 4, 5]

A =

1　2　3　4　5

\>\> B = [5, 0, -5, 9, 2]

B =

5　0　-5　9　2

\>\> c = dot(A, B)

c =

36

四、利用 Matlab 计算向量的向量积

在 Matlab 中,两个向量的向量积用 cross(A,B) 函数计算,其格式为 $C = \text{cross}(A, B)$.

```
>> A = [1, 2, 3]
A =
1   2   3
>> B = [4, 5, 6]
B =
4   5   6
>> C = cross(A, B)
C =
-3   6   -3
```

第八章

多元函数微积分

前面章节中我们讨论的函数都只有一个自变量,这样的函数称为一元函数.但在实际问题中,许多客观现象的发生和发展受到多种因素的制约,反映到数学上,就是一个变量依赖多个变量的情形.有多个自变量的函数称为多元函数.本章将在一元函数微积分的基础上,讨论多元函数微积分及其应用.对于多元函数,我们将主要研究二元函数,三元及三元以上的多元函数则可以类推.

学习目标

1. 理解多元函数、多元函数的极限、多元函数的连续等概念;
2. 理解偏导数的概念,会求多元函数的偏导数及二阶偏导数;
3. 理解全微分的概念,会求二元函数的全微分;
4. 掌握可微的充分条件和必要条件;
5. 掌握多元复合函数的求导法则;
6. 会运用隐函数存在定理求一元隐函数的导数和二元隐函数的偏导数;
7. 会求二元函数的极值;
8. 理解二重积分的概念与性质;
9. 会在直角坐标系下和极坐标系下计算二重积分;
10. 树立正确的价值观;
11. 激发文化自信,培养爱国情操.

8.1 多元函数的基本概念

为讨论多元函数微积分,需要先介绍多元函数、极限和连续等基本概念.一元函数的定义域是数轴上的一个区间,二元函数的定义域要由数轴扩充到 xOy 平面上.本节首先介绍平面区域.

8.1.1 平面区域

由 xOy 平面上的一条或几条曲线所围成的一部分平面或整个平面称为 xOy 平面上的**平面区域**,

简称**区域**. 围成区域的曲线称为**区域的边界**, 边界上的点称为**边界点**.

由于 xOy 平面上的点与二元有序数组 (x,y) 一一对应, 平面区域可以看成具有某种性质 P 的点的集合. 因此, 平面区域可以记作

$$D = \{(x,y) \mid (x,y) \text{ 具有某种性质} P\}.$$

例如, xOy 平面上以原点为圆心, r 为半径的圆域为

$$D = \{(x,y) \mid x^2 + y^2 \leqslant r^2\}.$$

平面区域中可以延伸到无限远处的区域称为**无界区域**, 能够被一个以原点为圆心, 以适当大的长为半径的圆包围起来的区域称为**有界区域**. 包括边界在内的区域称为**闭区域**, 不包括边界在内的区域称为**开区域**.

例如, $D = \{(x,y) \mid -\infty < x < +\infty, -\infty < y < +\infty\}$ 是无界区域, 它表示整个 xOy 平面; $D = \{(x,y) \mid 1 \leqslant x^2 + y^2 \leqslant 4\}$ 是有界闭区域; $D = \{(x,y) \mid 1 < x^2 + y^2 < 4\}$ 是有界开区域; $D = \{(x,y) \mid x + y > 1\}$ 是无界开区域.

在 xOy 平面上, 以点 $P_0(x_0, y_0)$ 为中心, $\delta(\delta > 0)$ 为半径的开区域称为**点 $P_0(x_0, y_0)$ 的 δ 邻域**. 它可以表示为

$$\{(x,y) \mid \sqrt{(x-x_0)^2 + (y-y_0)^2} < \delta\}.$$

点 $P_0(x_0, y_0)$ 的去心 δ 邻域可以表示为

$$\{(x,y) \mid 0 < \sqrt{(x-x_0)^2 + (y-y_0)^2} < \delta\}.$$

8.1.2 多元函数概念

在自然现象和实际问题中, 经常出现一个变量依赖于两个及两个以上变量的情形. 例如, 圆柱体的体积 V 与其底面半径 r 及高 h 之间具有关系 $V = \pi r^2 h$, 当 r 和 h 在集合 $D = \{(r,h) \mid r > 0, h > 0\}$ 内取定一对值 (r,h) 时, V 的对应值就随之确定, 此时我们称 V 是定义在 D 上的 r,h 的二元函数.

设 x,y 和 z 是三个变量, D 是一个给定的非空二元有序数组集. 如果对于每一个二元有序数组 $(x,y) \in D$, 按照某一确定的对应法则 f, 变量 z 总有唯一确定的数值与之对应, 则称 **z 是 x,y 的二元函数**. 记作

$$z = f(x,y), \quad (x,y) \in D.$$

其中 x,y 称为**自变量**, z 称为**因变量**, D 称为该函数的**定义域**.

与自变量 x 和 y 的一对值 (x_0, y_0) 相对应的因变量 z 的值, 称为**函数在点 (x_0, y_0) 处的函数值**, 记作 $f(x_0, y_0)$ 或 $z\big|_{(x_0, y_0)}$. 函数值 $f(x,y)$ 的全体所构成的集合称为**函数的值域**.

类似地, 可以定义三元函数 $u = f(x,y,z), (x,y,z) \in D$ 以及三元以上的函数.

与一元函数类似, 二元函数的定义域就是使函数表达式有意义的点 (x,y) 的集合. 例如, 函数 $z = \ln(x+y-1)$ 的定义域为

$$D = \{(x,y) \mid x+y > 1\} \quad (\text{图 } 8-1).$$

又如 $z = \arcsin(x^2 + y^2)$ 的定义域为

$$D = \{(x,y) \mid x^2 + y^2 \leqslant 1\} \quad (\text{图 } 8-2).$$

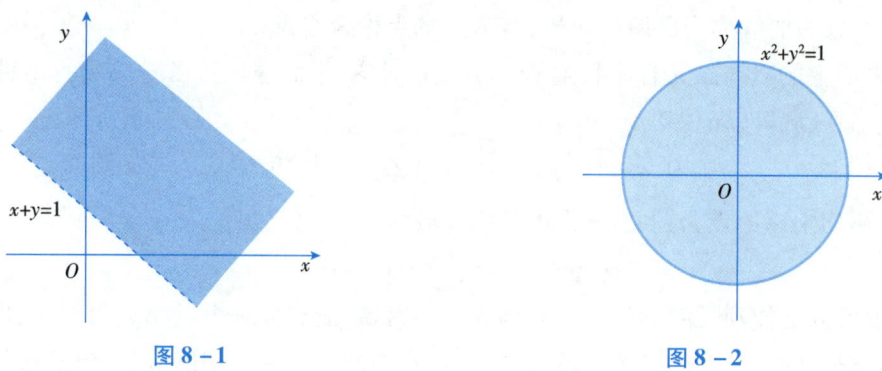

图 8-1　　　　　　　　　　　图 8-2

二元函数 $z = f(x,y)$，$(x,y) \in D$ 的图形是一个空间曲面.该曲面在 xOy 平面上的投影区域就是该函数的定义域 D（图 8-3）.

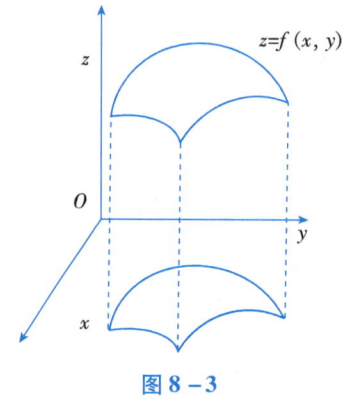

图 8-3

例1　函数 $z = \sqrt{1-x^2-y^2}$ 的图形是以原点 $(0,0,0)$ 为球心,半径为 1 的球面的上半球面,该曲面在 xOy 平面上的投影是圆形闭区域,即函数的定义域

$$D = \{(x,y) \mid x^2 + y^2 \leqslant 1\}$$（图 8-4）.

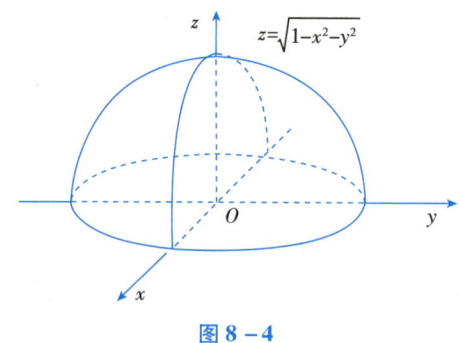

图 8-4

8.1.3　多元函数的极限

二元函数 $z = f(x,y)$ 的极限问题,就是讨论当 $(x,y) \to (x_0,y_0)$,即 $x \to x_0$,$y \to y_0$ 时,该函数的变化趋势.

设函数 $z = f(x,y)$ 在点 $P_0(x_0,y_0)$ 的某邻域内有定义(在 P_0 可以没有定义),当点 $P(x,y)$ 以任意方式趋于点 $P_0(x_0,y_0)$ 时,函数 $f(x,y)$ 总趋于定数 A,则称**函数 $f(x,y)$ 当 (x,y) 趋于 (x_0,y_0) 时以 A 为极限**,记作

$$\lim_{\substack{x \to x_0 \\ y \to y_0}} f(x,y) = A \quad 或 \quad f(x,y) \to A[(x,y) \to (x_0,y_0)].$$

二元函数的极限称为**二重极限**.

需要注意的是,所谓二重极限存在,是指点 $P(x,y)$ 以任意方式趋于点 $P_0(x_0,y_0)$ 时,函数 $f(x,y)$ 都无限趋近于 A. 如果点 $P(x,y)$ 以某一特殊方式趋于点 $P_0(x_0,y_0)$ 时,函数 $f(x,y)$ 无限趋近于某一确定值,并不能断定函数的极限存在. 如果点 $P(x,y)$ 以不同的方式趋于点 $P_0(x_0,y_0)$ 时,函数 $f(x,y)$ 无限趋近于不同的值,则可以断定函数的极限不存在.

例 2 讨论极限 $\lim\limits_{\substack{x \to 0 \\ y \to 0}} \dfrac{xy}{x^2+y^2}$ 的存在性.

解 当点 $P(x,y)$ 沿直线 $y = kx$ 趋于点 $(0,0)$ 时,

$$\lim_{\substack{x \to 0 \\ y = kx}} \frac{xy}{x^2+y^2} = \lim_{\substack{x \to 0 \\ y = kx}} \frac{x \cdot kx}{x^2+k^2x^2} = \frac{k}{1+k^2},$$

显然,其值随着 k 的不同而不同,故极限 $\lim\limits_{\substack{x \to 0 \\ y \to 0}} \dfrac{xy}{x^2+y^2}$ 不存在.

例 3 求极限 $\lim\limits_{\substack{x \to 0 \\ y \to 2}} \dfrac{\sin(xy)}{x}$.

解 $\lim\limits_{\substack{x \to 0 \\ y \to 2}} \dfrac{\sin(xy)}{x} = \lim\limits_{\substack{x \to 0 \\ y \to 2}} \dfrac{\sin(xy)}{xy} \cdot y = \lim\limits_{xy \to 0} \dfrac{\sin(xy)}{xy} \cdot \lim\limits_{y \to 2} y = 1 \times 2 = 2.$

8.1.4 多元函数的连续性

设函数 $z = f(x,y)$ 在点 $P_0(x_0,y_0)$ 的某邻域内有定义,如果

$$\lim_{\substack{x \to x_0 \\ y \to y_0}} f(x,y) = f(x_0,y_0),$$

则称**函数 $f(x,y)$ 在点 $P_0(x_0,y_0)$ 处连续**.

如果函数 $f(x,y)$ 在区域 D 内的每一点都连续,则称**函数 $f(x,y)$ 在区域 D 内连续**,或者称函数 $f(x,y)$ 是 D 内的**连续函数**.

如果函数 $f(x,y)$ 在点 $P_0(x_0,y_0)$ 处不连续,则称点 P_0 是函数 $f(x,y)$ 的**间断点**. 由例 2 知,点 $(0,0)$ 是函数 $f(x,y) = \dfrac{xy}{x^2+y^2}$ 的一个间断点.

与一元函数类似,**多元初等函数在其定义域内是连续的**. 因此,函数在定义域内某点 $P_0(x_0,y_0)$ 处的极限就是函数在该点的函数值,即

$$\lim_{\substack{x \to x_0 \\ y \to y_0}} f(x,y) = f(x_0,y_0).$$

例 4 求极限 $\lim\limits_{\substack{x \to 1 \\ y \to 2}} \dfrac{xy}{x+y}$.

解 因为 $f(x,y) = \dfrac{xy}{x+y}$ 是初等函数,而点 $(1,2)$ 在其定义域内,则

$$\lim_{\substack{x \to 1 \\ y \to 2}} \frac{xy}{x+y} = \frac{1 \times 2}{1+2} = \frac{2}{3}.$$

与闭区间上一元连续函数类似,有界闭区域上的多元连续函数具有以下性质:

性质 1(有界性与最大值最小值定理) 在有界闭区域 D 上的多元连续函数必定在 D 上有界,且

能取得它的最大值和最小值.

性质2(介值定理) 在有界闭区域 D 上的多元连续函数必能取得介于最大值和最小值之间的任何值.

习题 8.1

1. 画出下列区域 D 的图形:

(1) $D = \{(x,y) \mid 0 \leq x \leq 1, 1 \leq y \leq 2\}$;

(2) $D = \{(x,y) \mid x > 0, y > 0, x + y \leq 1\}$;

(3) 由直线 $y = x, y = 1$ 和 y 轴所围成的闭区域;

(4) 由曲线 $y = \ln x, x = e$ 和 x 轴所围成的闭区域.

2. 求下列函数的函数值:

(1) $f(x,y) = \dfrac{2xy}{x^2 + y^2}$,求 $f(0,1)$;

(2) $f(x,y) = x^2 + y^2 - (y-1)\arctan(xy)$,求 $f(1,1)$;

(3) $f(x,y) = \dfrac{x+y}{xy}$,求 $f(x+y, x-y)$.

3. 求下列函数的定义域:

(1) $z = \ln(y - x^2)$;

(2) $z = \dfrac{1}{\sqrt{1 - x^2 - y^2}}$;

(3) $z = \arcsin(x+y)$;

(4) $z = \dfrac{1}{\sqrt{x}} + \dfrac{1}{\sqrt{y}}$.

4. 求下列函数的极限:

(1) $\lim\limits_{\substack{x \to 0 \\ y \to 1}} \dfrac{x + 2y}{x^2 + y^2}$;

(2) $\lim\limits_{\substack{x \to 2 \\ y \to 0}} \dfrac{\tan(xy)}{y}$;

(3) $\lim\limits_{\substack{x \to 0 \\ y \to 0}} (1 + xy)^{\frac{2}{xy}}$;

(4) $\lim\limits_{\substack{x \to 0 \\ y \to 0}} \dfrac{1 - \sqrt{xy + 1}}{xy}$.

8.2 偏导数

在一元函数 $y = f(x)$ 中,当考察因变量 y 关于自变量 x 的变化率时,引入了导数的概念. 相应地,对于二元函数 $z = f(x,y)$,当考察因变量 z 关于其中某一自变量 x 或 y 的变化率时,我们需要引入偏导数的概念.

8.2.1 偏导数的概念

设函数 $z = f(x,y)$ 在点 (x_0, y_0) 的某一邻域内有定义,当 $y = y_0$ 时, x 在 x_0 处产生增量 Δx,相应的函数的增量表示为 $f(x_0 + \Delta x, y_0) - f(x_0, y_0)$. 如果

$$\lim_{\Delta x \to 0} \dfrac{f(x_0 + \Delta x, y_0) - f(x_0, y_0)}{\Delta x}$$

存在,则称此极限为函数 $z = f(x,y)$ 在 (x_0, y_0) 处对 x 的**偏导数**,记作

偏导数的定义

$$\left.\frac{\partial z}{\partial x}\right|_{\substack{x=x_0\\y=y_0}}, \left.\frac{\partial f}{\partial x}\right|_{\substack{x=x_0\\y=y_0}}, z_x\Big|_{\substack{x=x_0\\y=y_0}} \text{ 或 } f_x(x_0,y_0).$$

类似地,函数 $z=f(x,y)$ 在 (x_0,y_0) 处对 y 的**偏导数**定义为

$$\lim_{\Delta y\to 0}\frac{f(x_0,y_0+\Delta y)-f(x_0,y_0)}{\Delta y},$$

记作

$$\left.\frac{\partial z}{\partial y}\right|_{\substack{x=x_0\\y=y_0}}, \left.\frac{\partial f}{\partial y}\right|_{\substack{x=x_0\\y=y_0}}, z_y\Big|_{\substack{x=x_0\\y=y_0}} \text{ 或 } f_y(x_0,y_0).$$

如果函数 $z=f(x,y)$ 在区域 D 内每一点 (x,y) 处对 x 的偏导数都存在,该偏导数一般是关于 x、y 的函数,称其为函数 $z=f(x,y)$ 对自变量 x 的**偏导函数**,记作

$$\frac{\partial z}{\partial x}, \frac{\partial f}{\partial x}, z_x \text{ 或 } f_x(x,y).$$

类似地,可以定义函数 $z=f(x,y)$ 对自变量 y 的**偏导函数**,记作

$$\frac{\partial z}{\partial y}, \frac{\partial f}{\partial y}, z_y \text{ 或 } f_y(x,y).$$

由偏导数的概念可知,函数 $z=f(x,y)$ 在 (x_0,y_0) 处对 x 的偏导数 $f_x(x_0,y_0)$ 即为偏导函数 $f_x(x,y)$ 在点 (x_0,y_0) 处的函数值,偏导数 $f_y(x_0,y_0)$ 即为偏导函数 $f_y(x,y)$ 在点 (x_0,y_0) 处的函数值.类似于一元函数中导函数的概念,在不产生混淆的情况下偏导函数也简称为偏导数.

在讨论二元函数 $z=f(x,y)$ 的偏导数时,只有其中一个自变量在变化,另一个自变量固定不变,因此,求偏导数在本质上与求一元函数的导数是类似的.求 $\frac{\partial z}{\partial x}$ 时,只需把 y 看作常量而对 x 求导,求 $\frac{\partial z}{\partial y}$ 时,只需把 x 看作常量而对 y 求导.

偏导数的概念也可以推广到二元以上的函数中,例如三元函数 $u=f(x,y,z)$ 在点 (x,y,z) 处对 x 的偏导数定义为

$$f_x(x,y,z)=\lim_{\Delta x\to 0}\frac{f(x+\Delta x,y,z)-f(x,y,z)}{\Delta x},$$

其中,(x,y,z) 是三元函数 $u=f(x,y,z)$ 定义域中的点.

例 1 求 $z=x^3+xy+y^3$ 在点 $(1,2)$ 处的偏导数.

解 把 y 看作常量,得 $\frac{\partial z}{\partial x}=3x^2+y$,

把 x 看作常量,得 $\frac{\partial z}{\partial y}=x+3y^2$,

将 $(1,2)$ 代入上面两式得 $\left.\frac{\partial z}{\partial x}\right|_{\substack{x=1\\y=2}}=5, \left.\frac{\partial z}{\partial y}\right|_{\substack{x=1\\y=2}}=13$.

例 2 求 $z=x^y(x>0,x\neq 1)$ 的偏导数.

解 $\frac{\partial z}{\partial x}=yx^{y-1}, \frac{\partial z}{\partial y}=x^y\ln x$.

例 3 设 $z=\frac{x}{y}$,求 $\frac{\partial z}{\partial x},\frac{\partial x}{\partial y},\frac{\partial y}{\partial z}$.

解 由 $z=\frac{x}{y}$ 得 $\frac{\partial z}{\partial x}=\frac{1}{y}$,又由 $x=yz$ 得 $\frac{\partial x}{\partial y}=z$,又由 $y=\frac{x}{z}$ 得 $\frac{\partial y}{\partial z}=-\frac{x}{z^2}$.

偏导数的计算

由上面计算可知，$\dfrac{\partial z}{\partial x} \cdot \dfrac{\partial x}{\partial y} \cdot \dfrac{\partial y}{\partial z} = \dfrac{1}{y} \cdot z \cdot \left(-\dfrac{x}{z^2}\right) = -\dfrac{x}{yz} = -1$，上式表明，偏导数的记号是一个整体符号，不能看作分子与分母之商．

例 4 求 $z = \sqrt{x^2 + y^2}$ 的偏导数．

解 $\dfrac{\partial z}{\partial x} = \dfrac{1}{2\sqrt{x^2 + y^2}} \cdot 2x = \dfrac{x}{\sqrt{x^2 + y^2}}$，$\dfrac{\partial z}{\partial y} = \dfrac{1}{2\sqrt{x^2 + y^2}} \cdot 2y = \dfrac{y}{\sqrt{x^2 + y^2}}$．

8.2.2 偏导数的几何意义

设 $M_0(x_0, y_0, f(x_0, y_0))$ 为曲面 $z = f(x, y)$ 上的一点，过 M_0 作平面 $y = y_0$，截此曲面得曲线 $\begin{cases} z = f(x, y), \\ y = y_0, \end{cases}$ 由一元函数导数的几何意义可知，$\left.\dfrac{\mathrm{d}f(x, y_0)}{\mathrm{d}x}\right|_{x = x_0}$ 即 $f_x(x_0, y_0)$ 为该曲线在 M_0 处的切线 $M_0 T_x$ 对 x 轴的斜率(图 8 - 5)．同理，$f_y(x_0, y_0)$ 表示曲线 $\begin{cases} z = f(x, y), \\ x = x_0 \end{cases}$ 在 M_0 处的切线 $M_0 T_y$ 对 y 轴的斜率(图 8 - 5)．

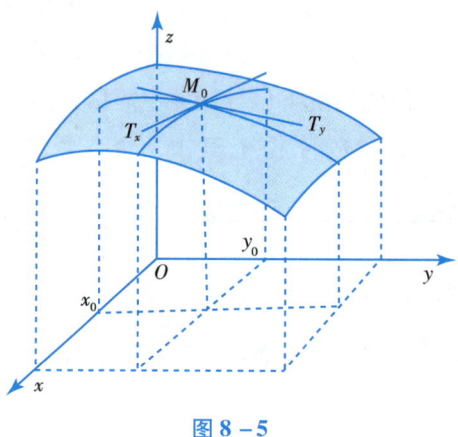

图 8 - 5

8.2.3 高阶偏导数

设函数 $z = f(x, y)$ 在区域 D 内具有偏导数 $\dfrac{\partial z}{\partial x} = f_x(x, y)$，$\dfrac{\partial z}{\partial y} = f_y(x, y)$，一般而言，$f_x(x, y)$ 与 $f_y(x, y)$ 都是关于 x, y 的函数，如果这两个函数的偏导数也存在，则称它们的偏导数是函数 $z = f(x, y)$ 的**二阶偏导数**．按照对自变量 x, y 的不同求导次序，函数 $z = f(x, y)$ 有下列四个二阶偏导数：

$$\dfrac{\partial}{\partial x}\left(\dfrac{\partial z}{\partial x}\right) = \dfrac{\partial^2 z}{\partial x^2} = f_{xx}(x, y), \quad \dfrac{\partial}{\partial y}\left(\dfrac{\partial z}{\partial x}\right) = \dfrac{\partial^2 z}{\partial x \partial y} = f_{xy}(x, y),$$

$$\dfrac{\partial}{\partial x}\left(\dfrac{\partial z}{\partial y}\right) = \dfrac{\partial^2 z}{\partial y \partial x} = f_{yx}(x, y), \quad \dfrac{\partial}{\partial y}\left(\dfrac{\partial z}{\partial y}\right) = \dfrac{\partial^2 z}{\partial y^2} = f_{yy}(x, y).$$

其中，$f_{xy}(x, y), f_{yx}(x, y)$ 称为**二阶混合偏导数**．按照类似的方法可以定义三阶、四阶直至 n 阶偏导数．二阶及二阶以上的偏导数统称为**高阶偏导数**．

例 5 设 $z = x^3 y^2 - 3xy^3 - xy + 2$，求它的二阶偏导数．

解 $\dfrac{\partial z}{\partial x} = 3x^2 y^2 - 3y^3 - y$，$\dfrac{\partial z}{\partial y} = 2x^3 y - 9xy^2 - x$，

$$\frac{\partial^2 z}{\partial x^2} = 6xy^2, \quad \frac{\partial^2 z}{\partial x \partial y} = 6x^2 y - 9y^2 - 1,$$

$$\frac{\partial^2 z}{\partial y^2} = 2x^3 - 18xy, \quad \frac{\partial^2 z}{\partial y \partial x} = 6x^2 y - 9y^2 - 1.$$

从上述结果可以看出，两个二阶混合偏导数相等，即 $\frac{\partial^2 z}{\partial x \partial y} = \frac{\partial^2 z}{\partial y \partial x}$. 事实上，有下面的定理：

定理 如果函数 $z = f(x,y)$ 的两个二阶混合偏导数 $\frac{\partial^2 z}{\partial x \partial y}, \frac{\partial^2 z}{\partial y \partial x}$ 在区域 D 上连续，则在该区域上有 $\frac{\partial^2 z}{\partial x \partial y} = \frac{\partial^2 z}{\partial y \partial x}$.

该定理说明，二阶混合偏导数在连续的条件下与求偏导的次序无关.

习题 8.2

1. 求下列函数的偏导数：

（1） $z = x^3 y - xy^3$；

（2） $z = \sin(xy) + \cos^2(xy)$；

（3） $z = \sqrt{\ln(xy)}$；

（4） $z = \ln\tan\frac{x}{y}$.

2. 求下列函数的二阶偏导数 $\frac{\partial^2 z}{\partial x^2}, \frac{\partial^2 z}{\partial y^2}$ 和 $\frac{\partial^2 z}{\partial x \partial y}$：

（1） $z = x^4 + xy^4 - 4x^2 y^2$；

（2） $z = \arctan\frac{y}{x}$；

（3） $z = y^x$；

（4） $z = x\ln(xy)$.

3. 设 $z = \ln(e^x + e^y)$，证明：$\frac{\partial^2 z}{\partial x^2} \cdot \frac{\partial^2 z}{\partial y^2} = \left(\frac{\partial^2 z}{\partial x \partial y}\right)^2$.

4. 设 $r = \sqrt{x^2 + y^2 + z^2}$，证明：$\frac{\partial^2 z}{\partial x^2} + \frac{\partial^2 z}{\partial y^2} + \frac{\partial^2 z}{\partial z^2} = \frac{2}{r}$.

8.3 全微分

8.3.1 全微分的概念

现有一长为 x_0，宽为 y_0 的长方形金属薄片，受温度变化的影响，长改变了 Δx，宽改变了 Δy，那么这一薄片面积的增量为

$$\Delta S = (x_0 + \Delta x)(y_0 + \Delta y) - x_0 y_0 = y_0 \Delta x + x_0 \Delta y + \Delta x \Delta y.$$

如图 8-6 所示，显然，当 Δx 与 Δy 很小时，金属薄片的面积增量 $\Delta S \approx y_0 \Delta x + x_0 \Delta y$. 由此，我们可以定义与一元函数微分类似的概念.

设二元函数 $z = f(x,y)$ 在点 (x,y) 的某邻域内有定义，在该邻域内，当自变量 x,y 在点 (x,y) 处分别产生增量 $\Delta x, \Delta y$ 时，相应的函数的增量表示为

$$\Delta z = f(x + \Delta x, y + \Delta y) - f(x,y),$$

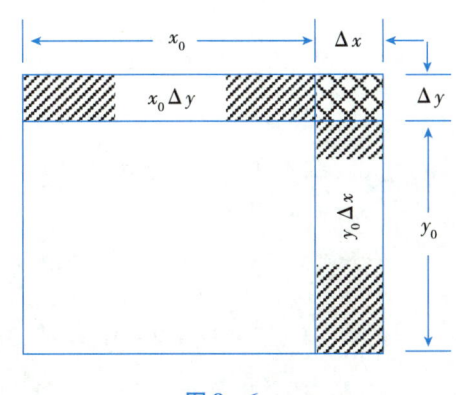

图 8-6

称为二元函数 $z = f(x,y)$ 在点 (x,y) 处的**全增量**.

与一元函数可微的概念类似,下面给出二元函数全微分的概念.

如果函数 $z = f(x,y)$ 在点 (x,y) 的全增量

$$\Delta z = f(x + \Delta x, y + \Delta y) - f(x,y)$$

可表示为

$$\Delta z = A\Delta x + B\Delta y + o(\rho),$$

其中 A 和 B 不依赖于 Δx 和 Δy 而仅与 x 和 y 有关,$\rho = \sqrt{(\Delta x)^2 + (\Delta y)^2}$,则称函数 $z = f(x,y)$ 在点 (x,y) **可微分**,$A\Delta x + B\Delta y$ 称为函数 $z = f(x,y)$ 在点 (x,y) 的**全微分**,记作 dz,即 $dz = A\Delta x + B\Delta y$.

若函数 $z = f(x,y)$ 在区域 D 内的每一点处都可微分,则称该函数在区域 D 内可微分.

与一元函数可微与连续的关系类似,如果二元函数 $z = f(x,y)$ 在点 (x,y) 处可微分,则它在点 (x,y) 处是连续的.

二元函数 $z = f(x,y)$ 在点 (x,y) 可微分满足什么条件?A,B 又如何确定?我们有以下定理.

定理 1(必要条件) 如果函数 $z = f(x,y)$ 在点 (x,y) 可微分,则该函数在点 (x,y) 的偏导数 $\frac{\partial z}{\partial x}$,$\frac{\partial z}{\partial y}$ 必存在,且函数 $z = f(x,y)$ 在点 (x,y) 的全微分为

$$dz = \frac{\partial z}{\partial x}\Delta x + \frac{\partial z}{\partial y}\Delta y.$$

又因 $dx = \Delta x, dy = \Delta y$,所以函数 $z = f(x,y)$ 的全微分可写成

$$dz = \frac{\partial z}{\partial x}dx + \frac{\partial z}{\partial y}dy.$$

由定理 1 可知,若二元函数在一点可微分,则在该点偏导数一定存在.

定理 2(充分条件) 若二元函数 $z = f(x,y)$ 的两个偏导数 $\frac{\partial z}{\partial x}$,$\frac{\partial z}{\partial y}$ 在点 (x,y) 连续,则函数 $z = f(x,y)$ 在该点可微分.

由定理 2 可知,若二元函数的偏导数在一点连续,则二元函数在该点可微分.

这两个定理也可以推广到三元及三元以上的多元函数.

例 1 计算函数 $z = x^2 y + xy^2$ 的全微分.

解 因为 $\frac{\partial z}{\partial x} = 2xy + y^2$,$\frac{\partial z}{\partial y} = x^2 + 2xy$,

所以 $dz = \frac{\partial z}{\partial x}dx + \frac{\partial z}{\partial y}dy = (2xy + y^2)dx + (x^2 + 2xy)dy$.

例 2 计算函数 $z = e^{xy}$ 在点 $(2,3)$ 处的全微分.

解 因为 $\frac{\partial z}{\partial x} = ye^{xy}$,$\frac{\partial z}{\partial y} = xe^{xy}$,

$\frac{\partial z}{\partial x}\Big|_{\substack{x=2\\y=3}} = 3e^6$,$\frac{\partial z}{\partial y}\Big|_{\substack{x=2\\y=3}} = 2e^6$,

所以 $dz = 3e^6 dx + 2e^6 dy = e^6(3dx + 2dy)$.

例 3 计算函数 $u = \ln(x^2 + y^2 + z^2)$ 的全微分.

解 因为 $\dfrac{\partial u}{\partial x} = \dfrac{2x}{x^2+y^2+z^2}$，$\dfrac{\partial u}{\partial y} = \dfrac{2y}{x^2+y^2+z^2}$，$\dfrac{\partial u}{\partial z} = \dfrac{2z}{x^2+y^2+z^2}$，

所以 $\mathrm{d}u = \dfrac{2}{x^2+y^2+z^2}(x\mathrm{d}x + y\mathrm{d}y + z\mathrm{d}z)$.

习题 8.3

1. 求下列函数的全微分：

（1）$z = xy + \dfrac{x}{y}$；

（2）$z = \mathrm{e}^x\cos y$；

（3）$z = \dfrac{x}{\sqrt{x^2+y^2}}$；

（4）$u = x^{yz}$.

2. 求函数 $z = \dfrac{y}{x}$ 在点 $(2,1)$ 处的全微分.

8.4 多元复合函数及隐函数的求导法则

我们在第二章学习的一元复合函数的求导法则可以推广到多元复合函数的情形.

8.4.1 多元复合函数的求导法则

本节只讨论多元复合函数的一阶偏导数.

1. 复合函数的中间变量为一元函数的情形

设函数 $z = f(u,v) = u^v$，而 $u = \sin x, v = \mathrm{e}^x$. 这个函数中有两个中间变量 u,v，每个中间变量都是 x 的一元函数. 当自变量 x 变化时，通过两个中间变量引起 z 的变化. 对于这样的复合函数，我们有下面的求导法则.

设函数 $u = u(x)$ 及 $v = v(x)$ 都在点 x 可导，函数 $z = f(u,v)$ 在对应点 (u,v) 具有连续偏导数，则复合函数 $z = f[u(x),v(x)]$ 在点 x 可导，且

$$\dfrac{\mathrm{d}z}{\mathrm{d}x} = \dfrac{\partial z}{\partial u} \cdot \dfrac{\mathrm{d}u}{\mathrm{d}x} + \dfrac{\partial z}{\partial v} \cdot \dfrac{\mathrm{d}v}{\mathrm{d}x}.$$

$\dfrac{\mathrm{d}z}{\mathrm{d}x}$ 表示 z 对 x 的全部变化率，称为**全导数**.

例1 设函数 $z = f(u,v) = u^v$，而 $u = \sin x, v = \mathrm{e}^x$，求 $\dfrac{\mathrm{d}z}{\mathrm{d}x}$.

解 这是两个中间变量，一个自变量复合的情形.

因为 $\dfrac{\partial z}{\partial u} = vu^{v-1}$，$\dfrac{\partial z}{\partial v} = u^v \ln u$，$\dfrac{\mathrm{d}u}{\mathrm{d}x} = \cos x$，$\dfrac{\mathrm{d}v}{\mathrm{d}x} = \mathrm{e}^x$，由全导数公式得

$$\begin{aligned}\dfrac{\mathrm{d}z}{\mathrm{d}x} &= \dfrac{\partial z}{\partial u} \cdot \dfrac{\mathrm{d}u}{\mathrm{d}x} + \dfrac{\partial z}{\partial v} \cdot \dfrac{\mathrm{d}v}{\mathrm{d}x} \\ &= vu^{v-1}\cos x + u^v \ln u \mathrm{e}^x \\ &= \mathrm{e}^x(\sin x)^{\mathrm{e}^x - 1}\cos x + \mathrm{e}^x(\sin x)^{\mathrm{e}^x}\ln\sin x.\end{aligned}$$

例2 设 $z = \ln(u+v)$，而 $u = x^3, v = \cos x$，求 $\dfrac{\mathrm{d}z}{\mathrm{d}x}$.

解 因为 $\dfrac{\partial z}{\partial u} = \dfrac{1}{u+v}$, $\dfrac{\partial z}{\partial v} = \dfrac{1}{u+v}$, $\dfrac{\mathrm{d}u}{\mathrm{d}x} = 3x^2$, $\dfrac{\mathrm{d}v}{\mathrm{d}x} = -\sin x$, 由全导数公式得

$$\dfrac{\mathrm{d}z}{\mathrm{d}x} = \dfrac{\partial z}{\partial u} \cdot \dfrac{\mathrm{d}u}{\mathrm{d}x} + \dfrac{\partial z}{\partial v} \cdot \dfrac{\mathrm{d}v}{\mathrm{d}x}$$

$$= \dfrac{1}{u+v} 3x^2 + \dfrac{1}{u+v}(-\sin x)$$

$$= \dfrac{3x^2 - \sin x}{x^3 + \cos x}.$$

本题也可以把 $u = x^3, v = \cos x$ 代入函数 $z = \ln(u+v)$ 中, 即 $z = \ln(x^3 + \cos x)$, 然后直接利用一元复合函数的求导法则求解.

2. 复合函数的中间变量为多元函数的情形

设函数 $u = u(x,y)$ 及 $v = v(x,y)$ 都在点 (x,y) 具有对 x 及 y 的偏导数, 函数 $z = f(u,v)$ 在对应点 (u,v) 具有连续偏导数, 则复合函数 $z = f[u(x,y), v(x,y)]$ 在点 (x,y) 的两个偏导数存在, 且

$$\dfrac{\partial z}{\partial x} = \dfrac{\partial z}{\partial u} \cdot \dfrac{\partial u}{\partial x} + \dfrac{\partial z}{\partial v} \cdot \dfrac{\partial v}{\partial x},$$

$$\dfrac{\partial z}{\partial y} = \dfrac{\partial z}{\partial u} \cdot \dfrac{\partial u}{\partial y} + \dfrac{\partial z}{\partial v} \cdot \dfrac{\partial v}{\partial y}.$$

例 3 设 $z = f(u,v) = \mathrm{e}^u \cos v$, 而 $u = x^2 + y^2, v = x^2 - y^2$, 求 $\dfrac{\partial z}{\partial x}, \dfrac{\partial z}{\partial y}$.

解 这是两个中间变量, 两个自变量复合的情形.

因为 $\dfrac{\partial z}{\partial u} = \mathrm{e}^u \cos v, \dfrac{\partial z}{\partial v} = -\mathrm{e}^u \sin v, \dfrac{\partial u}{\partial x} = 2x, \dfrac{\partial v}{\partial x} = 2x, \dfrac{\partial u}{\partial y} = 2y, \dfrac{\partial v}{\partial y} = -2y$, 则

$$\dfrac{\partial z}{\partial x} = \dfrac{\partial z}{\partial u} \cdot \dfrac{\partial u}{\partial x} + \dfrac{\partial z}{\partial v} \cdot \dfrac{\partial v}{\partial x}$$

$$= \mathrm{e}^u \cos v \cdot 2x + (-\mathrm{e}^u \sin v) \cdot 2x$$

$$= 2x \mathrm{e}^{x^2+y^2} [\cos(x^2 - y^2) - \sin(x^2 - y^2)].$$

$$\dfrac{\partial z}{\partial y} = \dfrac{\partial z}{\partial u} \cdot \dfrac{\partial u}{\partial y} + \dfrac{\partial z}{\partial v} \cdot \dfrac{\partial v}{\partial y}$$

$$= \mathrm{e}^u \cos v \cdot 2y + (-\mathrm{e}^u \sin v) \cdot (-2y)$$

$$= 2y \mathrm{e}^{x^2+y^2} [\cos(x^2 - y^2) + \sin(x^2 - y^2)].$$

类似地, 设三元函数 $z = f(u,v,w), u = u(x,y), v = v(x,y), w = w(x,y)$, 则

$$\dfrac{\partial z}{\partial x} = \dfrac{\partial z}{\partial u} \cdot \dfrac{\partial u}{\partial x} + \dfrac{\partial z}{\partial v} \cdot \dfrac{\partial v}{\partial x} + \dfrac{\partial z}{\partial w} \cdot \dfrac{\partial w}{\partial x}, \dfrac{\partial z}{\partial y} = \dfrac{\partial z}{\partial u} \cdot \dfrac{\partial u}{\partial y} + \dfrac{\partial z}{\partial v} \cdot \dfrac{\partial v}{\partial y} + \dfrac{\partial z}{\partial w} \cdot \dfrac{\partial w}{\partial y}.$$

3. 复合函数的中间变量为一元函数与多元函数混合的情形

设函数 $u = u(x,y)$ 在点 (x,y) 具有对 x 及 y 的偏导数, $v = v(y)$ 在点 y 可导, 函数 $z = f(u,v)$ 在对应点 (u,v) 具有连续偏导数, 则复合函数 $z = f[u(x,y), v(y)]$ 在点 (x,y) 的两个偏导数存在, 且

$$\dfrac{\partial z}{\partial x} = \dfrac{\partial z}{\partial u} \cdot \dfrac{\partial u}{\partial x}, \dfrac{\partial z}{\partial y} = \dfrac{\partial z}{\partial u} \cdot \dfrac{\partial u}{\partial y} + \dfrac{\partial z}{\partial v} \cdot \dfrac{\mathrm{d}v}{\mathrm{d}y}.$$

例 4 设 $z = f(u,v) = \mathrm{e}^u v^2$, 而 $u = 2x + 3y, v = \sin y$, 求 $\dfrac{\partial z}{\partial x}, \dfrac{\partial z}{\partial y}$.

解 $\dfrac{\partial z}{\partial u} = e^u v^2, \dfrac{\partial z}{\partial v} = 2e^u v, \dfrac{\partial u}{\partial x} = 2, \dfrac{\partial u}{\partial y} = 3, \dfrac{dv}{dy} = \cos y$，则

$$\dfrac{\partial z}{\partial x} = \dfrac{\partial z}{\partial u} \cdot \dfrac{\partial u}{\partial x} = e^u v^2 \cdot 2 = 2e^{2x+3y}\sin^2 y,$$

$$\dfrac{\partial z}{\partial y} = \dfrac{\partial z}{\partial u} \cdot \dfrac{\partial u}{\partial y} + \dfrac{\partial z}{\partial v} \cdot \dfrac{dv}{dy} = e^u v^2 \cdot 3 + 2e^u v \cos y = 3e^{2x+3y}\sin^2 y + e^{2x+3y}\sin 2y.$$

例 5 设 $z = f(x, y, u) = x^2 + y^2 + u^2, u = x^2 \sin y$，求 $\dfrac{\partial z}{\partial x}, \dfrac{\partial z}{\partial y}$.

解 x, y 既是复合函数的中间变量，又是自变量，则

$$\dfrac{\partial z}{\partial x} = \dfrac{\partial f}{\partial x} + \dfrac{\partial f}{\partial u}\dfrac{\partial u}{\partial x} = 2x + 2u \cdot 2x\sin y = 2x + 4x^3 \sin^2 y,$$

$$\dfrac{\partial z}{\partial y} = \dfrac{\partial f}{\partial y} + \dfrac{\partial f}{\partial u}\dfrac{\partial u}{\partial y} = 2y + 2u \cdot x^2 \cos y = 2y + x^4 \sin 2y.$$

这里 $\dfrac{\partial z}{\partial x}$ 与 $\dfrac{\partial f}{\partial x}$ 是不同的，$\dfrac{\partial z}{\partial x}$ 是把复合函数 $z = f(x, y, u)$ 中的 y 看作常数而对 x 的偏导数，$\dfrac{\partial f}{\partial x}$ 是把 $z = f(x, y, u)$ 中的 y 及 u 看作常数而对 x 的偏导数. $\dfrac{\partial z}{\partial y}$ 与 $\dfrac{\partial f}{\partial y}$ 也有类似的区别.

8.4.2 隐函数的求导法则

在一元微分学中，我们讨论了由方程 $F(x, y) = 0$ 所确定的一元隐函数的求导方法，即将方程两边关于 x 求导，其中 y 视为 x 的函数，解关于 y' 的方程，求得 y' 的表达式. 下面我们用多元复合函数的求导法则推导出这种隐函数的求导公式.

1. 二元方程确定一元隐函数的情形

设方程 $F(x, y) = 0$ 确定隐函数 $y = f(x)$，且 F_x, F_y 存在，则有
$$F[x, f(x)] \equiv 0.$$

隐函数存在定理1

上式左端看作以 $f(x)$ 为中间变量，且以 x 为自变量的复合函数，方程两边求全导数，得

$$\dfrac{\partial F}{\partial x} + \dfrac{\partial F}{\partial y}\dfrac{dy}{dx} = 0.$$

若上式中 $\dfrac{\partial F}{\partial y} \neq 0$，可得

$$\dfrac{dy}{dx} = -\left(\dfrac{\partial F}{\partial x}\right) \bigg/ \left(\dfrac{\partial F}{\partial y}\right) = -\dfrac{F_x}{F_y}.$$

这就是**一元隐函数的求导公式**，其中记 $F_x = \dfrac{\partial F}{\partial x}, F_y = \dfrac{\partial F}{\partial y}$.

例 6 求由方程 $x^2 y^2 - e^y + e^x = 0$ 所确定的隐函数 $y = f(x)$ 的导数 $\dfrac{dy}{dx}$.

解 设 $F(x, y) = x^2 y^2 - e^y + e^x$，则
$$F_x = 2xy^2 + e^x, F_y = 2x^2 y - e^y.$$

所以
$$\dfrac{dy}{dx} = -\dfrac{F_x}{F_y} = -\dfrac{2xy^2 + e^x}{2x^2 y - e^y} = \dfrac{2xy^2 + e^x}{e^y - 2x^2 y}.$$

2. 三元方程确定二元隐函数的情形

类似地,可得二元隐函数的求导公式. 设方程 $F(x,y,z) = 0$ 确定二元隐函数 $z = f(x,y)$, 又 F_x, F_y, F_z 存在,且 $F_z \neq 0$,则有

$$\frac{\partial z}{\partial x} = -\frac{F_x}{F_z}, \quad \frac{\partial z}{\partial y} = -\frac{F_y}{F_z}.$$

隐函数存在定理2

例7 求由方程 $x^2 + y^2 + 2x - 2yz = e^z$ 所确定的隐函数 $z = f(x,y)$ 的偏导数 $\frac{\partial z}{\partial x}, \frac{\partial z}{\partial y}$.

解 设 $F(x,y,z) = x^2 + y^2 + 2x - 2yz - e^z$,则

$$F_x = 2x + 2, F_y = 2y - 2z, F_z = -2y - e^z.$$

所以
$$\frac{\partial z}{\partial x} = -\frac{F_x}{F_z} = -\frac{2x+2}{-2y-e^z} = \frac{2x+2}{2y+e^z},$$

$$\frac{\partial z}{\partial y} = -\frac{F_y}{F_z} = -\frac{2y-2z}{-2y-e^z} = \frac{2y-2z}{2y+e^z}.$$

习题 8.4

1. 设 $z = f(u,v) = v^u$, 而 $u = x^3, v = \sin x$, 求 $\frac{\mathrm{d}z}{\mathrm{d}x}$.

2. 设 $z = \sin(u+v)$, 而 $u = x^2, v = e^x$, 求 $\frac{\mathrm{d}z}{\mathrm{d}x}$.

3. 设 $z = f(u,v) = e^u \sin v$, 而 $u = x+y, v = xy$, 求 $\frac{\partial z}{\partial x}, \frac{\partial z}{\partial y}$.

4. 设 $z = f(u,v) = u^2 e^v$, 而 $u = 2x-y, v = y^3$, 求 $\frac{\partial z}{\partial x}, \frac{\partial z}{\partial y}$.

5. 设 $z = f(x,y,u) = x^3 + y^3 + u^3$, 而 $u = x^2 y^2$, 求 $\frac{\partial z}{\partial x}, \frac{\partial z}{\partial y}$.

6. 求由方程 $xy^2 + e^y - \sin x = 0$ 所确定的隐函数 $y = f(x)$ 的导数 $\frac{\mathrm{d}y}{\mathrm{d}x}$.

7. 设 $z = f(x,y)$ 是由方程 $x^2 z + 2y^2 z^2 + y = 0$ 确定的函数, 求 $\frac{\partial z}{\partial x}, \frac{\partial z}{\partial y}$.

8.5 多元函数的极值

在第三章,我们学习了求一元函数极值的方法. 本节讨论二元函数极值的求法.

设函数 $z = f(x,y)$ 在点 (x_0, y_0) 的某邻域内有定义, 对于该邻域内任何异于 (x_0, y_0) 的点 (x,y):

（1）若有 $f(x,y) < f(x_0, y_0)$, 则称 $f(x_0, y_0)$ 是函数 $f(x,y)$ 的**极大值**, (x_0, y_0) 为**极大值点**;

（2）若有 $f(x,y) > f(x_0, y_0)$, 则称 $f(x_0, y_0)$ 是函数 $f(x,y)$ 的**极小值**, (x_0, y_0) 为**极小值点**.

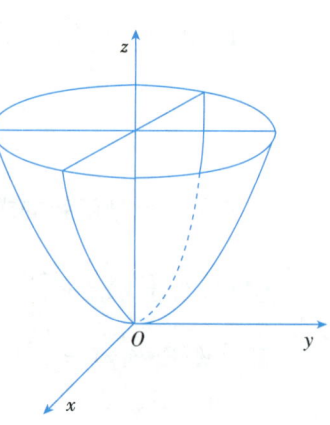

图 8-7

极大值、极小值统称为**极值**,使函数取得极值的点称为**极值点**.

例如,对于函数 $f(x,y) = \sqrt{1-x^2-y^2}$(图8-4),点 $(0,0)$ 为其极大值点,$f(0,0) = 1$ 是极大值.这是因为在点 $(0,0)$ 的邻近,对于任何异于 $(0,0)$ 的点 (x,y),有
$$f(x,y) < f(0,0) = 1.$$

又如,对于函数 $f(x,y) = x^2 + y^2$(图8-7),点 $(0,0)$ 为其极小值点,$f(0,0) = 0$ 是极小值.这是因为在点 $(0,0)$ 的邻近,对于任何异于 $(0,0)$ 的点 (x,y),有
$$f(x,y) > f(0,0) = 0.$$

定理1(必要条件) 设函数 $z = f(x,y)$ 在点 (x_0, y_0) 具有偏导数,且在点 (x_0, y_0) 处有极值,则有
$$f_x(x_0, y_0) = 0, f_y(x_0, y_0) = 0.$$

类似于一元函数,使 $f_x(x,y) = 0, f_y(x,y) = 0$ 同时成立的点 (x_0, y_0) 称为**函数 $z = f(x,y)$ 的驻点**.

由定理1可知,具有偏导数的函数的极值点必定是驻点,但是函数的驻点不一定是极值点.例如,点 $(0,0)$ 是函数 $z = xy$ 的驻点,但是函数在该点并无极值.

下面给出判断一个驻点是否是极值点的充分条件.

定理2(充分条件) 设函数 $z = f(x,y)$ 在点 (x_0, y_0) 的某邻域内连续且有一阶及二阶连续偏导数,且 $f_x(x_0, y_0) = 0, f_y(x_0, y_0) = 0$,令
$$f_{xx}(x_0, y_0) = A, f_{xy}(x_0, y_0) = B, f_{yy}(x_0, y_0) = C,$$
则 $f(x,y)$ 在 (x_0, y_0) 处取得极值的条件如下:

(1) $AC - B^2 > 0$ 时具有极值,且当 $A > 0$ 时有极小值,当 $A < 0$ 时有极大值;

(2) $AC - B^2 < 0$ 时没有极值;

(3) $AC - B^2 = 0$ 时可能有极值,也可能没有极值,还需另作讨论.

利用上述定理,可得求二元函数极值的方法:

(1) 解方程组 $\begin{cases} f_x(x_0, y_0) = 0, \\ f_y(x_0, y_0) = 0, \end{cases}$ 求得所有驻点;

(2) 对于每一个驻点 (x_0, y_0),求出对应的 A, B 和 C;

(3) 根据 $AC - B^2$ 的符号,判定 (x_0, y_0) 是否是极值点.

多元函数的极值及应用

例1 求函数 $f(x,y) = x^3 + y^3 - 3(x^2 + y^2)$ 的极值.

解 先解方程组
$$\begin{cases} f_x(x,y) = 3x^2 - 6x = 0, \\ f_y(x,y) = 3y^2 - 6y = 0, \end{cases}$$
求得驻点为 $(0,0), (0,2), (2,0), (2,2)$.

再求出二阶偏导数为
$$f_{xx}(x,y) = 6x - 6, f_{xy}(x,y) = 0, f_{yy}(x,y) = 6y - 6.$$

在点 $(0,0)$ 处,因为 $AC - B^2 = -6 \times (-6) = 36 > 0$,又 $A < 0$,所以函数在 $(0,0)$ 处有极大值 $f(0,0) = 0$;

在点 $(0,2)$ 处,因为 $AC - B^2 = -6 \times 6 = -36 < 0$,所以函数在 $(0,2)$ 处没有极值;

在点 $(2,0)$ 处,因为 $AC - B^2 = 6 \times (-6) = -36 < 0$,所以函数在 $(2,0)$ 处没有极值;

在点 $(2,2)$ 处,因为 $AC - B^2 = 6 \times 6 = 36 > 0$,又 $A > 0$,所以函数在 $(2,2)$ 处有极小值 $f(2,2) = -8$.

例 2 求函数 $f(x,y) = (6x - x^2)(4y - y^2)$ 的极值.

解 先解方程组

$$\begin{cases} f_x(x,y) = (6 - 2x)(4y - y^2) = 0, \\ f_y(x,y) = (6x - x^2)(4 - 2y) = 0, \end{cases}$$

求得驻点为 $(0,0), (0,4), (3,2), (6,0), (6,4)$.

再求出二阶偏导数为

$$f_{xx}(x,y) = -2(4y - y^2), f_{xy}(x,y) = (6 - 2x)(4 - 2y), f_{yy}(x,y) = -2(6x - x^2).$$

在点 $(0,0)$ 处,因为 $AC - B^2 = -24^2 < 0$,所以函数在 $(0,0)$ 处没有极值;

在点 $(0,4)$ 处,因为 $AC - B^2 = -24^2 < 0$,所以函数在 $(0,4)$ 处没有极值;

在点 $(3,2)$ 处,因为 $AC - B^2 = -8 \times (-18) = 144 > 0$,又 $A < 0$,所以函数在 $(3,2)$ 处有极大值 $f(3,2) = 36$;

在点 $(6,0)$ 处,因为 $AC - B^2 = -24^2 < 0$,所以函数在 $(6,0)$ 处没有极值;

在点 $(6,4)$ 处,因为 $AC - B^2 = -24^2 < 0$,所以函数在 $(6,4)$ 处没有极值.

习题 8.5

求下列函数的极值:

(1) $f(x,y) = 4(x - y) - x^2 - y^2$;

(2) $f(x,y) = x^3 + y^3 - 3xy$;

(3) $f(x,y) = e^{x-y}(x^2 - 2y^2) + 3$;

(4) $f(x,y) = \dfrac{1}{3}x^3 + 2x - 3xy + \dfrac{3}{2}y^2$.

8.6 二重积分的概念与性质

在一元函数积分学中,我们知道定积分是一种特殊和式的极限. 这种和式的极限的概念推广到定义在区域、曲线及曲面上的多元函数的情形,便得到重积分、曲线积分及曲面积分的概念. 本节只介绍二重积分的概念与性质.

8.6.1 二重积分的概念

1. 曲顶柱体的体积

设有一立体,它的底是 xOy 面上的闭区域 D,它的侧面是以 D 的边界曲线为准线而母线平行于 z 轴的柱面,它的顶是曲面 $z = f(x,y)$, 这里 $f(x,y) \geqslant 0$ 且在 D 上连续(图 8 - 8),这种立体叫作**曲顶柱体**. 下面来讨论如何计算上述曲顶柱体的体积 V.

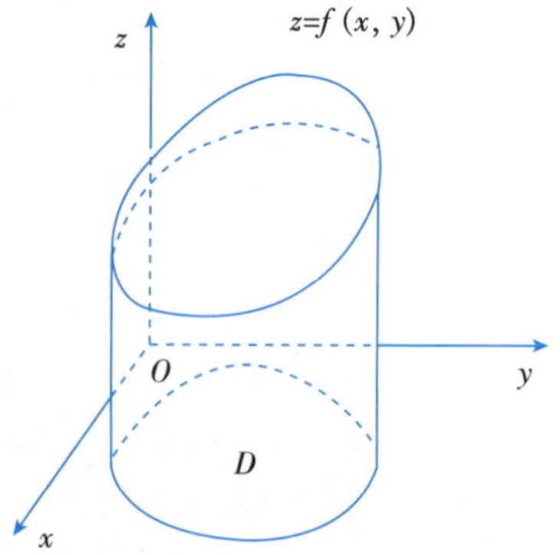

我们知道,平顶柱体的高是不变的,它的体积可以用公式

体积 = 底面积 × 高

来计算. 对于曲顶柱体,当点 (x,y) 在区域 D 上变动时,高度 $f(x,y)$ 也随之发生变化,它的体积不能直接用上式来计算. 因此我们参考求曲边梯形面积的方法来解决这个

图 8 - 8

问题.

首先,用一组曲线网把 D 分成 n 个小闭区域
$$\Delta\sigma_1, \Delta\sigma_2, \cdots, \Delta\sigma_n.$$

分别以这些小闭区域的边界曲线为准线,作母线平行于 z 轴的柱面,这些柱面把原来的曲顶柱体分为 n 个细曲顶柱体. 当这些小闭区域的直径(区域上任意两点间距离的最大者)很小时,由于 $f(x,y)$ 连续,对于同一个小闭区域来说,$f(x,y)$ 变化很小,这时细曲顶柱体可近似看作平顶柱体. 在每个 $\Delta\sigma_i$(这个小闭区域的面积也记作 $\Delta\sigma_i$)中任取一点 (ξ_i, η_i),以 $f(\xi_i, \eta_i)$ 为高而底为 $\Delta\sigma_i$ 的平顶柱体(图 8-9)的体积为

$$f(\xi_i, \eta_i)\Delta\sigma_i \ (i=1,2,\cdots,n).$$

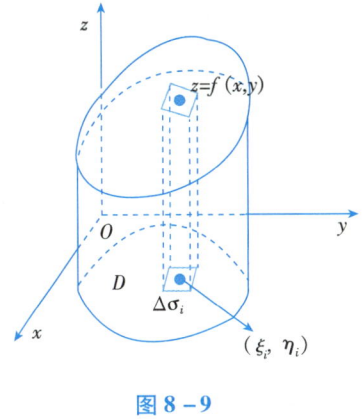

图 8-9

这 n 个平顶柱体体积之和

$$\sum_{i=1}^{n} f(\xi_i, \eta_i)\Delta\sigma_i$$

可以认为是整个曲顶柱体体积的近似值. 令 n 个小闭区域的直径中的最大值(记作 λ)趋于零,取上述和的极限,所得的极限即为曲顶柱体的体积 V,即

$$V = \lim_{\lambda\to 0}\sum_{i=1}^{n} f(\xi_i, \eta_i)\Delta\sigma_i.$$

2. 平面薄片的质量

设一平面薄片在 xOy 面占有闭区域 D,它在点 (x,y) 处的面密度(单位面积的质量)为 $\mu(x,y)$,这里 $\mu(x,y) > 0$ 且在 D 上连续. 现在要计算该薄片的质量 m.

我们知道,如果薄片是均匀的,即面密度是常数,那么薄片的质量可以用公式

$$\text{质量} = \text{面密度} \times \text{面积}$$

来计算. 现在面密度 $\mu(x,y)$ 是变量,薄片的质量就不能直接用上式计算. 因此,我们用处理曲顶柱体体积问题的方法来解决.

由于 $\mu(x,y)$ 连续,把薄片分成许多小块后,只要小块所占的小闭区域 $\Delta\sigma_i$ 的直径很小,这些小块就可以近似地看作均匀薄片. 在 $\Delta\sigma_i$ 上任取一点 (ξ_i, η_i),则

$$\mu(\xi_i, \eta_i)\Delta\sigma_i \ (i=1,2,\cdots,n)$$

可看作第 i 个小块的质量的近似值(图 8-10). 通过求和、取极限,便得出

$$m = \lim_{\lambda\to 0}\sum_{i=1}^{n} \mu(\xi_i, \eta_i)\Delta\sigma_i.$$

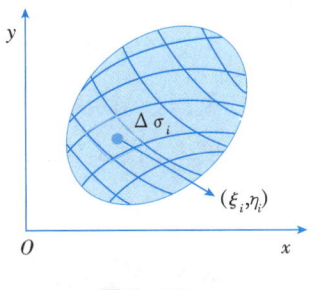

图 8-10

上面两个问题的实际意义虽然不同,但所求量都归结为同一形式的和的极限. 在物理、几何和工程技术中,有许多量可归结为这一形式的和的极限. 因此我们要研究这种和的极限,并抽象出二重积分的定义.

设 $f(x,y)$ 是有界闭区域 D 上的有界函数. 将闭区域 D 任意分成 n 个小闭区域

$$\Delta\sigma_1, \Delta\sigma_2, \cdots, \Delta\sigma_n,$$

其中，$\Delta\sigma_i$ 表示第 i 个小闭区域，也表示它的面积. 在每个 $\Delta\sigma_i$ 上任取一点 (ξ_i,η_i)，作乘积 $f(\xi_i,\eta_i)\Delta\sigma_i(i=1,2,\cdots,n)$，并作和 $\sum_{i=1}^{n}f(\xi_i,\eta_i)\Delta\sigma_i$. 当各小闭区域的直径中的最大值 $\lambda\to 0$ 时，和的极限总存在，且与闭区域 D 的分法及点 (ξ_i,η_i) 的取法无关，那么此极限为函数 $f(x,y)$ 在闭区域 D 上的**二重积分**，记作 $\iint\limits_{D}f(x,y)\mathrm{d}\sigma$，即

$$\iint\limits_{D}f(x,y)\mathrm{d}\sigma = \lim_{\lambda\to 0}\sum_{i=1}^{n}f(\xi_i,\eta_i)\Delta\sigma_i.$$

其中，$f(x,y)$ 为**被积函数**，$f(x,y)\mathrm{d}\sigma$ 为**被积表达式**，$\mathrm{d}\sigma$ 为**面积元素**，x 与 y 为**积分变量**，D 为**积分区域**，$\sum_{i=1}^{n}f(\xi_i,\eta_i)\Delta\sigma_i$ 为**积分和**.

在二重积分的定义中对闭区域 D 的划分是任意的，如果在直角坐标系中用平行于坐标轴的直线网来划分 D，那么除了包含边界点的一些小闭区域，其余的小闭区域都是矩形闭区域. 设矩形闭区域 $\Delta\sigma_i$ 的边长为 Δx_j 和 Δy_k，则 $\Delta\sigma_i = \Delta x_j \cdot \Delta y_k$. 因此，在直角坐标系中，面积元素 $\mathrm{d}\sigma$ 可记作 $\mathrm{d}x\mathrm{d}y$，二重积分记作

$$\iint\limits_{D}f(x,y)\mathrm{d}x\mathrm{d}y.$$

需要指出的是，当函数 $f(x,y)$ 在闭区域 D 上连续时，$f(x,y)$ 在 D 上的二重积分必定存在. 我们总假定函数 $f(x,y)$ 在闭区域 D 上连续，所以 $f(x,y)$ 在 D 上的二重积分都是存在的，以后不再加以说明.

由二重积分的定义可知，曲顶柱体的体积是函数 $f(x,y)$ 在底 D 上的二重积分

$$V = \iint\limits_{D}f(x,y)\mathrm{d}\sigma,$$

平面薄片的质量是它的面密度 $\mu(x,y)$ 在薄片所占闭区域 D 上的二重积分

$$m = \iint\limits_{D}\mu(x,y)\mathrm{d}\sigma.$$

一般地，如果 $f(x,y)\geq 0$，二重积分的几何意义就是曲顶柱体的体积. 如果 $f(x,y)<0$，二重积分的值是负的，但其绝对值仍等于柱体的体积. 如果 $f(x,y)$ 在 D 的若干部分区域上是正的，而在其他部分区域上是负的，那么 $f(x,y)$ 在 D 上的二重积分就等于 xOy 面上方的柱体体积减去 xOy 面下方的柱体体积所得之差.

8.6.2 二重积分的性质

二重积分与定积分有类似的性质，现叙述如下：

性质 1 设 α 与 β 为常数，则

$$\iint\limits_{D}[\alpha f(x,y) + \beta g(x,y)]\mathrm{d}\sigma = \alpha\iint\limits_{D}f(x,y)\mathrm{d}\sigma + \beta\iint\limits_{D}g(x,y)\mathrm{d}\sigma.$$

性质 2 如果闭区域 D 被有限条曲线分为有限个部分闭区域，那么在 D 上的二重积分等于在各部分闭区域上的二重积分的和.

例如，D 分为两个闭区域 D_1 与 D_2，则

$$\iint\limits_{D}f(x,y)\mathrm{d}\sigma = \iint\limits_{D_1}f(x,y)\mathrm{d}\sigma + \iint\limits_{D_2}f(x,y)\mathrm{d}\sigma.$$

即二重积分对于积分区域具有**可加性**.

性质 3 如果在 D 上，$f(x,y) = 1$，σ 为 D 的面积，那么

$$\sigma = \iint\limits_{D} 1 \cdot \mathrm{d}\sigma = \iint\limits_{D} \mathrm{d}\sigma.$$

这一性质的几何意义很明显，因为高为 1 的平顶柱体的体积在数值上等于柱体的底面积.

性质 4 如果在 D 上，$f(x,y) \leqslant g(x,y)$，那么有

$$\iint\limits_{D} f(x,y) \mathrm{d}\sigma \leqslant \iint\limits_{D} g(x,y) \mathrm{d}\sigma.$$

例 比较二重积分 $\iint\limits_{D}(x+y)\mathrm{d}\sigma$ 与 $\iint\limits_{D}(x+y)^2\mathrm{d}\sigma$ 的大小，其中积分区域 $D = \{(x,y) \mid 1 \leqslant x \leqslant 3, 0 \leqslant y \leqslant 1\}$.

解 因为在积分区域 D 上 $x+y \geqslant 1$，所以 $x+y \leqslant (x+y)^2$，根据性质 4 可知，

$$\iint\limits_{D}(x+y)\mathrm{d}\sigma \leqslant \iint\limits_{D}(x+y)^2\mathrm{d}\sigma.$$

性质 5 设 M 和 m 分别是 $f(x,y)$ 在闭区域 D 上的最大值和最小值，σ 为 D 的面积，则有

$$m\sigma \leqslant \iint\limits_{D} f(x,y)\mathrm{d}\sigma \leqslant M\sigma.$$

上述不等式是对于二重积分估值的不等式. 因为 $m \leqslant f(x,y) \leqslant M$，所以由性质 4 有

$$\iint\limits_{D} m\mathrm{d}\sigma \leqslant \iint\limits_{D} f(x,y)\mathrm{d}\sigma \leqslant \iint\limits_{D} M\mathrm{d}\sigma,$$

应用性质 1 和性质 3，便得此估值不等式.

性质 6（二重积分的中值定理） 设函数 $f(x,y)$ 在闭区域 D 上连续，σ 为 D 的面积，则在 D 上至少存在一点 (ξ, η)，使得

$$\iint\limits_{D} f(x,y)\mathrm{d}\sigma = f(\xi, \eta)\sigma.$$

证 显然 $\sigma \neq 0$. 将性质 5 中不等式同除以 σ，有

$$m \leqslant \frac{1}{\sigma} \iint\limits_{D} f(x,y)\mathrm{d}\sigma \leqslant M.$$

这就是说，确定的数值 $\dfrac{1}{\sigma}\iint\limits_{D} f(x,y)\mathrm{d}\sigma$ 介于函数 $f(x,y)$ 的最大值 M 与最小值 m 之间. 根据闭区域上连续函数的介值定理，在 D 上至少存在一点 (ξ, η)，使得函数在该点的值与这个确定的数值相等，即

$$\frac{1}{\sigma}\iint\limits_{D} f(x,y)\mathrm{d}\sigma = f(\xi, \eta).$$

上式两端各乘以 σ，即得到所需要证明的公式.

习题 8.6

1. 根据给定的积分区域，计算 $\iint\limits_{D} \mathrm{d}\sigma$：

(1) 设 $D = \{(x,y) \mid x^2 + y^2 \leqslant 1\}$；

(2) 设 $D = \{(x,y) \mid 1 \leq x^2 + y^2 \leq 2\}$.

2. 根据二重积分的性质，比较下列二重积分的大小：

(1) $\iint\limits_{D}(x+y)\mathrm{d}\sigma$ 与 $\iint\limits_{D}(x+y)^2\mathrm{d}\sigma$，其中积分区域 D 是由 x 轴、y 轴与直线 $x+y=1$ 所围成；

(2) $\iint\limits_{D}(x+y)^2\mathrm{d}\sigma$ 与 $\iint\limits_{D}(x+y)^3\mathrm{d}\sigma$，其中积分区域 D 是由圆周 $(x-2)^2+(y-1)^2=2$ 所围成；

(3) $\iint\limits_{D}\ln(x+y)\mathrm{d}\sigma$ 与 $\iint\limits_{D}[\ln(x+y)]^2\mathrm{d}\sigma$，其中积分区域 D 是三角形区域，三顶点分别为 $(1,0)$、$(0,1)$、$(1,1)$；

(4) $\iint\limits_{D}[\ln(x+y)]^2\mathrm{d}\sigma$ 与 $\iint\limits_{D}[\ln(x+y)]^3\mathrm{d}\sigma$，其中积分区域 $D = \{(x,y) \mid 3 \leq x \leq 5, 0 \leq y \leq 1\}$.

3. 利用二重积分的性质估计下列积分的值：

(1) $I = \iint\limits_{D}(x+y)\mathrm{d}\sigma$，其中 $D = \{(x,y) \mid 0 \leq x \leq 1, 0 \leq y \leq 1\}$；

(2) $I = \iint\limits_{D}\mathrm{e}^{xy}\mathrm{d}\sigma$，其中 $D = \{(x,y) \mid 0 \leq x \leq 1, 0 \leq y \leq 2\}$.

8.7 二重积分的计算

对于一些特别简单的函数和比较特殊的积分区域，可以根据二重积分的定义计算二重积分，对于一般的二重积分，需要一种普遍适用的方法，这种方法就是把二重积分转化成二次积分（两次定积分）来计算.

8.7.1 利用直角坐标计算二重积分

设函数 $z = f(x,y) \geq 0$ 在有界闭区域连续；积分区域 D 是由两条平行直线 $x = a, x = b(a < b)$，两条曲线 $y = \varphi_1(x), y = \varphi_2(x)$ $[\varphi_1(x) \leq \varphi_2(x)]$ 所围成. 区域 D 如图 8-11 所示，可用不等式表示为

$$\varphi_1(x) \leq y \leq \varphi_2(x), a \leq x \leq b.$$

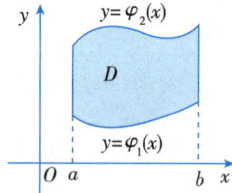 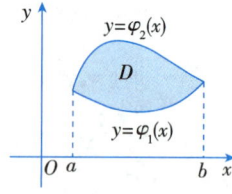

图 8-11

根据二重积分的几何意义，通过计算以曲面 $z = f(x,y)$ 为顶，以积分区域 D 为底的曲顶柱体的体积来说明二重积分的计算方法.

首先作平面 $x = x_0$，它与曲顶柱体相交所得截面是以区间 $[\varphi_1(x_0), \varphi_2(x_0)]$ 为底，$z = f(x_0, y)$ 为曲边的曲边梯形（图 8-12 中阴影部分）. 显然，该截面面积为

$$A(x_0) = \int_{\varphi_1(x_0)}^{\varphi_2(x_0)} f(x_0, y) \mathrm{d}y.$$

由 x_0 的任意性，过区间 $[a,b]$ 上任意一点 x 且平行于 yOz 面的平面，与曲顶柱体相交所得截面的

面积为
$$A(x) = \int_{\varphi_1(x)}^{\varphi_2(x)} f(x,y)\,\mathrm{d}y.$$

在区间 $[a,b]$ 上任取一个小区间 $[x,x+\mathrm{d}x]$，可得到一个小薄片立体，小薄片立体的体积可近似地看作以 $A(x)$ 为底，$\mathrm{d}x$ 为高的小直柱体的体积，即曲顶柱体体积 V 的微元为
$$\mathrm{d}V \approx A(x)\mathrm{d}x.$$

于是，所求曲顶柱体的体积为
$$V = \int_a^b A(x)\,\mathrm{d}x = \int_a^b \Big[\int_{\varphi_1(x)}^{\varphi_2(x)} f(x,y)\,\mathrm{d}y\Big]\mathrm{d}x.$$

图 8-12

从而得到
$$\iint_D f(x,y)\,\mathrm{d}\sigma = \int_a^b \Big[\int_{\varphi_1(x)}^{\varphi_2(x)} f(x,y)\,\mathrm{d}y\Big]\mathrm{d}x. \tag{8-7-1}$$

式(8-7-1)右端的积分为先对 y、后对 x 的二次积分. 也就是说，先把 x 看作常量，把 $f(x,y)$ 看作 y 的函数，对 y 积分，积分结果是 x 的函数，再对 x 积分. 此时积分区域 D 称为 **X 型区域**.

式(8-7-1)也可写作
$$\iint_D f(x,y)\,\mathrm{d}\sigma = \int_a^b \mathrm{d}x \int_{\varphi_1(x)}^{\varphi_2(x)} f(x,y)\,\mathrm{d}y. \tag{8-7-1'}$$

在上述讨论中，我们假定 $z=f(x,y)\geqslant 0$，但实际上式(8-7-1)的成立并不受此条件限制.

类似地，如果积分区域 D 是由两条平行直线 $y=c,y=d(c<d)$，两条曲线 $x=\psi_1(y),x=\psi_2(y)$ $[\psi_1(y)\leqslant \psi_2(y)]$ 所围成，区域 D 如图 8-13 所示，可用不等式表示为
$$\psi_1(y)\leqslant x\leqslant \psi_2(y),\ c\leqslant y\leqslant d.$$

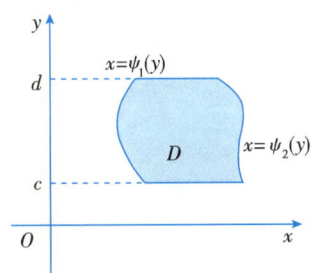
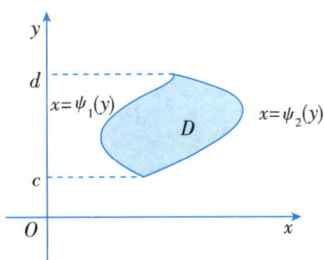

图 8-13

此时可得
$$\iint_D f(x,y)\,\mathrm{d}\sigma = \int_c^d \Big[\int_{\psi_1(y)}^{\psi_2(y)} f(x,y)\,\mathrm{d}x\Big]\mathrm{d}y. \tag{8-7-2}$$

式(8-7-2)右端的积分为先对 x、后对 y 的二次积分. 也就是说，先把 y 看作常量，把 $f(x,y)$ 看作 x 的函数，对 x 积分，积分结果是 y 的函数，再对 y 积分. 此时积分区域 D 称为 **Y 型区域**.

式(7-2)也可写作
$$\iint_D f(x,y)\,\mathrm{d}\sigma = \int_c^d \mathrm{d}y \int_{\psi_1(y)}^{\psi_2(y)} f(x,y)\,\mathrm{d}x. \tag{8-7-2'}$$

应用式(8-7-1)或式(8-7-2)时，积分区域 D 必须满足这样的条件：穿越区域 D 内部且平行于 y 轴（x 轴）的直线与区域 D 的边界相交不多于两点. 否则，应将 D 分成若干部分，使每一部分都符

合上述条件. 例如,在图 8 – 14 中,把 D 分为三部分,这三部分都属于 X 型区域,可以应用式(8 – 7 – 1). 根据二重积分的性质,区域 D 上的二重积分就等于这三部分上的二重积分的和.

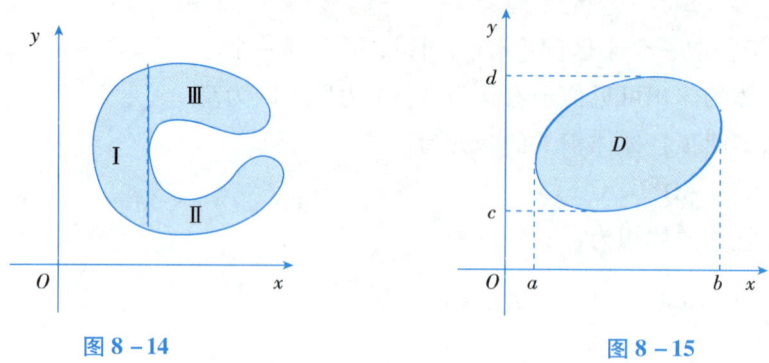

图 8 – 14　　　　　　　　　　图 8 – 15

如果积分区域 D 既是 X 型的,可用不等式 $a \leqslant x \leqslant b$,$\varphi_1(x) \leqslant y \leqslant \varphi_2(x)$ 表示,又是 Y 型的,可用不等式 $\psi_1(y) \leqslant x \leqslant \psi_2(y)$,$c \leqslant y \leqslant d$ 表示(图 8 – 15),则由式(8 – 7 – 1)及式(8 – 7 – 2)可得

$$\int_a^b \mathrm{d}x \int_{\varphi_1(x)}^{\varphi_2(x)} f(x,y) \mathrm{d}y = \int_c^d \mathrm{d}y \int_{\psi_1(y)}^{\psi_2(y)} f(x,y) \mathrm{d}x.$$

上式表明,这两个不同次序的二次积分相等. 也就是说,被积函数 $f(x,y)$ 在积分区域 D 上连续时,我们可以交换它在 D 上的两个二次积分的次序.

例 1　计算 $\iint_D \dfrac{x^2}{y^2} \mathrm{d}\sigma$,其中 D 是由曲线 $xy = 1$,直线 $x = 2$ 及 $y = x$ 所围成的闭区域.

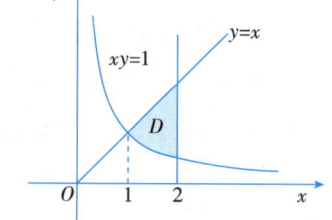

解　画出积分区域 D 如图 8 – 16 所示,显然区域 D 是 X 型区域,即

$$D = \left\{ (x,y) \,\middle|\, 1 \leqslant x \leqslant 2, \dfrac{1}{x} \leqslant y \leqslant x \right\}.$$

则

图 8 – 16

$$\begin{aligned}
\iint_D \dfrac{x^2}{y^2} \mathrm{d}\sigma &= \int_1^2 \mathrm{d}x \int_{\frac{1}{x}}^{x} \dfrac{x^2}{y^2} \mathrm{d}y \\
&= -\int_1^2 \left.\dfrac{x^2}{y}\right|_{\frac{1}{x}}^{x} \mathrm{d}x \\
&= -\int_1^2 (x - x^3) \mathrm{d}x \\
&= -\left(\dfrac{1}{2}x^2 - \dfrac{1}{4}x^4 \right) \bigg|_1^2 \\
&= \dfrac{9}{4}.
\end{aligned}$$

例 2　计算 $\iint_D xy \mathrm{d}\sigma$,其中 D 是由曲线 $y = x^2$ 及 $x = y^2$ 所围成的闭区域.

解　画出积分区域 D 如图 8 – 17 所示,显然区域 D 既是 X 型区域,又是 Y 型区域,

解法一　先对 y 后对 x 积分,区域 D 可表示为

$$D = \{ (x,y) \mid 0 \leqslant x \leqslant 1, x^2 \leqslant y \leqslant \sqrt{x} \}.$$

则

$$\iint_D xy\,d\sigma = \int_0^1 dx \int_{x^2}^{\sqrt{x}} xy\,dy$$
$$= \frac{1}{2}\int_0^1 xy^2 \Big|_{x^2}^{\sqrt{x}} dy$$
$$= \frac{1}{2}\int_0^1 (x^2 - x^5)\,dx$$
$$= \frac{1}{2}\left(\frac{1}{3}x^3 - \frac{1}{6}x^6\right)\Big|_0^1$$
$$= \frac{1}{12}.$$

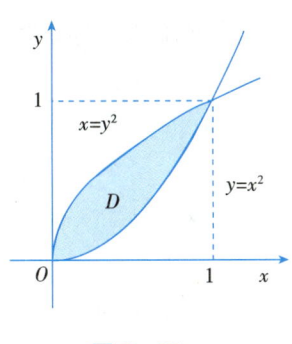

图 8 - 17

解法二 先对 x 后对 y 积分,区域 D 可表示为
$$D = \{(x,y) \mid y^2 \leqslant x \leqslant \sqrt{y},\, 0 \leqslant y \leqslant 1\}.$$
则
$$\iint_D xy\,d\sigma = \int_0^1 dy \int_{y^2}^{\sqrt{y}} xy\,dx = \frac{1}{12}.$$

例 3 计算 $\iint_D e^{\frac{x}{y}}\,d\sigma$,其中 D 是由曲线 $x = y^2$,直线 $x = 0$ 及 $y = 1$ 所围成的闭区域.

解 画出积分区域 D 如图 8 - 18 所示,显然区域 D 既是 X 型区域,又是 Y 型区域,但是 $e^{\frac{x}{y}}$ 关于 y 的原函数不能用初等函数表示,因此只能先对 x 后对 y 积分. 区域 D 可表示为
$$D = \{(x,y) \mid 0 \leqslant x \leqslant y^2,\, 0 \leqslant y \leqslant 1\}.$$

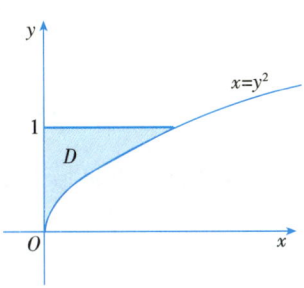

图 8 - 18

则
$$\iint_D e^{\frac{x}{y}}\,d\sigma = \int_0^1 dy \int_0^{y^2} e^{\frac{x}{y}}\,dx$$
$$= \int_0^1 y e^{\frac{x}{y}} \Big|_0^{y^2} dy$$
$$= \int_0^1 (y e^y - y)\,dy$$
$$= \frac{1}{2}.$$

8.7.2 利用极坐标计算二重积分

当积分区域为圆或圆的一部分,或被积函数为 $f(x^2 + y^2)$ 的形式时,采用极坐标计算二重积分较为简便.

在极坐标系下,我们用以极点 O 为中心的一族同心圆和自极点出发的一族射线,把积分区域 D 分割成 n 个小区域(图 8 - 19).

在 D 中取一个典型的小区域 $\Delta\sigma$,它可以近似地看成以 $rd\theta$ 为长、dr 为宽的小矩形. 因此,面积元素
$$d\sigma = r\,dr\,d\theta.$$

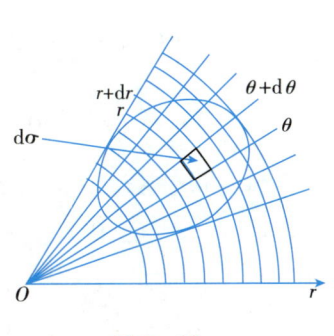

图 8 - 19

在选取极坐标系时，若以直角坐标系的原点为极点，以 x 轴为极轴，则直角坐标与极坐标的关系为

$$\begin{cases} x = r\cos\theta, \\ y = r\sin\theta, \end{cases}$$

被积函数 $f(x,y)$ 可化为 r 和 θ 的函数

$$f(x,y) = f(r\cos\theta, r\sin\theta).$$

这样就得到极坐标系下二重积分的计算公式

$$\iint_D f(x,y) d\sigma = \iint_D f(r\cos\theta, r\sin\theta) r dr d\theta.$$

极坐标系中的二重积分同样可以转化为二次积分来计算.

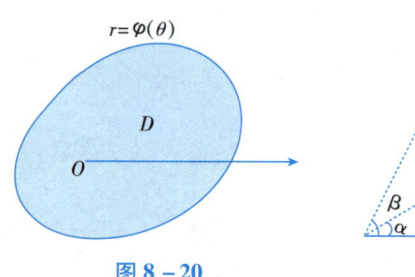
图 8-20

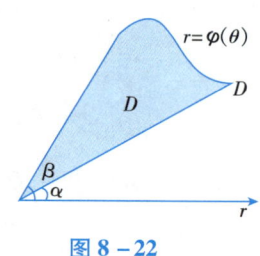
图 8-21　　图 8-22

若极点 O 在区域 D 的内部，此时区域 D 如图 8-20 所示，可用不等式表示为

$$0 \leqslant r \leqslant \varphi(\theta), 0 \leqslant \theta \leqslant 2\pi.$$

于是，

$$\iint_D f(r\cos\theta, r\sin\theta) r dr d\theta = \int_0^{2\pi} d\theta \int_0^{\varphi(\theta)} f(r\cos\theta, r\sin\theta) r dr.$$

若极点 O 在区域 D 的外部，此时区域 D 如图 8-21 所示，可用不等式表示为

$$\varphi_1(\theta) \leqslant r \leqslant \varphi_2(\theta), \alpha \leqslant \theta \leqslant \beta.$$

于是，

$$\iint_D f(r\cos\theta, r\sin\theta) r dr d\theta = \int_\alpha^\beta d\theta \int_{\varphi_1(\theta)}^{\varphi_2(\theta)} f(r\cos\theta, r\sin\theta) r dr.$$

若极点 O 在区域 D 的边界上，此时区域 D 如图 8-22 所示，可用不等式表示为

$$0 \leqslant r \leqslant \varphi(\theta), \alpha \leqslant \theta \leqslant \beta.$$

于是，

$$\iint_D f(r\cos\theta, r\sin\theta) r dr d\theta = \int_\alpha^\beta d\theta \int_0^{\varphi(\theta)} f(r\cos\theta, r\sin\theta) r dr.$$

例 4 计算 $\iint_D e^{x^2+y^2} d\sigma$，其中 D 是由圆周 $x^2 + y^2 = 4$ 所围成的闭区域.

解 积分区域 D 如图 8-23 所示，可表示为

$$D = \{(r,\theta) | 0 \leqslant r \leqslant 2, 0 \leqslant \theta \leqslant 2\pi\},$$

则

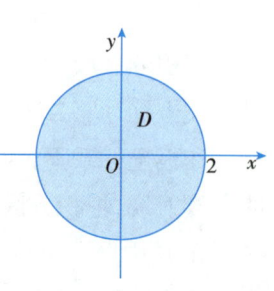
图 8-23

$$\iint_D e^{x^2+y^2} d\sigma = \int_0^{2\pi} d\theta \int_0^2 e^{r^2} r dr$$
$$= \frac{1}{2} \cdot 2\pi \int_0^2 e^{r^2} dr^2$$
$$= \pi e^{r^2} \Big|_0^2$$
$$= \pi(e^4 - 1).$$

例 5 计算 $\iint_D \sqrt{x^2+y^2} d\sigma$,其中 D 是由圆周 $x^2+y^2=9$ 和 $x^2+y^2=1$ 与直线 $y=x, y=0$ 所围成的第一象限闭区域.

解 积分区域 D 如图 8-24 所示,可表示为
$$D = \left\{(r,\theta) \Big| 1 \leqslant r \leqslant 3, 0 \leqslant \theta \leqslant \frac{\pi}{4}\right\},$$

则

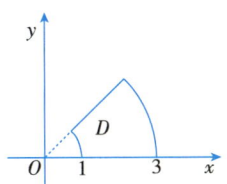

图 8-24

$$\iint_D \sqrt{x^2+y^2} d\sigma = \int_0^{\frac{\pi}{4}} d\theta \int_1^3 \sqrt{r^2} r dr$$
$$= \frac{\pi}{4} \int_1^3 r^2 dr$$
$$= \frac{\pi}{4} \cdot \frac{1}{3} r^3 \Big|_1^3$$
$$= \frac{13\pi}{6}.$$

例 6 计算 $\iint_D \frac{y^2}{x^2} d\sigma$,其中 D 是由 $x^2+y^2=2x$ 所围成的闭区域.

解 积分区域 D 如图 8-25 所示,可表示为
$$D = \left\{(r,\theta) \Big| 0 \leqslant r \leqslant 2\cos\theta, -\frac{\pi}{2} \leqslant \theta \leqslant \frac{\pi}{2}\right\},$$

则

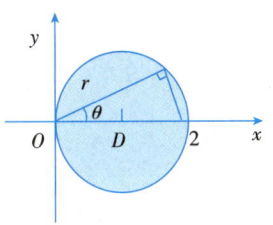

图 8-25

$$\iint_D \frac{y^2}{x^2} d\sigma = \int_{-\frac{\pi}{2}}^{\frac{\pi}{2}} d\theta \int_0^{2\cos\theta} \frac{\sin^2\theta}{\cos^2\theta} r dr = \int_{-\frac{\pi}{2}}^{\frac{\pi}{2}} 2\sin^2\theta d\theta = \pi.$$

习题 8.7

1. 画出二重积分的积分区域 D,并将 $\iint_D f(x,y) d\sigma$ 转化为二次积分:

(1) D 是由 $y=1, x=2$ 及 $y=x$ 所围成的闭区域;

(2) D 是由 $y=2, y=x$ 及 $y=2x$ 所围成的闭区域.

2. 交换下列二次积分的次序:

(1) $\int_0^1 dy \int_0^y f(x,y) dx$;

(2) $\int_1^e dx \int_0^{\ln x} f(x,y) dy$.

3. 计算下列二重积分：

（1）$\iint\limits_{D}(x^2+y^2)\mathrm{d}\sigma$，其中 $D=\{(x,y)\mid |x|\leqslant 1,|y|\leqslant 1\}$；

（2）$\iint\limits_{D}\dfrac{x}{y}\mathrm{d}\sigma$，其中 D 是由直线 $y=1,x=2$ 及 $y=x$ 所围成的闭区域；

（3）$\iint\limits_{D}xy\mathrm{d}\sigma$，其中 D 是由抛物线 $y^2=x$ 及直线 $y=x-2$ 所围成的闭区域；

（4）$\iint\limits_{D}\mathrm{e}^{x^2}\mathrm{d}\sigma$，其中 D 是由直线 $y=x,x=1$ 及 x 轴所围成的闭区域.

4. 利用极坐标计算下列积分：

（1）$\iint\limits_{D}\sqrt{x^2+y^2}\mathrm{d}\sigma$，其中 D 是由圆周 $x^2+y^2=4$ 所围成的闭区域；

（2）$\iint\limits_{D}(x^2+y^2)\mathrm{d}\sigma$，其中 D 是由圆周 $x^2+y^2=1$ 及坐标轴所围成的在第一象限的闭区域；

（3）$\iint\limits_{D}\dfrac{1}{\sqrt{x^2+y^2}}\mathrm{d}\sigma$，其中 D 是由圆周 $x^2+y^2=2x$ 与坐标轴所围成的在第一象限的闭区域.

复习与提问

一、知识框图

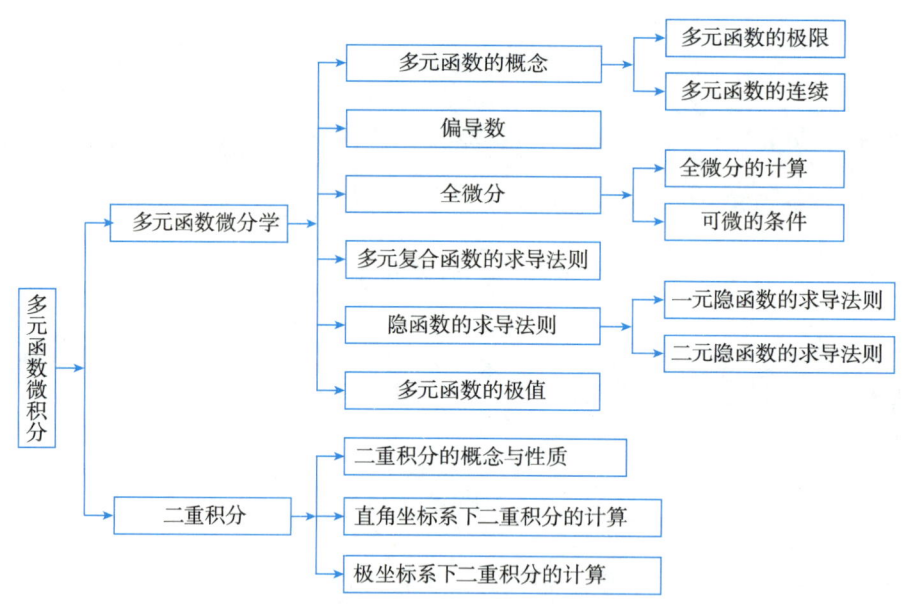

二、内容总结

1. 多元函数微分学

（1）如果函数 $z=f(x,y)$ 的两个二阶混合偏导数 $\dfrac{\partial^2 z}{\partial x\partial y}$、$\dfrac{\partial^2 z}{\partial y\partial x}$ 在区域 D 上_____，那么在该区域内两个混合偏导数一定相等.

（2）函数 $z=f(x,y)$ 在点 (x,y) 的偏导数 $\dfrac{\partial z}{\partial x}$ 及 $\dfrac{\partial z}{\partial y}$ 存在是 $f(x,y)$ 在该点可微分的_____条件.

(3)设函数 $z=f(x,y)$ 在点 (x_0,y_0) 具有偏导数,且在点 (x_0,y_0) 处有极值,则点 (x_0,y_0) 必定是 $f(x,y)$ 的_____.

2. 二重积分

(1)函数 $f(x,y)$ 在闭区域 D 上的二重积分记作 $\iint\limits_{D} f(x,y)\mathrm{d}\sigma$,即

$$\iint\limits_{D} f(x,y)\mathrm{d}\sigma = \lim_{\lambda \to 0}\sum_{i=1}^{n}f(\xi_i,\eta_i)\Delta\sigma_i.$$

其中 $f(x,y)$ 叫作_____,$f(x,y)\mathrm{d}\sigma$ 叫作_____,$\mathrm{d}\sigma$ 叫作_____,x 与 y 叫作_____,D 叫作_____,$\sum_{i=1}^{n}f(\xi_i,\eta_i)\Delta\sigma_i$ 叫作_____.

(2)二重积分的计算方法,是把二重积分转化成_____来计算,$\iint\limits_{D} f(x,y)\mathrm{d}\sigma = \int_a^b \mathrm{d}x \int_{\varphi_1(x)}^{\varphi_2(x)} f(x,y)\mathrm{d}y$ 称为_____的二次积分,$\iint\limits_{D} f(x,y)\mathrm{d}\sigma = \int_c^d \mathrm{d}y \int_{\psi_1(y)}^{\psi_2(y)} f(x,y)\mathrm{d}x$ 称为_____的二次积分.

复习题 8

一、选择题

1. 已知 $z = \mathrm{e}^{xy}$,则 $\dfrac{\partial z}{\partial x} = (\quad)$.

   A. $y\mathrm{e}^{xy}$ B. $x\mathrm{e}^{xy}$ C. $xy\mathrm{e}^{xy}$ D. e^{xy}

2. 设 $z = \mathrm{e}^{x^2+y^2}$,则 $\mathrm{d}z = (\quad)$.

   A. $2\mathrm{e}^{x^2+y^2}(x\mathrm{d}x + y\mathrm{d}y)$ B. $2\mathrm{e}^{x^2+y^2}(x\mathrm{d}y + y\mathrm{d}x)$

   C. $\mathrm{e}^{x^2+y^2}(x\mathrm{d}x + y\mathrm{d}y)$ D. $2\mathrm{e}^{x^2+y^2}(\mathrm{d}x^2 + \mathrm{d}y^2)$

3. 二元函数 $f(x,y)$ 的偏导数 $\dfrac{\partial z}{\partial x}$ 及 $\dfrac{\partial z}{\partial y}$ 在点 (x,y) 连续是 $f(x,y)$ 在该点可微分的(　　).

   A. 必要而不充分条件   B. 充分而不必要条件

   C. 必要且充分条件   D. 既不必要也不充分条件

4. 二重积分 $\iint\limits_{D} f(x,y)\mathrm{d}\sigma$ 在极坐标系下的面积元素为(　　).

   A. $\mathrm{d}\sigma = \mathrm{d}x\mathrm{d}y$ B. $\mathrm{d}\sigma = r\mathrm{d}r\mathrm{d}\theta$

   C. $\mathrm{d}\sigma = \mathrm{d}r\mathrm{d}\theta$ D. $\mathrm{d}\sigma = r^2\sin\theta \mathrm{d}r\mathrm{d}\theta$

5. 二元函数 $f(x,y)$ 是连续函数,则 $\int_0^1 \mathrm{d}x \int_0^x f(x,y)\mathrm{d}y = (\quad)$.

   A. $\int_0^1 \mathrm{d}y \int_0^y f(x,y)\mathrm{d}x$ B. $\int_0^1 \mathrm{d}y \int_0^1 f(x,y)\mathrm{d}x$

   C. $\int_0^1 \mathrm{d}y \int_1^y f(x,y)\mathrm{d}x$ D. $\int_0^1 \mathrm{d}y \int_y^1 f(x,y)\mathrm{d}x$

二、填空题

1. 二元函数 $z = \dfrac{1}{\sqrt{2-x^2-y^2}}$ 的定义域为_____.

2. 二重极限 $\lim\limits_{\substack{x\to 0\\ y\to 1}}\dfrac{1-xy}{x^2+y^2}=$ _____.

3. 设 $z=y\ln(xy)$，则 $\left.\dfrac{\partial z}{\partial x}\right|_{\substack{x=1\\y=2}}=$ _____，$\left.\dfrac{\partial z}{\partial y}\right|_{\substack{x=1\\y=2}}=$ _____.

4. 设 $D=\{(x,y)\mid 1\leqslant x^2+y^2\leqslant 4\}$，则 $\iint\limits_{D}\mathrm{d}\sigma=$ _____.

5. 已知 D 是由 $y=x^2,y=x$ 所围成的闭区域，则二重积分 $\iint\limits_{D}f(x,y)\mathrm{d}\sigma$ 转化为二次积分为 _____.

三、解答题

1. 已知 $z=x^4+y^4-4x^2y^2$，求 $\dfrac{\partial^2 z}{\partial x\partial y}$.

2. 求由方程 $e^z-xyz=0$ 所确定的二元函数 $z=f(x,y)$ 的全微分 $\mathrm{d}z$.

3. 求函数 $f(x,y)=e^{2x}(x+y^2+2y)$ 的极值.

4. 求 $\iint\limits_{D}(3x+2y)\mathrm{d}x\mathrm{d}y$，其中 D 是由两坐标轴与直线 $x+y=2$ 所围成的闭区域.

5. 计算二重积分 $\iint\limits_{D}x^2y^2\mathrm{d}x\mathrm{d}y$，其中 D 为 $x^2+y^2\leqslant 2x$ 与 $y\geqslant 0$ 两个区域的公共部分.

阅读与欣赏

多元函数微积分的发展及应用

多元微积分是在一元微积分基本思想的发展和应用中自然而然形成的，是微积分学的一个重要组成部分，其基本概念是在描述和分析物理现象和规律中产生的.

偏导数的朴素思想，在微积分学创立的初期就多次出现在力学研究的著作中. 在这一时期导数与偏导数并没有明显地被区分开，人们只是注意到其物理意义不同. 牛顿从和的多项式中导出关于和的偏微商的表达式. 雅各布·伯努利（Jakob Bernoulli,1655—1705）在他关于等周问题的著作中使用了偏导数. 尼古拉·伯努利（Nicolaus Bernoulli,1687—1759）在其 1720 年的一篇关于正交轨线的文章中也使用了偏导数.

偏导数的理论是由欧拉和法国数学家方丹（Alexis Fontaine des Bertins,1705—1771）、克莱罗（A. C. Clairaut,1713—1765）与达朗贝尔（Jean le Rond D″Alembert,1717—1783）在早期偏微分方程的研究中建立起来的. 欧拉在其关于流体力学的一系列文章中给出了偏导数运算法则、复合函数偏导数等有关运算. 1739 年，克莱罗在其关于地球形状的研究论文中首次提出全微分的概念，建立了现在称为全微分方程的一个方程，并讨论了该方程可积分的条件. 达朗贝尔在其 1743 年的著作《动力学》和 1747 年关于弦振动的研究中推广了偏导数的计算. 不过当时一般用同一个记号 d 表示导数与偏导数. 现在使用的偏导数记号直到 19 世纪 40 年代才由雅可比（C. G. J. Jacobi,1804—1851）在其行列式理论中正式创用并逐渐普及.

关于重积分的概念，牛顿在他的《自然哲学的原理》中讨论球与球壳作用于质点上的万有引力时就已经涉及，但他是用几何形式论述的. 18 世纪上半叶，牛顿的工作得以推广. 1748 年，欧拉用累次积分算出了一椭圆薄片对其中心正上方一质点的引力的重积分. 1769 年，欧拉建立了平面有界区域上二重积分理论,给出了用累次积分计算二重积分的方法. 拉格朗日(J. L. Lagrange,1736—1813)在其关于旋转椭球引力的著作中用三重积分表示引力,为了克服计算中的困难,利用球坐标建立了有关的积分变换公式,开始了多重积分变换的研究. 与此同时,拉普拉斯(P. S. Laplace,1749—1827)也使用了球坐标变换. 1828 年,俄国数学家奥斯特洛格拉茨基在研究热传导理论的过程中证明了关于三重积分和曲面积分之间关系的公式,现在称为奥斯特洛格茨基 – 高斯公式(高斯也独立地证明过这个公式). 同年,英国数学家格林(G. Green,1793—1841)在研究位势方程时得到了著名的格林公式.

1833 年以后,德国数学家雅可比建立了多重积分变量替换的雅可比行列式. 与此同时,奥斯特洛格拉茨基不仅得到了二重积分和三重积分的变换公式,而且把奥斯特洛格茨基 – 高斯公式推广到 n 维的情形,变量替换中涉及的曲线积分与曲面积分也在这一时期得到明确的概念和系统的研究. 1854 年,英国数学物理学家斯托克斯(G. G. Stokes,1819—1903)把格林公式推广到三维空间,建立了著名的斯托克斯定理. 多元微积分和一元微积分随着其理论分析的发展在数学物理的许多领域获得广泛的应用.

数学实验

Matlab 应用之求偏导数和二重积分

一、相关命令

Matlab 中有关求函数导数的命令函数如下:

1. diff(f,x)用于求函数表达式 f 对自变量 x 的一阶导数;
2. diff(f,x,2)用于求函数表达式 f 对自变量 x 的二阶导数;
3. diff(f,x,n)用于求函数表达式 f 对自变量 x 的 n 阶导数;
4. subs(f,x,a)用于求函数表达式 f 的导数在 $x = a$ 处的导数;
5. diff(z,y,2)用于求函数表达式 f 对自变量 y 的二阶偏导数;
6. diff(diff(z,x),y)用于求函数表达式 f 对自变量先 x 再 y 混合二阶偏导数;
7. diff(diff(z,y),x)用于求函数表达式 f 对自变量先 y 再 x 混合二阶偏导数;
8. int(f,x,a,b)用于求函数 f 对变量 x 从 a 到 b 的积分,int(int(f,x,a,b),y,c,d) 用于求函数 f 对变量 y 从 c 到 d 的积分.

二、操作实例

1. 利用 Matlab 求偏导数

例1 已知二元函数 $z = \ln(x^2 + y^2)$,求 $\dfrac{\partial z}{\partial x}, \dfrac{\partial z}{\partial y}, \dfrac{\partial z}{\partial x}\Big|_{(1,3)}$.

解 在命令行窗口中输入

```
>>syms x y              %定义符号变量 x,y
>>z = log(x^2 + y^2)    %定义二元函数
>>zx = diff(z,x), zy = diff(z,y)   %求二元函数的偏导数
```

按 Enter 键,得到以下计算结果:

zx =

(2*x)/(x^2 + y^2)

zy =

(2*y)/(x^2 + y^2)
>>subs(zx,[x,y],[1,3])   %求二元函数的关于x偏导数在(1,3)处的值
ans =
1/5

即所求函数的偏导数为

$$\frac{\partial z}{\partial x} = \frac{2x}{x^2+y^2}, \frac{\partial z}{\partial y} = \frac{2y}{x^2+y^2}, \frac{\partial z}{\partial x}\bigg|_{(1,3)} = \frac{1}{5}.$$

例2 已知二元函数 $z = x^3 + 3y^2 - 2xy^3$，求 $\frac{\partial^2 z}{\partial x^2}, \frac{\partial^2 z}{\partial y^2}, \frac{\partial^2 z}{\partial x \partial y}$.

解 在命令行窗口中输入

>>syms x y   %定义符号变量 x, y
>>z = x^3 + 3*y^2 - 2*x*y^3   %定义二元函数
>>zx = diff(z,x)   %求二元函数关于变量 x 的一阶偏导数
>>zxx = diff(z,x,2), zyy = diff(z,y,2), zxy = diff(zx,y)   %求二元函数二阶偏导数

按 Enter 键，得到以下计算结果：

zxx =
6*x
zyy =
6 - 12*x*y
zxy =
-6*y^2

即所求函数的二阶偏导数为

$$\frac{\partial^2 z}{\partial x^2} = 6x, \frac{\partial^2 z}{\partial y^2} = 6 - 12xy, \frac{\partial^2 z}{\partial x \partial y} = -6y^2.$$

例3 求由方程 $e^y = 2xy$ 确定的隐函数 $y = f(x)$ 的导数 $\frac{dy}{dx}$.

解 在命令行窗口中输入

>>syms x y
>>F = exp(y) - 2*x*y
>>Fx = diff(F,x)
>>Fy = diff(F,y)
>>dydx = -Fx/Fy

按 Enter 键，得到以下计算结果：

dydx = 2*y/(exp(y) - 2*x)

即 $$\frac{dy}{dx} = \frac{2y}{e^y - 2x}.$$

例4 求由方程 $e^z - 2xyz = 3$ 确定的隐函数 $z = f(x,y)$ 的偏导数 $\frac{\partial z}{\partial x}, \frac{\partial z}{\partial y}$.

解 在命令行窗口中输入

```
>> syms x y z
>> F = exp(z) - 2*x*y*z - 3
>> Fx = diff(F,x), Fy = diff(F,y), Fz = diff(F,z)
>> zx = -Fx/Fz, zy = -Fy/Fz
```

按 Enter 键,得到以下计算结果:

zx =
(2*y*z)/(exp(z) - 2*x*y)
zy =
(2*x*z)/(exp(z) - 2*x*y)

即所求隐函数的偏导数为

$$\frac{\partial z}{\partial x} = \frac{2yz}{e^z - 2xy}, \frac{\partial z}{\partial y} = \frac{2xz}{e^z - 2xy}.$$

求多元函数的全微分同一元函数的微分,主要是求多元函数的偏导数,因此求解仍使用求偏导数的命令函数,在此不再赘述.

2. 利用 Matlab 求二重积分

Matlab 没有提供直接计算二重积分的命令函数. 计算二重积分的基本思想是转化为两次定积分进行计算,因此在 Matlab 中仍使用积分命令函数 int( ) 来计算二重定积分. 例如,计算 $\iint\limits_{[a,b]\times[c,d]} f(x,y)\mathrm{d}\sigma$ 根据二次积分的积分次序不同,可用命令函数 int(int(f,x,a,b),y,c,d) 或者 int(int(f,y,c,d),x,a,b).

例 5 计算二重积分 $I = \iint\limits_{D} xy\mathrm{d}\sigma$,其中 D 是由曲线 $y = x^2$ 及 $x = y^2$ 所围成的闭区域.

解 画出积分区域 D(图 8-26),先对 y 后对 x 积分,积分变量 x,y 的范围可表示为 $x^2 \leq y \leq \sqrt{x}, 0 \leq x \leq 1$,将二重积分 $I = \iint\limits_{D} xy\mathrm{d}\sigma$ 转化为二次积分 $I = \int_0^1 \mathrm{d}x \int_{x^2}^{\sqrt{x}} xy\mathrm{d}y$,具体操作如下.

在命令行窗口中输入

```
>> syms x y                      %定义符号变量 x,y
>> x = linspace(0,1)             %将[0,1]等分为 100 份
>> y1 = x^2, y2 = sqrt(x)        %定义曲线
>> plot(x,0,x,y1,x,y2)           %在同一坐标系中画出两条曲线,积分区域 D 图 8-26 所示
>> fy = int((x*y),y, x^2, sqrt(x))    %先对 y 积分
fy =
-(x^2*(x^3 - 1))/2
>> I = int(fy,x,0,1)             %再对 x 积分
I =
1/12
```

即 $I = \iint\limits_{D} xy\mathrm{d}\sigma = \frac{1}{12}$.

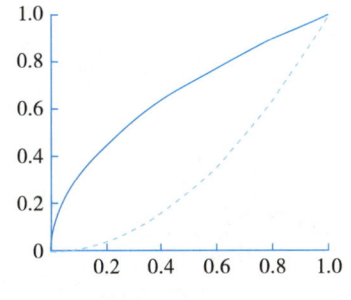

图 8-26

例6 计算二重积分 $I = \iint\limits_{D} e^{x^2+y^2} d\sigma$,其中 D 是由圆周 $x^2 + y^2 = 4$ 所围成的闭区域.

解 积分区域 D 为圆域(图8-27),转化为极坐标下计算二重积分,作坐标变换 $x = r\cos\theta, y = r\sin\theta$,其中 $0 \leq r \leq 2, 0 \leq \theta \leq 2\pi$,将二重积分 $I = \iint\limits_{D} e^{x^2+y^2} d\sigma$ 转化为二次积分 $I = \int_0^{2\pi} d\theta \int_0^2 e^{r^2} r dr$.

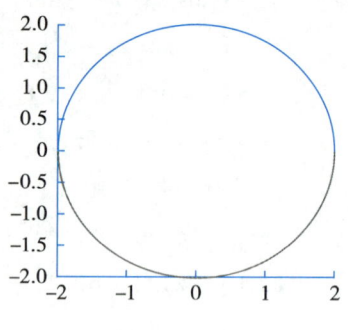

图 8-27

在命令行窗口中输入

```
>> syms x y r theta            % 定义符号变量
>> x = linspace(-2,2), y = linspace(-2,2)
>> y1 = -sqrt(4-x^2), y2 = sqrt(4-x^2)   % 定义曲线
>> plot(x,-2,x,y1,x,y2)        % 画曲线
>> fr = int((r*exp(r^2)),r,0,2)   % 先对 r 积分
fr =
exp(4)/2 - 1/2
>> I = int(fr,theta,0,2*pi)    % 再对 θ 积分
I =
pi*(exp(4) - 1)
```

即二重积分 $I = \iint\limits_{D} e^{x^2+y^2} d\sigma = \pi(e^4 - 1)$.

第九章

无穷级数

在生产实际中经常会遇到函数值的近似计算以及将一个非初等函数表示为简单的多项式函数等问题,无穷级数就是解决这一问题的有力工具. 级数理论不仅在许多数学分支中占有重要地位,而且在通信技术、电气工程等科学技术领域的应用十分广泛.

本章首先介绍级数的基本概念、性质及常数项级数敛散性的判定方法,然后讨论一类最重要的函数项级数:幂级数,主要讲述幂级数的基本性质、将函数展开成幂级数的基本知识.

学习目标

1. 理解无穷级数及其收敛、发散的概念,了解级数的性质;

2. 掌握正项级数敛散性的比较判别法、比值判别法及交错级数敛散性的判别法,了解绝对收敛与条件收敛的概念;

3. 理解幂级数的概念,掌握收敛半径的求法及幂级数的性质,了解函数展开成幂级数的直接方法和间接方法.

9.1 级数的概念与性质

1. 级数的概念

在《庄子·天下篇》中有"一尺之棰,日取其半,万世不竭"之说. 每天截下的木杖的长度构成一个数列:$\frac{1}{2}, \frac{1}{4}, \frac{1}{8}, \cdots, \frac{1}{2^n}, \cdots$,这是一个公比为 $\frac{1}{2}$ 的等比数列. 如果把每天截下的木杖再"加"起来,就得到

$$\frac{1}{2} + \frac{1}{4} + \frac{1}{8} + \cdots + \frac{1}{2^n} + \cdots.$$

显然,再"加"起来的仍然是"一尺之棰",即

$$\frac{1}{2} + \frac{1}{4} + \frac{1}{8} + \cdots + \frac{1}{2^n} + \cdots = 1. \tag{9-1-1}$$

式(9-1-1)的左端是无穷多个数相加,称为无穷级数.

一般地,给定一个无穷数列 $\{u_n\}:u_1,u_2,u_3,\cdots,u_n,\cdots$,将其每一项依次相加的表达式

$$u_1+u_2+u_3+\cdots+u_n+\cdots$$

称为**无穷级数**,简称**级数**,记作 $\sum_{n=1}^{\infty}u_n$. u_1 为级数的第一项, u_2 为级数的第二项, $\cdots$, u_n 为第 n 项,也称为级数的**一般项**. $\sum_{n=1}^{\infty}u_n$ 是无穷多个数相加,称为**常数项级数**.

用 $S_1,S_2,\cdots,S_n,\cdots$ 分别表示第一天截下的木杖长之和,前两天截下的木杖长之和,$\cdots$,前 n 天截下的木杖长之和,$\cdots$

$$S_1=\frac{1}{2},S_2=\frac{1}{2}+\frac{1}{4},\cdots,S_n=\frac{1}{2}+\frac{1}{4}+\frac{1}{8}+\cdots+\frac{1}{2^n}+\cdots.$$

这样就得到了一个数列 $\{S_n\}$:

$$S_1,S_2,\cdots,S_n,\cdots.$$

不难想象,如果天数 n 无限增大, $S_n=\frac{1}{2}+\frac{1}{4}+\frac{1}{8}+\cdots+\frac{1}{2^n}$ 的极限就是每天截下的木杖再"加"起来的和.

一般地,级数的前 n 项和

$$S_n=u_1+u_2+u_3+\cdots+u_n=\sum_{k=1}^{n}u_k$$

称为级数 $\sum_{n=1}^{\infty}u_n$ 的**前 n 项部分和**,简称**部分和**. 当 n 依次取 $1,2,3,\cdots$ 时,所有部分和构成一个新数列 $\{S_n\}$:

$$S_1=u_1,S_2=u_1+u_2,\cdots,S_n=u_1+u_2+u_3+\cdots+u_n,\cdots.$$

称数列 $\{S_n\}$ 为级数 $\sum_{n=1}^{\infty}u_n$ 的**部分和数列**. 根据这个数列是否有极限,我们引入级数 $\sum_{n=1}^{\infty}u_n$ 收敛与发散的概念.

对于级数 $\sum_{n=1}^{\infty}u_n$,若它的前 n 项部分和数列 $\{S_n\}$ 有极限,即存在常数 S,使得

$$\lim_{n\to\infty}S_n=S,$$

则称级数 $\sum_{n=1}^{\infty}u_n$ **收敛**,并称 S 为**级数的和**,记作

$$S=\sum_{n=1}^{\infty}u_n=u_1+u_2+u_3+\cdots+u_n+\cdots.$$

级数敛散性的概念

此时,也称级数 $\sum_{n=1}^{\infty}u_n$ **收敛于** S,若极限 $\lim_{n\to\infty}S_n$ 不存在,则称级数 $\sum_{n=1}^{\infty}u_n$ **发散**.

可见,只有收敛的级数才有和 S,发散的级数 $\sum_{n=1}^{\infty}u_n$ 没有和. 级数收敛,就是它的部分和数列有极限,于是判断级数的敛散性就转化为判断它的部分和数列的极限是否存在.

例1 讨论等比级数(几何级数) $\sum_{n=1}^{\infty}aq^{n-1}$ 的敛散性. 其中 $a\neq 0$, q 为公比.

解 级数的部分和

$$S_n = a + aq + aq^2 + \cdots + aq^{n-1} = \begin{cases} \dfrac{a - aq^n}{1 - q}, & q \neq 1, \\ na, & q = 1. \end{cases}$$

(1) 当 $|q| < 1$ 时，$\lim\limits_{n \to \infty} S_n = \lim\limits_{n \to \infty} \dfrac{a - aq^n}{1 - q} = \dfrac{a}{1 - q}$，级数收敛，其和为 $\dfrac{a}{1 - q}$.

(2) 当 $|q| > 1$ 时，$\lim\limits_{n \to \infty} S_n = \lim\limits_{n \to \infty} \dfrac{a - aq^n}{1 - q} = \infty$，级数发散.

(3) 当 $q = 1$ 时，级数为

$$a + a + a + \cdots + a + \cdots.$$

由于 $\lim\limits_{n \to \infty} S_n = \lim\limits_{n \to \infty} na = \infty$，所以级数发散.

(4) 当 $q = -1$ 时，级数为

$$a - a + a - a + \cdots.$$

由于
$$S_n = \begin{cases} 0, & n \text{ 为偶数}, \\ a, & n \text{ 为奇数}. \end{cases}$$

故 $\lim\limits_{n \to \infty} S_n$ 不存在，等比级数发散.

综上所述，当 $|q| < 1$ 时，等比级数 $\sum\limits_{n=1}^{\infty} aq^{n-1}$ 收敛于 $\dfrac{a}{1 - q}$；当 $|q| \geq 1$ 时，等比级数 $\sum\limits_{n=1}^{\infty} aq^{n-1}$ 发散.

例 2 判断级数 $\sum\limits_{n=1}^{\infty} \dfrac{1}{n(n+1)}$ 的敛散性.

解 因为级数的一般项为

$$\dfrac{1}{n(n+1)} = \dfrac{1}{n} - \dfrac{1}{n+1},$$

所以级数的部分和

$$S_n = \dfrac{1}{1 \times 2} + \dfrac{1}{2 \times 3} + \cdots + \dfrac{1}{n(n+1)}$$

$$= \left(1 - \dfrac{1}{2}\right) + \left(\dfrac{1}{2} - \dfrac{1}{3}\right) + \cdots \left(\dfrac{1}{n} - \dfrac{1}{n+1}\right)$$

$$= 1 - \dfrac{1}{n+1}.$$

而
$$\lim\limits_{n \to \infty} S_n = \lim\left(1 - \dfrac{1}{n+1}\right) = 1,$$

从而级数收敛，其和为 1.

例 3 判断级数 $\sum\limits_{n=1}^{\infty} \ln \dfrac{n+1}{n}$ 的敛散性.

解 因为级数的一般项为

$$\ln \dfrac{n+1}{n} = \ln(n+1) - \ln n,$$

所以级数的部分和

$$S_n = \ln \dfrac{2}{1} + \ln \dfrac{3}{2} + \cdots + \ln \dfrac{n+1}{n}$$

$$= (\ln2 - \ln1) + (\ln3 - \ln2) + \cdots + [\ln(n+1) - \ln n]$$
$$= \ln(n+1).$$

而
$$\lim_{n \to \infty} S_n = \lim_{n \to \infty} \ln(n+1) = +\infty,$$

所以级数发散.

2. 级数的基本性质

性质 1 若级数 $\sum_{n=1}^{\infty} u_n$ 与 $\sum_{n=1}^{\infty} v_n$ 分别收敛于 S 与 T,则级数 $\sum_{n=1}^{\infty} (u_n + v_n)$ 收敛于 $S+T$,即

$$\sum_{n=1}^{\infty} (u_n + v_n) = \sum_{n=1}^{\infty} u_n + \sum_{n=1}^{\infty} v_n.$$

性质 2 设 a 为非零常数,则级数 $\sum_{n=1}^{\infty} u_n$ 和 $\sum_{n=1}^{\infty} a u_n$ 具有相同的敛散性,且当 $\sum_{n=1}^{\infty} u_n$ 收敛于 S 时,$\sum_{n=1}^{\infty} a u_n$ 收敛于 aS,即 $\sum_{n=1}^{\infty} a u_n = a \sum_{n=1}^{\infty} u_n$.

性质 3 添加、去掉或改变级数的有限项不改变级数的敛散性.

性质 4 (级数收敛的必要条件) 若级数 $\sum_{n=1}^{\infty} u_n$ 收敛,则 $\lim_{n \to \infty} u_n = 0$.

它的逆否命题是:**若级数的一般项不趋近于零,则该级数一定发散**. 这给出了一种判断级数发散的方法.

注意:$\lim_{n \to \infty} u_n = 0$ 是级数收敛的必要条件,而非充分条件.

如例 3,虽然 $\lim_{n \to \infty} u_n = \lim_{n \to \infty} \ln \dfrac{n+1}{n} = 0$,但该级数发散.

又如**调和级数** $\sum_{n=1}^{\infty} \dfrac{1}{n}$ 的一般项 $u_n = \dfrac{1}{n}$,且 $\lim_{n \to \infty} u_n = \lim_{n \to \infty} \dfrac{1}{n} = 0$,但可以证明调和级数是发散的.

例 4 判断级数 $\sum_{n=1}^{\infty} \dfrac{n+1}{n}$ 的敛散性.

解 此级数的一般项为 $u_n = \dfrac{n+1}{n}$.

由于
$$\lim_{n \to \infty} u_n = \lim_{n \to \infty} \dfrac{n+1}{n} = 1 \neq 0,$$

所以级数发散.

习题 9.1

1. 设级数为 $\sum_{n=1}^{\infty} \left(\dfrac{2}{3}\right)^n$.

(1) 试写出级数的前三项 u_1, u_2, u_3;

(2) 试写出级数的前一项部分和 S_1,前两项部分和 S_2,前三项部分和 S_3 及前 n 项部分和 S_n;

(3) 判断该级数的敛散性.

2. 判断下列级数的敛散性,若收敛,求级数的和.

(1) $\sum_{n=1}^{\infty} \left(\dfrac{2}{5^n} + \dfrac{7}{3^n}\right)$;

(2) $\sum_{n=1}^{\infty} \dfrac{1}{(2n-1)(2n+1)}$;

(3) $\sum_{n=1}^{\infty} 4^n$;   (4) $\sum_{n=1}^{\infty} \dfrac{n}{n+1}$.

9.2 常数项级数敛散性的判定

级数的求和常常是困难的,有的甚至无法求出其和,进而无法判断级数的敛散性.因此,有必要寻求简单而有效的判断方法.本节对常数项级数敛散性的判定,将分为正项级数与任意项级数来讨论.

9.2.1 正项级数敛散性的判定

如果级数 $\sum_{n=1}^{\infty} u_n$ 的一般项 $u_n \geqslant 0 (n=1,2,3,\cdots)$,则称级数 $\sum_{n=1}^{\infty} u_n$ 为**正项级数**. 正项级数是一类非常重要的级数,在研究其他类型级数的时候,常常要归结为正项级数的敛散性问题. 对正项级数,我们有以下两种判定方法.

1. 比较判别法

定理 9.1 设 $\sum_{n=1}^{\infty} u_n$ 和 $\sum_{n=1}^{\infty} v_n$ 是两个正项级数,且 $u_n \leqslant v_n (n=1,2,3,\cdots)$.

(1) 若级数 $\sum_{n=1}^{\infty} v_n$ 收敛,则级数 $\sum_{n=1}^{\infty} u_n$ 也收敛;

(2) 若级数 $\sum_{n=1}^{\infty} u_n$ 发散,则级数 $\sum_{n=1}^{\infty} v_n$ 也发散.

通俗一点讲就是"大"级数收敛,"小"级数也收敛;"小"级数发散,"大"级数也发散. 这种判断正项级数敛散性的方法,称为**比较判别法**.

应用比较判别法时,通常先对要判别的级数做一个估计,找一个敛散性已知的级数,然后运用比较判别法. 常用来进行比较的级数有等比级数,还有 p-级数

$$\sum_{n=1}^{\infty} \frac{1}{n^p} = 1 + \frac{1}{2^p} + \frac{1}{3^p} + \cdots + \frac{1}{n^p} + \cdots (p>0),$$

当 $p \leqslant 1$ 时,此级数发散($p=1$ 时是调和级数),当 $p>1$ 时级数收敛.

注意: 因为级数的敛散性和它前面的有限项无关,所以定理中的 $u_n \leqslant v_n$ 可以放宽到 n 大于某一自然数 N 以后成立即可.

例 1 判断级数 $\sum_{n=1}^{\infty} \dfrac{1}{2^n+1}$ 的敛散性.

解 因为 $\dfrac{1}{2^n+1} < \dfrac{1}{2^n}$,而 $\sum_{n=1}^{\infty} \dfrac{1}{2^n}$ 是公比为 $\dfrac{1}{2}$ 的等比级数,是收敛的.

由比较判别法可知,级数 $\sum_{n=1}^{\infty} \dfrac{1}{2^n+1}$ 是收敛的.

例 2 判断级数 $\sum_{n=1}^{\infty} \dfrac{1}{(n+2)(n+1)}$ 的敛散性.

解 因为 $\dfrac{1}{(n+2)(n+1)} < \dfrac{1}{n^2}$,而级数 $\sum_{n=1}^{\infty} \dfrac{1}{n^2}$ 是收敛的 p-级数($p=2$).

由比较判别法可知,级数 $\sum_{n=1}^{\infty} \dfrac{1}{(n+2)(n+1)}$ 是收敛的.

应用比较判别法时,需找一个敛散性已知的级数,与待判断的级数进行比较,这一点有时比较困难.下面介绍一种利用级数自身的变化来判断其敛散性的方法.

2. 比值判别法

定理 9.2(达朗贝尔判别法) 设 $\sum_{n=1}^{\infty} u_n$ 是正项级数,且 $\lim\limits_{n\to\infty}\dfrac{u_{n+1}}{u_n}=\rho$,则

(1) 当 $\rho<1$ 时,级数收敛;

(2) 当 $\rho>1$ 时,级数发散;

(3) 当 $\rho=1$ 时,级数可能收敛,也可能发散.

这种判断正项级数敛散性的方法也称为**比值判别法**.

例 3 判断级数 $\sum_{n=1}^{\infty}\dfrac{1}{n!}$ 的敛散性.

解 因为

$$\lim_{n\to\infty}\frac{u_{n+1}}{u_n}=\lim_{n\to\infty}\frac{\dfrac{1}{(n+1)!}}{\dfrac{1}{n!}}=\lim_{n\to\infty}\frac{1}{n+1}=0,$$

由比值判别法可知,级数 $\sum_{n=1}^{\infty}\dfrac{1}{n!}$ 收敛.

例 4 判断级数 $\sum_{n=1}^{\infty}\dfrac{2^n}{n^2}$ 的敛散性.

解 因为

$$\lim_{n\to\infty}\frac{u_{n+1}}{u_n}=\lim_{n\to\infty}\frac{\dfrac{2^{n+1}}{(n+1)^2}}{\dfrac{2^n}{n^2}}=\lim_{n\to\infty}2\left(\frac{n}{n+1}\right)^2=2>1,$$

由比值判别法可知,级数 $\sum_{n=1}^{\infty}\dfrac{2^n}{n^2}$ 发散.

例 5 说明能否利用比值判别法判断级数 $\sum_{n=1}^{\infty}\dfrac{1}{(n+2)(n+1)}$ 的敛散性.

解 因为

$$\lim_{n\to\infty}\frac{u_{n+1}}{u_n}=\lim_{n\to\infty}\frac{\dfrac{1}{(n+3)(n+2)}}{\dfrac{1}{(n+2)(n+1)}}=\lim_{n\to\infty}\frac{n+1}{n+3}=1,$$

所以敛散性不能确定.但由例 2 可知,利用比较判别法可以确定该级数是收敛的.

9.2.2 任意项级数敛散性的判定

一般项 $u_n(n=1,2,3,\cdots)$ 为任意实数的级数 $\sum_{n=1}^{\infty} u_n$ 称为**任意项级数**.任意项级数中最重要的一种特殊情形是交错级数.

1. 交错级数

若级数的各项符号正负相间,即形如

$$\sum_{n=1}^{\infty}(-1)^{n-1}u_n = u_1 - u_2 + u_3 - u_4 \cdots + (-1)^{n-1}u_n + \cdots (u_n > 0, n = 1,2,3,\cdots)$$

的级数,称为**交错级数**.

对于交错级数的敛散性,我们有下述判定定理.

定理 9.3(莱布尼茨判别法) 若交错级数 $\sum_{n=1}^{\infty}(-1)^{n-1}u_n$ $(u_n > 0, n=1,2,3,\cdots)$ 满足:

(1) $u_n \geq u_{n+1}(n=1,2,3,\cdots)$;

(2) $\lim\limits_{n\to\infty} u_n = 0$,

则交错级数收敛,且其和 $S \leq u_1$.

例 6 判断级数 $\sum_{n=1}^{\infty}(-1)^{n-1}\dfrac{1}{n}$ 的敛散性.

解 这是一个交错级数, $u_n = \dfrac{1}{n}$, $u_{n+1} = \dfrac{1}{n+1}$,显然有

$$u_n > u_{n+1}, \text{且}\lim_{n\to\infty}u_n = \lim_{n\to\infty}\frac{1}{n} = 0.$$

由莱布尼茨判别法可知,该级数收敛.

2. 绝对收敛与条件收敛

对于任意项级数 $\sum_{n=1}^{\infty}u_n$,除了利用级数收敛的定义来判断,也可以把级数的各项都取绝对值,得到一个正项级数 $\sum_{n=1}^{\infty}|u_n|$,利用正项级数敛散性的判定方法来讨论它的敛散性. 对此,我们有以下定理.

定理 9.4 如果级数 $\sum_{n=1}^{\infty}|u_n|$ 收敛,则级数 $\sum_{n=1}^{\infty}u_n$ 也收敛.

如果级数 $\sum_{n=1}^{\infty}|u_n|$ 收敛,则称级数 $\sum_{n=1}^{\infty}u_n$ **绝对收敛**;如果级数 $\sum_{n=0}^{\infty}u_n$ 收敛,而级数 $\sum_{n=1}^{\infty}|u_n|$ 发散,则称级数 $\sum_{n=1}^{\infty}u_n$ **条件收敛**.

例 7 判断级数 $\sum_{n=1}^{\infty}\dfrac{\sin na}{n^2}$ 的敛散性.

解 因为 $\left|\dfrac{\sin na}{n^2}\right| \leq \dfrac{1}{n^2}$,而级数 $\sum_{n=1}^{\infty}\dfrac{1}{n^2}$ 收敛,

由比较判别法可知级数 $\sum_{n=1}^{\infty}\left|\dfrac{\sin na}{n^2}\right|$ 收敛,故级数 $\sum_{n=1}^{\infty}\dfrac{\sin na}{n^2}$ 绝对收敛.

例 8 判断级数 $\sum_{n=1}^{\infty}(-1)^{n-1}\dfrac{1}{n}$ 是条件收敛的,还是绝对收敛的?

解 由例 6 知级数 $\sum_{n=1}^{\infty}(-1)^{n-1}\dfrac{1}{n}$ 是收敛的,但将级数的各项取绝对值后得到的级数是调和级

数 $\sum\limits_{n=1}^{\infty} \dfrac{1}{n}$. 而调和级数是发散的,所以级数 $\sum\limits_{n=1}^{\infty} (-1)^{n-1} \dfrac{1}{n}$ 条件收敛.

习题 9.2

1. 用比较判别法判断下列级数的敛散性:

(1) $\sum\limits_{n=1}^{\infty} \dfrac{1}{2n-1}$;

(2) $\sum\limits_{n=1}^{\infty} \dfrac{1}{(n+1)^2}$;

(3) $\sum\limits_{n=1}^{\infty} \dfrac{n+2}{n^2}$;

(4) $\sum\limits_{n=1}^{\infty} \dfrac{1}{2^n+n}$.

2. 用比值判别法判断下列级数的敛散性:

(1) $\sum\limits_{n=1}^{\infty} \dfrac{n}{2^n}$;

(2) $\sum\limits_{n=1}^{\infty} \dfrac{n^2}{3^n}$;

(3) $\sum\limits_{n=1}^{\infty} \dfrac{1}{(2n-1)!}$;

(4) $\sum\limits_{n=1}^{\infty} 3^n \sin \dfrac{1}{2^n}$.

3. 判断下列级数的敛散性,若收敛指出是条件收敛还是绝对收敛.

(1) $\sum\limits_{n=1}^{\infty} (-1)^n \dfrac{n}{n+1}$;

(2) $\sum\limits_{n=1}^{\infty} (-1)^{n-1} \dfrac{1}{\sqrt{n}}$;

(3) $\sum\limits_{n=1}^{\infty} (-1)^n \dfrac{n!}{n^n}$;

(4) $\sum\limits_{n=3}^{\infty} (-1)^n \dfrac{1}{\ln n}$.

4. 能否用比值判别法判断级数 $\sum\limits_{n=1}^{\infty} \dfrac{3+(-1)^n}{2^n}$ 的敛散性?若不能,应用何种方法来判断?

9.3 幂级数

9.3.1 幂级数的概念

前两节我们学习了常数项级数,级数的每一项都是常数.现在我们开始学习函数项级数,它的每一项都是 x 的函数.

形如

$$\sum_{n=1}^{\infty} u_n(x) = u_1(x) + u_2(x) + u_3(x) + \cdots + u_n(x) + \cdots$$

的级数叫作**函数项级数**.显然,如果给定了 x 的值,那么函数项级数就成为一个常数项级数.在函数项级数中,幂级数是较简单而又应用广泛的一类级数.

形如

$$\sum_{n=0}^{\infty} a_n (x-x_0)^n = a_0 + a_1(x-x_0) + a_2(x-x_0)^2 + \cdots + a_n(x-x_0)^n + \cdots \quad (9-3-1)$$

的函数项级数称为**幂级数**,其中 $a_0, a_1, a_2, \cdots, a_n, \cdots$ 为常数,称为**幂级数的系数**.当 $x_0 = 0$ 时,幂级数变为更简单的形式,即

$$\sum_{n=0}^{\infty} a_n x^n = a_0 + a_1 x + a_2 x^2 + \cdots + a_n x^n + \cdots. \quad (9-3-2)$$

我们着重讨论这种形式的幂级数.因为只要将式(9-3-2)中的 x 换成 $x-x_0$ 就可以得到式(9-3-1).

幂级数 $\sum\limits_{n=0}^{\infty} a_n x^n$ 的每一项在区间 $(-\infty, +\infty)$ 内都有定义. 当给 x 一个确定的数值 x_0, 即 $x = x_0$ 时, 就得到一个常数项级数

$$\sum_{n=0}^{\infty} a_n x_0^n = a_0 + a_1 x_0 + a_2 x_0^2 + \cdots + a_n x_0^n + \cdots. \quad (9-3-3)$$

如果级数 $(9-3-3)$ 收敛, 那么称幂级数 $\sum\limits_{n=0}^{\infty} a_n x^n$ 在点 x_0 **处收敛**, x_0 称为这个级数的**收敛点**. 如果级数 $(9-3-3)$ 发散, 那么称幂级数 $\sum\limits_{n=0}^{\infty} a_n x^n$ 在点 x_0 **处发散**, x_0 称为这个级数的**发散点**. 收敛点的全体构成的集合称为幂级数的**收敛域**.

对于收敛域内的每一确定点 x, 幂级数 $\sum\limits_{n=0}^{\infty} a_n x^n$ 都收敛于一个确定的值. 这样, 幂级数在收敛域内的和仍是 x 的函数, 称为幂级数 $\sum\limits_{n=0}^{\infty} a_n x^n$ 的**和函数**, 记作 $S(x)$, 即 $S(x) = \sum\limits_{n=0}^{\infty} a_n x^n$.

对于幂级数, 基本问题依然是判断其在何处收敛, 也就是确定收敛域.

考察幂级数

$$\sum_{n=0}^{\infty} x^n = 1 + x + x^2 + \cdots + x^n + \cdots,$$

这是公比为 x 的等比级数. 当 $|x| < 1$ 时, 级数 $\sum\limits_{n=0}^{\infty} x^n$ 收敛, 和函数为 $S(x) = \dfrac{1}{1-x}$; 当 $|x| \geq 1$ 时, 级数 $\sum\limits_{n=0}^{\infty} x^n$ 发散, 因此级数 $\sum\limits_{n=0}^{\infty} x^n$ 的收敛域为 $(-1, 1)$. 即

$$\frac{1}{1-x} = \sum_{n=0}^{\infty} x^n = 1 + x + x^2 + \cdots + x^n + \cdots, \quad -1 < x < 1.$$

同样地,

$$\frac{1}{1+x} = \sum_{n=0}^{\infty} (-1)^n x^n = 1 - x + x^2 - x^3 + \cdots + (-1)^n x^n + \cdots, \quad -1 < x < 1.$$

一般地, 幂级数 $\sum\limits_{n=0}^{\infty} a_n x^n$ 的收敛性有以下三种情形:

(1) 仅在点 $x = 0$ 处收敛,

(2) 在 $(-\infty, +\infty)$ 内处处收敛,

(3) 存在一个正数 R, 当 $|x| < R$ 时收敛, 当 $|x| > R$ 时发散.

其中 R 为幂级数 $\sum\limits_{n=0}^{\infty} a_n x^n$ 的**收敛半径**, 区间 $(-R, R)$ 为幂级数的**收敛区间**. 上述第一种情形的收敛半径 $R = 0$; 第二种情形的收敛半径 $R = +\infty$, 此时收敛区间为 $(-\infty, +\infty)$.

求收敛半径有以下定理:

定理 9.5 对于幂级数 $\sum\limits_{n=0}^{\infty} a_n x^n$, 设 $a_n \neq 0$, 如果 $\lim\limits_{n \to \infty} \left| \dfrac{a_{n+1}}{a_n} \right| = \rho$, 那么

(1) 当 $0 < \rho < +\infty$ 时, 收敛半径 $R = \dfrac{1}{\rho}$;

(2) 当 $\rho = 0$ 时, 收敛半径 $R = +\infty$;

(3)当 $\rho = +\infty$ 时,收敛半径 $R = 0$.

例1 求幂级数 $\sum\limits_{n=1}^{\infty} \dfrac{x^n}{n}$ 的收敛半径、收敛区间及收敛域.

解 先求收敛半径.

由于 $a_n = \dfrac{1}{n}, a_{n+1} = \dfrac{1}{n+1}$,因此

$$\lim_{n\to\infty}\left|\dfrac{a_{n+1}}{a_n}\right| = \lim_{n\to\infty}\left|\dfrac{\frac{1}{n+1}}{\frac{1}{n}}\right| = \lim_{n\to\infty}\left|\dfrac{n}{n+1}\right| = 1 = \rho.$$

则收敛半径 $R = \dfrac{1}{\rho} = 1$,收敛区间为 $(-1,1)$.

再判别 $x = \pm 1$ 时的情况.

当 $x = -1$ 时,幂级数成为常数项级数 $\sum\limits_{n=1}^{\infty}(-1)^n\dfrac{1}{n}$,收敛;当 $x = 1$ 时,幂级数成为常数项级数 $\sum\limits_{n=1}^{\infty}\dfrac{1}{n}$,发散.

综上可知,级数的收敛域为 $[-1,1)$.

例2 求幂级数 $\sum\limits_{n=0}^{\infty} \dfrac{x^n}{n!}$ 的收敛半径和收敛区间.

解 由于 $a_n = \dfrac{1}{n!}, a_{n+1} = \dfrac{1}{(n+1)!}$,则

$$\lim_{n\to\infty}\left|\dfrac{a_{n+1}}{a_n}\right| = \lim_{n\to\infty}\left|\dfrac{\frac{1}{(n+1)!}}{\frac{1}{n!}}\right| = \lim_{n\to\infty}\dfrac{n!}{(n+1)!} = \lim_{n\to\infty}\dfrac{1}{n+1} = 0 = \rho,$$

因此收敛半径 $R = +\infty$,收敛区间为 $(-\infty, +\infty)$.

例3 求幂级数 $\sum\limits_{n=1}^{\infty} nx^n$ 的收敛半径及收敛区间.

解 由于 $a_n = n, a_{n+1} = n+1$,因此

$$\lim_{n\to\infty}\left|\dfrac{a_{n+1}}{a_n}\right| = \lim_{n\to\infty}\left|\dfrac{n+1}{n}\right| = 1 = \rho.$$

因此收敛半径 $R = 1$,收敛区间为 $(-1,1)$.

9.3.2 幂级数的性质

幂级数 $\sum\limits_{n=1}^{\infty} a_n x^n$ 在其收敛区间内具有多项式的一些性质,我们仅介绍最常用的性质.

性质1 若幂级数 $\sum\limits_{n=0}^{\infty} a_n x^n$ 与 $\sum\limits_{n=0}^{\infty} b_n x^n$ 的收敛半径分别为 $R_1, R_2 (R_1, R_2 > 0)$,$R = \min(R_1, R_2)$,则在收敛区间 $(-R, R)$ 内有

$$\sum_{n=0}^{\infty} a_n x^n \pm \sum_{n=0}^{\infty} b_n x^n = \sum_{n=0}^{\infty} (a_n \pm b_n) x^n.$$

性质 2 若 $\sum_{n=0}^{\infty} a_n x^n$ 的收敛半径为 $R(R>0)$，和函数为 $S(x)$，则 $S(x)$ 在收敛区间 $(-R,R)$ 内是可导的，并有逐项求导公式

$$S'(x) = \left(\sum_{n=0}^{\infty} a_n x^n\right)' = \sum_{n=0}^{\infty} (a_n x^n)' = \sum_{n=1}^{\infty} n a_n x^{n-1},$$

且逐项求导后所得的幂级数收敛半径不变．

性质 3 若 $\sum_{n=0}^{\infty} a_n x^n$ 的收敛半径为 $R(R>0)$，和函数为 $S(x)$，则 $S(x)$ 在收敛区间 $(-R,R)$ 内是可积的，并有逐项积分公式

$$\int_0^x S(x)\,\mathrm{d}x = \int_0^x \sum_{n=0}^{\infty} a_n x^n \,\mathrm{d}x = \sum_{n=0}^{\infty} \int_0^x a_n x^n \,\mathrm{d}x = \sum_{n=0}^{\infty} \frac{a_n}{n+1} x^{n+1},$$

且逐项积分后所得的幂级数的收敛半径不变．

例 4 求幂级数 $\sum_{n=1}^{\infty} (-1)^{n-1} \dfrac{x^n}{n}$ 的和函数．

解 其收敛半径 $R=1$，收敛域为 $(-1,1]$．

设幂级数 $\sum_{n=1}^{\infty} (-1)^{n-1} \dfrac{x^n}{n}$ 的和函数为 $S(x)$，

即

$$S(x) = \sum_{n=1}^{\infty} (-1)^{n-1} \frac{x^n}{n} = x - \frac{x^2}{2} + \frac{x^3}{3} - \frac{x^4}{4} + \cdots + (-1)^{n-1} \cdot \frac{x^n}{n} + \cdots, x \in (-1,1].$$

对上式两边同时求导，得

$$\begin{aligned} S'(x) &= \sum_{n=1}^{\infty} \left[(-1)^{n-1} \frac{x^n}{n}\right]' \\ &= 1 - x + x^2 - x^3 + \cdots + (-1)^n x^n + \cdots \\ &= \frac{1}{1+x}, x \in (-1,1]. \end{aligned}$$

将 $\dfrac{1}{1+x}$ 积分得到 $S'(x)$ 的原函数为 $\ln(1+x) + C$，

又 $S(0) = 0$，则 $C=0$．所以

$$S(x) = \ln(1+x), x \in (-1,1].$$

即

$$\sum_{n=1}^{\infty} (-1)^{n-1} \frac{x^n}{n} = \ln(1+x), x \in (-1,1].$$

我们还可以利用几何级数

$$\frac{1}{1-x} = 1 + x + x^2 + \cdots + x^n + \cdots, -1 < x < 1$$

在 $(-1,1)$ 内逐项求导得

$$\frac{1}{(1-x)^2} = 1 + 2x + 3x^2 + \cdots + nx^{n-1} + (n+1)x^n + \cdots, -1 < x < 1.$$

例 5 求幂级数 $\sum_{n=0}^{\infty} (2n+1) x^n$ 的和函数．

解 设和函数为 $S(x)$，则

$$S(x) = \sum_{n=0}^{\infty}(2n+1)x^n = \sum_{n=0}^{\infty}2nx^n + \sum_{n=0}^{\infty}x^n$$

$$= 2x\sum_{n=1}^{\infty}nx^{n-1} + \sum_{n=0}^{\infty}x^n$$

$$= 2x\left(\sum_{n=1}^{\infty}x^n\right)' + \frac{1}{1-x}$$

$$= 2x \cdot \frac{1}{(1-x)^2} + \frac{1}{1-x}$$

$$= \frac{1+x}{(1-x)^2}, x \in (-1,1).$$

9.3.3 函数展开成幂级数

我们知道，幂级数 $\sum_{n=0}^{\infty}a_n x^n$ 在它的收敛域内有和函数，那么，如果给定一个函数，能不能把它展开成幂级数 $\sum_{n=0}^{\infty}a_n x^n$ 的形式呢？

下面我们用**待定系数法**来研究幂级数展开的方法.

设函数 $f(x)$ 在 $x=0$ 的邻域内可以展开成幂级数，并且在 $x=0$ 的邻域有各阶导数，即

$$f(x) = \sum_{n=0}^{\infty}a_n x^n = a_0 + a_1 x + a_2 x^2 + \cdots + a_n x^n + \cdots.$$

下面确定等式右侧幂级数展开式中的系数 a_n：

第一步，将 $x=0$ 代入上式，可得 $f(0) = a_0$.

第二步，对等式两边求各阶导数，然后将 $x=0$ 代入，得

$$f'(0) = a_1, f''(0) = 2!a_2, f'''(0) = 3!a_3, \cdots, f^{(n)}(0) = n!a_n, \cdots.$$

从而

$$a_0 = f(0), a_1 = f'(0), a_2 = \frac{f''(0)}{2!}, a_3 = \frac{f'''(0)}{3!}, \cdots, a_n = \frac{f^{(n)}(0)}{n!}, \cdots.$$

因此函数 $f(x)$ 展开成幂级数为

$$f(0) + f'(0)x + \frac{f''(0)}{2!}x^2 + \frac{f'''(0)}{3!}x^3 + \cdots + \frac{f^{(n)}(0)}{n!}x^n + \cdots.$$

这个级数称为**麦克劳林级数**.

将函数 $f(x)$ 展开成麦克劳林级数的方法有两种：直接展开法与间接展开法.

1. 直接展开法

直接展开法的一般步骤：

(1) 求出函数 $f(x)$ 在 $x=0$ 处的函数值 $f(0)$.

(2) 求 $f(x)$ 的各阶导数，并求出 $f(x)$ 在 $x=0$ 处的各阶导数值. 即

$$f'(0), f''(0), \cdots, f^{(n)}(0), \cdots.$$

(3) 写出函数 $f(x)$ 的麦克劳林级数

$$f(x) = f(0) + f'(0)x + \frac{f''(0)}{2!}x^2 + \frac{f'''(0)}{3!}x^3 + \cdots + \frac{f^{(n)}(0)}{n!}x^n + \cdots.$$

这种通过求 $f(x)$ 的各阶导数值,计算出展开式中各个系数 a_n,将函数 $f(x)$ 展开成麦克劳林级数的方法叫作**直接展开法**.

例 6 将函数 $f(x) = e^x$ 展开成麦克劳林级数.

解 $f(0) = e^0 = 1$,又
$$f'(x) = f''(x) = f'''(x) = \cdots = f^{(n)}(x) = e^x,$$
则
$$f'(0) = f''(0) = f'''(0) = \cdots = f^{(n)}(0) = e^0 = 1.$$
所以,函数 $f(x) = e^x$ 在 $x = 0$ 处的麦克劳林级数为
$$1 + x + \frac{x^2}{2!} + \frac{x^3}{3!} + \cdots + \frac{x^n}{n!} + \cdots.$$

由例 2 可知,这个幂级数的收敛区间为 $(-\infty, +\infty)$.

例 7 将函数 $f(x) = \sin x$ 展开成麦克劳林级数.

解 $f(0) = 0$,由于
$$(\sin x)' = \cos x, (\sin x)'' = -\sin x, (\sin x)''' = -\cos x, (\sin x)^{(4)} = \sin x, \cdots.$$
可得
$$f'(0) = 1, f''(0) = 0, f'''(0) = -1, f^{(4)}(0) = 0, \cdots.$$
所以,函数 $f(x) = \sin x$ 的麦克劳林级数为
$$x - \frac{x^3}{3!} + \frac{x^5}{5!} - \frac{x^7}{7!} + \cdots + (-1)^n \cdot \frac{x^{2n+1}}{(2n+1)!} + \cdots.$$

易知,这个幂级数展开式的收敛区间为 $(-\infty, +\infty)$.

2. 间接展开法

直接展开法的计算过程比较复杂.我们可以利用一些已知函数的幂级数展开式,根据幂级数的性质,运用逐项求导、逐项积分、变量代换等方法,将所给函数展开成幂级数,这种方法叫作**间接展开法**.

以下是在间接展开法中经常用到的幂级数展开式,我们应该熟记.

(1) $e^x = 1 + x + \dfrac{x^2}{2!} + \dfrac{x^3}{3!} + \cdots + \dfrac{x^n}{n!} + \cdots, \ -\infty < x < +\infty$;

(2) $\sin x = x - \dfrac{x^3}{3!} + \dfrac{x^5}{5!} - \dfrac{x^7}{7!} + \cdots + (-1)^n \cdot \dfrac{x^{2n+1}}{(2n+1)!} + \cdots, \ -\infty < x < +\infty$;

(3) $\dfrac{1}{1-x} = 1 + x + x^2 + \cdots + x^n + \cdots, \ -1 < x < 1$;

(4) $\dfrac{1}{1+x} = 1 - x + x^2 - x^3 + \cdots + (-1)^n x^n + \cdots, \ -1 < x < 1$;

(5) $\ln(x+1) = x - \dfrac{x^2}{2} + \dfrac{x^3}{3} - \dfrac{x^4}{4} + \cdots + (-1)^{n-1} \cdot \dfrac{x^n}{n} + \cdots, \ -1 < x < 1$.

例 8 将函数 $f(x) = \cos x$ 展开成 x 的幂级数.

解 因为 $\cos x = (\sin x)'$,将
$$\sin x = x - \frac{x^3}{3!} + \frac{x^5}{5!} - \frac{x^7}{7!} + \cdots + (-1)^n \cdot \frac{x^{2n+1}}{(2n+1)!} + \cdots, \ -\infty < x < +\infty$$

逐项求导得

$$\cos x = 1 - \frac{x^2}{2!} + \frac{x^4}{4!} - \frac{x^6}{6!} + \cdots + (-1)^n \cdot \frac{x^{2n}}{(2n)!} + \cdots, -\infty < x < +\infty.$$

例 9 将函数 $f(x) = \dfrac{1}{4-x}$ 展开成 x 的幂级数.

解 将 $f(x) = \dfrac{1}{4-x}$ 变形得

$$f(x) = \frac{1}{4-x} = \frac{1}{4} \cdot \frac{1}{1-\frac{x}{4}},$$

由于

$$\frac{1}{1-x} = 1 + x + x^2 + \cdots + x^n + \cdots, -1 < x < 1,$$

所以

$$\frac{1}{1-\frac{x}{4}} = 1 + \frac{x}{4} + \left(\frac{x}{4}\right)^2 + \cdots + \left(\frac{x}{4}\right)^n + \cdots, -4 < x < 4.$$

因此

$$f(x) = \frac{1}{4} \cdot \left[1 + \frac{x}{4} + \left(\frac{x}{4}\right)^2 + \cdots + \left(\frac{x}{4}\right)^n + \cdots\right]$$

$$= \frac{1}{4} + \frac{x}{4^2} + \frac{x^2}{4^3} + \cdots + \frac{x^n}{4^{n+1}} + \cdots, -4 < x < 4.$$

例 10 将函数 $f(x) = \ln \dfrac{1-x}{1+x}$ 展开成 x 的幂级数.

解 由 $\ln(1+x) = x - \dfrac{x^2}{2} + \dfrac{x^3}{3} - \dfrac{x^4}{4} + \cdots + (-1)^{n-1} \cdot \dfrac{x^n}{n} + \cdots, x \in (-1,1)$ 得

$$\ln(1-x) = -x - \frac{x^2}{2} - \frac{x^3}{3} - \frac{x^4}{4} - \cdots - \frac{x^n}{n} - \cdots, x \in (-1,1).$$

因此,

$$\ln \frac{1-x}{1+x} = \ln(1-x) - \ln(1+x)$$

$$= -2x - \frac{2x^3}{3} - \frac{2x^5}{5} - \cdots - \frac{2x^{2n+1}}{2n+1} - \cdots, -1 < x < 1.$$

例 11 将函数 $f(x) = \dfrac{1}{1+x^2}$ 展开成 x 的幂级数.

解 因为 $\dfrac{1}{1+x} = 1 - x + x^2 - x^3 + \cdots + (-1)^n x^n + \cdots,$
$-1 < x < 1,$

所以 $\dfrac{1}{1+x^2} = 1 - x^2 + (x^2)^2 - (x^2)^3 + \cdots + (-1)^n (x^2)^n + \cdots$

$= 1 - x^2 + x^4 - x^6 + \cdots + (-1)^n x^{2n} + \cdots, -1 < x < 1.$

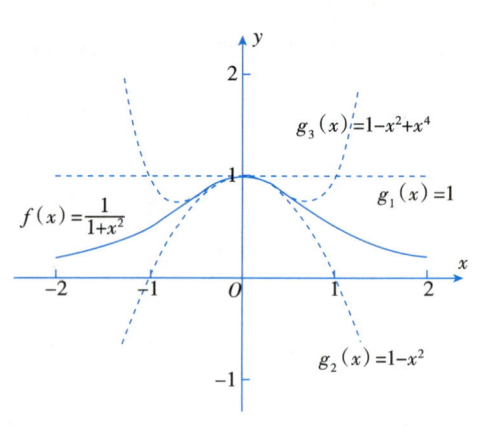

图 9-1

图 9-1 表示的是函数 $f(x)=\dfrac{1}{1+x^2}$ 的部分和（取一项，取两项，取三项）在点 $x=0$ 处逐渐接近函数 $f(x)=\dfrac{1}{1+x^2}$ 的情形. 显然，随着项数 n 的增加，近似程度越高.

习题 9.3

1. 求下列幂级数的收敛半径、收敛区间及收敛域：

(1) $\sum\limits_{n=1}^{\infty}\dfrac{(-1)^n x^n}{n^2}$；

(2) $\sum\limits_{n=0}^{\infty} n! x^n$；

(3) $\sum\limits_{n=1}^{\infty}\dfrac{x^n}{\sqrt{n}}$；

(4) $\sum\limits_{n=0}^{\infty}\dfrac{x^n}{2^n}$.

2. 当 x 分别等于 $0.1, 0.5, 1.5$ 时，幂级数 $\sum\limits_{n=0}^{\infty} x^n$ 能求和吗？如果能，求出结果；如果不能，说明理由.

3. 求下列幂级数的和函数：

(1) $\sum\limits_{n=0}^{\infty}\dfrac{x^n}{2^n}$；

(2) $\sum\limits_{n=0}^{\infty}\dfrac{x^{n+1}}{n+1}$；

(3) $\sum\limits_{n=1}^{\infty} 3n x^{n-1}$；

(4) $\sum\limits_{n=0}^{\infty}(-1)^n(n+1)x^n$.

4. 将下列函数展开为 x 的幂级数：

(1) $f(x)=\mathrm{e}^{-2x}$；

(2) $f(x)=3^x$；

(3) $f(x)=\dfrac{1}{x^2-1}$；

(4) $f(x)=\sin 2x$.

复习与提问

一、知识框图

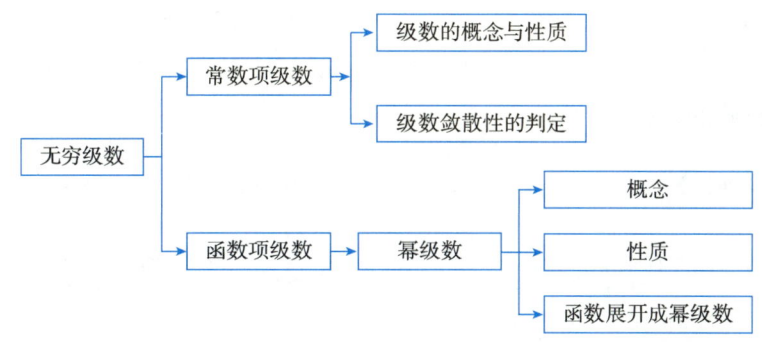

二、内容总结

1. 级数的概念与性质

(1) 给定一个数列 $\{u_n\}$，把它的各项依次相加的表示式 $u_1+u_2+\cdots+u_n+\cdots$ 称为无穷级数，简称为 _____. u_n 为 _____.

(2) 如果 $u_1+u_2+\cdots+u_n+\cdots$ 的前 n 项部分和数列 $\{S_n\}$ 在 $n\to\infty$ 时有极限 S，则称该级数 _____

____,S 为级数的_____.若数列 $\{S_n\}$ 没有极限,则称该级数_____.

2.常数项级数敛散性的判定

(1)设 $\sum\limits_{n=1}^{\infty} u_n$ 和 $\sum\limits_{n=1}^{\infty} v_n$ 都是正项级数,且 $u_n \leqslant v_n$ $(n=1,2,3,\cdots)$,若级数 $\sum\limits_{n=1}^{\infty} v_n$ 收敛,则级数 $\sum\limits_{n=1}^{\infty} u_n$ _____;若级数 $\sum\limits_{n=1}^{\infty} u_n$ 发散,则级数 $\sum\limits_{n=1}^{\infty} v_n$ _____.

(2)设 $\sum\limits_{n=1}^{\infty} u_n$ 是正项级数,且 $\lim\limits_{n\to\infty} \dfrac{u_{n+1}}{u_n} = \rho$.当_____时,级数收敛;当_____时,级数发散;当_____时,级数的敛散性不能确定.

(3)若任意项级数 $\sum\limits_{n=1}^{\infty} u_n$ 的绝对值级数 $\sum\limits_{n=1}^{\infty} |u_n|$ 收敛,则该级数_____.若 $\sum\limits_{n=1}^{\infty} u_n$ 收敛,而 $\sum\limits_{n=1}^{\infty} |u_n|$ 发散,则称级数 $\sum\limits_{n=1}^{\infty} u_n$ 为_____.

3.幂级数

(1)形如 $\sum\limits_{n=0}^{\infty} a_n(x-x_0)^n = a_0 + a_1(x-x_0) + a_2(x-x_0)^2 + \cdots + a_n(x-x_0)^n + \cdots$ 的函数项级数称为幂级数,其中 $a_0, a_1, a_2, \cdots, a_n, \cdots$ 为常数,称为_____.

(2)若幂级数 $\sum\limits_{n=0}^{\infty} a_n x^n$ 的系数满足 $\lim\limits_{n\to\infty} \left|\dfrac{a_{n+1}}{a_n}\right| = \rho$,那么当 $0 < \rho < +\infty$ 时,收敛半径 $R =$ ____;当 $\rho = 0$ 时,收敛半径 $=$ ____;当 $\rho = +\infty$ 时,收敛半径 $R =$ ____.

(3)将函数展开成幂级数的方法有_____、_____.

复习题9

一、选择题

1. $\lim\limits_{n\to\infty} u_n = 0$ 是级数 $\sum\limits_{n=1}^{\infty} u_n$ 收敛的( ).

A.必要但不充分条件　　　　　　　　B.充分但不必要条件
C.充分必要条件　　　　　　　　　　D.既不是充分条件,也不是必要条件

2.下列命题中正确的是( ).

A.若 $\lim\limits_{n\to\infty} u_n = 0$,则 $\sum\limits_{n=1}^{\infty} u_n$ 必收敛　　B.若 $\lim\limits_{n\to\infty} u_n \neq 0$, $\sum\limits_{n=1}^{\infty} u_n$ 不一定发散

C.若 $\sum\limits_{n=1}^{\infty} u_n$ 发散,则必有 $\lim\limits_{n\to\infty} u_n \neq 0$　　D.若 $\sum\limits_{n=1}^{\infty} u_n$ 收敛,则必有 $\lim\limits_{n\to\infty} u_n = 0$

3.若级数 $\sum\limits_{n=1}^{\infty} \dfrac{a}{q^n}$ (a 为常数)收敛,则( ).

A. $|q| < 1$　　　　　　　　　　　　B. $|q| > 1$
C. $q < 1$　　　　　　　　　　　　　D. $q > 1$

4.当满足条件( )时, $\sum\limits_{n=1}^{\infty} (-1)^n u_n$ 收敛 $(u_n > 0)$.

A. $u_{n+1} < u_n (n=1,2,\cdots)$ B. $u_{n+1} > u_n (n=1,2,\cdots)$
C. $u_{n+1} < u_n (n=1,2,\cdots)$ 且 $\lim\limits_{n\to\infty} u_n = 0$ D. $\lim\limits_{n\to\infty} u_n = 0$

5. 下列命题中不正确的是( ).

A. 若 $\sum\limits_{n=1}^{\infty} |u_n|$ 收敛,则 $\sum\limits_{n=1}^{\infty} u_n$ 必收敛 B. 若 $\sum\limits_{n=1}^{\infty} |u_n|$ 发散,则 $\sum\limits_{n=1}^{\infty} u_n$ 不一定发散

C. 若 $\sum\limits_{n=1}^{\infty} u_n$ 收敛,则 $\sum\limits_{n=1}^{\infty} |u_n|$ 必收敛 D. 若 $\sum\limits_{n=1}^{\infty} u_n$ 发散,则 $\sum\limits_{n=0}^{\infty} |u_n|$ 必发散

二、填空题

1. 级数 $\sum\limits_{n=0}^{\infty} \left(\dfrac{2}{3}\right)^n$ 的和是_____.

2. 级数 $\sum\limits_{n=1}^{\infty} \dfrac{1}{n(n+1)}$ 的和是_____.

3. 已知级数 $\sum\limits_{n=1}^{\infty} \dfrac{n!}{n^n}$ 收敛,则 $\lim\limits_{n\to\infty} \dfrac{n!}{n^n} = $ _____.

4. 幂级数 $\sum\limits_{n=0}^{\infty} \dfrac{x^n}{5^n}$ 的收敛半径 $R = $ _____.

5. 在区间 $(-1,1)$ 内,级数 $1 + x + x^2 + x^3 + \cdots + x^{n-1} + \cdots$ 的和是_____.

三、解答题

1. 判断下列级数的敛散性:

(1) $\sum\limits_{n=1}^{\infty} \dfrac{1}{3^n}$;

(2) $\sum\limits_{n=1}^{\infty} \dfrac{1}{\sqrt[3]{(1+n)^2}}$;

(3) $\sum\limits_{n=1}^{\infty} 2^n \sin \dfrac{1}{3^n}$;

(4) $\sum\limits_{n=1}^{\infty} \dfrac{3}{n!}$;

(5) $\sum\limits_{n=1}^{\infty} \dfrac{2^n n!}{n^n}$.

2. 判断下列级数的敛散性,若收敛,是绝对收敛? 还是条件收敛?

(1) $\sum\limits_{n=1}^{\infty} (-1)^n \sin \dfrac{1}{n^2}$;

(2) $\sum\limits_{n=1}^{\infty} (-1)^n \dfrac{n+1}{n}$.

3. 求幂级数 $\sum\limits_{n=1}^{\infty} \dfrac{2^n}{n^2} x^n$ 的收敛半径、收敛区间及收敛域.

4. 求幂级数 $\sum\limits_{n=0}^{\infty} \dfrac{x^{2n+1}}{2n+1}$ 的和函数.

5. 将下列函数展开成麦克劳林级数:

(1) $f(x) = \sin x \cos x$;

(2) $f(x) = \dfrac{1}{1+3x}$.

阅读与欣赏

级数理论的发展及应用

级数理论是分析学的一个重要组成部分,它不仅作为基础知识出现在许多数学分支中,如微分方

程、数值计算等,而且作为工具出现在物理、信号系统等科技领域.

无穷级数在数学上是出现得很早的. 过去人们一致认为只有西方研究了级数理论,事实上,大约于东汉初年(公元1世纪)成书的《九章算术》在《衰分》和《均输》二章里的问题就和等差级数有关. 5世纪末南北朝的张丘建在其著作《张丘建算经》中有记载等差级数的问题:今有女子善织布,逐日所织的布以同数递增,已知第一日织五尺,经一月共织39丈,问逐日增多少? 唐朝和宋朝的数学家更注重实用性. 比如唐朝的天文学家僧一行(683—727),在他所著的《大衍历》里就是利用等差级数的求和公式来计算行星的行程. 元朝朱世杰在1299年的《算学启蒙》以及1303年的《四元玉鉴》中就研究了等差和高阶等差级数. 1713年,清代数学家明安图开始了对无穷级数理论的研究. 历时三十年,明安图写成专著《割圆密率捷法》初稿,后经其弟子整理,于1774年定稿. 书中将三角函数展开成幂级数,并构造几何图形的相似关系,以几何线段的连比关系为依据,计算了展开式各项系数,实际上首创了卡塔兰数(Catalan numbers).

党的二十大报告指出,要增强文化自信. 在中国数学史上,朱世杰扩充的杨辉的三角垛和公式比费马早三百多年. 明安图则为三角函数展开式的研究开辟了一条新路. "他所构造的几何模型,其构思的精巧缜密令人不胜感叹,具有构造性数学的特点,其方法和成果足资后人借鉴."

在西方,公元前4世纪的亚里士多德也已认识到公比小于1(大于0)的几何级数有和,在中世纪后期数学家的著作中级数被用来计算变速运动物体走过的路程. 牛顿及莱布尼兹等科学家研究级数是和微积分的研究分不开的,因为对于一些较为复杂的函数,只有把它展成无穷级数,逐项积分或微分,才能进行处理. 在运算过程中,级数被视为多项式的直接代数推广,并且被当作多项式来对待. 这种观点一直持续到19世纪初,其间取得了丰硕的成果,比如得到了 $\sin x$、$\cos x$ 等许多函数的展开式. 但是悖论性等式的不时出现,如在研究级数

$$1 - 1 + 1 - 1 + 1 - 1 + \cdots$$

时,如果将级数写成

$$(1 - 1) + (1 - 1) + (1 - 1) + \cdots,$$

它的和似乎应该是0,但如果在表达式

$$\frac{1}{1 + x} = 1 - x + x^2 - x^3 + \cdots$$

中,令 $x = 1$,得到

$$\frac{1}{2} = 1 - 1 + 1 - 1 + 1 - 1 + \cdots.$$

这促使人们逐渐认识到级数的无限多项之和有别于有限多项之和这一事实,从而提出了收敛的确切定义,开始了分析学的严密化运动.

级数收敛概念的逐渐明确,有力地帮助了微积分基本概念的形成. 从此以后,级数成为研究函数的一个重要工具,用以计算函数的值、代表函数参加运算,并以所得结果阐释函数的性质. 另外,级数中重要的一类——三角级数不仅用于天文学中,因为天文现象大多是周期性的,而且在物理学的许多领域如声学中有广泛的应用. 傅里叶曾断言"任意"函数都可以展成三角级数,并且列举了大量函数和图形来说明函数的三角级数的普遍性. 虽然他没有给出明确的条件和严格的证明,但由此开创出"傅里叶分析"这一重要的数学分支,拓广了传统的函数概念,极大地推动了应用数学的发展.

数学实验

Matlab 应用之级数求和与泰勒展开

1. 利用 Matlab 求级数的和

可以用 symsum 函数求级数的和,调用格式如下所示:

求无穷级数的和需要符号表达式求和函数 symsum(),其调用格式为 symsum(s,v,n,m),其中 s 表示一个级数的通项,是一个符号表达式;v 是求和变量,v 省略时使用系统的默认变量;n 和 m 是求和变量 v 的初值和末值.

例 1 计算 $\sum_{n=1}^{100} n^2$.

syms n;
s1 = symsum(n^2, 1, 100)
s1 =
338350

例 2 求级数 $\sum_{n=1}^{\infty} (-1)^{n-1} \frac{1}{n}$ 的和.

syms n;
s2 = symsum((-1)^(n-1)/n, 1, inf)
s2 =
log(2)

例 3 求级数 $\sum_{n=1}^{\infty} \frac{1}{n^2}$ 的和.

syms n;
s3 = symsum(1/n^2, 1, inf)
s3 =
1/6 * pi^2

例 4 求幂级数 $\sum_{n=0}^{\infty} x^n (|x| < 1)$ 的和函数.

syms x n;
s4 = symsum(x^n, 0, inf)
s4 =
-1/(x-1)

2. 利用 Matlab 将函数展开为幂级数

Matlab 提供了 taylor() 函数将函数展开为幂级数,其调用格式为 taylor(f, v, a, Name, Value),该函数将函数 f 按变量 v 在 a 点展开为泰勒级数,v 的默认值与 dif 函数相同,a 的默认值是 0. Name 和 Value 为选项设置,经常成对使用,前者为选项名,后者为该选项的值. 其中 Name 有 3 个可取字符串:

① 'ExpansionPoint':指定展开点,对应值可以是标量或向量. 未设置时,展开点为 0.

② 'Order':指定截断参数,对应值为一个正整数. 未设置时,截断参数为 6,即展开式的最高阶

为 5.

③ 'OrderMode': 指定展开式采用绝对阶或相对阶, 对应值为 'Absolute' 或 'Relative'. 未设置时取 'Absolute'.

例 5 将函数 $f(x)=\mathrm{e}^x$ 展开成 x 的 5 阶幂级数.

解 syms x;

taylor(exp(x))

ans =

x^5/120 + x^4/24 + x^3/6 + x^2/2 + x + 1.

例 6 将函数 $f(x)=\dfrac{1}{1+x^2}$ 展开成 $(x-1)$ 的 8 阶幂级数.

解 syms x;

taylor(1/(1 + x^2), x, 1, 'Order', 9)

ans =

(x - 1)^2/4 - x/2 - (x - 1)^4/8 + (x - 1)^5/8 - (x - 1)^6/16 + (x - 1)^8/32 + 1.

习题参考答案

习题1.1

1. (1) 否;　　　　(2) 否;　　　　(3) 否;　　　　(4) 是.
2. (1) $\{x \mid x \neq \pm 1\}$;
   (2) $[2,3) \cup (3, +\infty)$;
   (3) $(-\infty, -1] \cup [2,4]$;
   (4) $(-\infty, 3) \cup (3, 5)$.
3. $f(0) = 0, f(1) = -2, f(-1) = 2, f(-x) = -x^3 + 3x$.
4. (1) 偶;　　　　(2) 偶;　　　　(3) 奇;　　　　(4) 奇.
5. (1) $y = \dfrac{x-1}{3}$;　　　　(2) $y = \sqrt[3]{x}$.

习题1.2

1. (1) $y = 3^{2x+1}$;　　(2) $y = \ln(x^2-1)$;　　(3) $y = \sqrt{1+x^2}$;
   (4) $y = \sin\dfrac{1}{x}$;　　(5) $y = e^{\sin 2x}$;　　(6) $\arctan\sqrt{x^2+1}$.
2. (1) $y = \ln u, u = x - 1$;　　　　(2) $y = 2^u, u = 3x$;
   (3) $y = u^5, u = 2x + 1$;　　　　(4) $y = e^u, u = \sin v, v = \dfrac{1}{x}$.

习题1.3

1. $-1, 2, -3, 4, -5$.
2. (1) $x_n = \dfrac{1}{3^{n-1}}$;　　　　(2) $x_n = \dfrac{(-1)^{n+1}}{n}$.
3. (1) 1;　　　　(2) 1;　　　　(3) 0;　　　　(4) 1.
4. (1) 0;　　　　　　　　　　　(2) 不存在;
   (3) 不存在;　　　　　　　　(4) 不存在.
5. (1) 左极限存在,$\lim\limits_{x \to 0^-} f(x) = -1$;右极限存在,$\lim\limits_{x \to 0^+} f(x) = 0$;
   (2) 极限不存在,因为 $\lim\limits_{x \to 0^-} f(x) \neq \lim\limits_{x \to 0^+} f(x)$;
   (3) 极限存在,因为 $\lim\limits_{x \to 1^-} f(x) = 1$,$\lim\limits_{x \to 1^+} f(x) = 1$,所以 $\lim\limits_{x \to 1} f(x) = 1$.
6. 因为 $\lim\limits_{x \to 0^-} f(x) = -2$,$\lim\limits_{x \to 0^+} f(x) = 2$,所以 $\lim\limits_{x \to 0} f(x)$ 不存在.

习题 1.4

1. (1) A (2) A (3) B
2. (1) $x \to \pm 1, x \to \infty$; (2) $x \to 0, x \to -2$.
3. (1) 0; (2) 0.

习题 1.5

1. (1) 3; (2) 2; (3) $-\dfrac{1}{4}$; (4) 4;
   (5) 1; (6) $\dfrac{4}{5}$; (7) $\dfrac{3}{5}$; (8) 0;
   (9) ∞; (10) 1; (11) $-\dfrac{1}{4}$; (12) $\dfrac{3}{2}$;
   (13) 2; (14) $\dfrac{1}{4}$.

2. $k = -3$.

习题 1.6

1. (1) $\dfrac{3}{4}$; (2) $\dfrac{1}{3}$; (3) $\dfrac{3}{5}$; (4) $\dfrac{1}{2}$;
   (5) e^2; (6) e^3; (7) e^{-1}; (8) e^{-2};
   (9) e^2; (10) e^3.

2. $k = \dfrac{3}{2}$.

习题 1.7

1. (1) 低阶; (2) 同阶; (3) 等价; (4) 高阶.
2. $\sin^4 x$.
3. 证明略.
4. (1) $\dfrac{3}{2}$; (2) 5.

习题 1.8

1. $a = 2$.
2. $a = 8$.
3. (1) $x = 0$,可去间断点.
   (2) $x = 0$,可去间断点.
   (3) $x = 0$,第二类间断点.
   (4) $x = 0$,可去间断点;$x = -1$,无穷间断点;$x = 1$,可去间断点.
4. (1) 1; (2) 0.
5. 证明略.
6. 证明略.

习题 1.9

1. 均衡价格 $\overline{P} = \dfrac{4}{3}$,均衡数量 $\overline{Q} = 10$.

2. $C(Q) = C_0 + P_0 Q, \overline{C}(Q) = \dfrac{C_0}{Q} + P_0$.

3. $R(Q) = \begin{cases} 200Q, & 0 < Q \leqslant 150, \\ 6000 + 160Q, & Q > 150. \end{cases}$

复习题1

一、1. B 2. A 3. D 4. A
5. A 6. C 7. D 8. A
9. A 10. C

二、1. $[0, +\infty)$. 2. $y = 1 + \lg(2+x), x \in (-2, +\infty)$.
3. $y = e^u, u = \sin x$. 4. $-1, 0$. 5. e^{-2}.

三、1. (1) 4; (2) 0; (3) $4^{31}5^{19}$; (4) e^2; (5) 2.
2. $a = 2, b = -8$.
3. $a = -2$.
4. 证明略.

习题 2.1

1. B
2. 略.
3. (1) $3x - y - 2 = 0, x + 3y - 4 = 0$; (2) $x + 4y - 4 = 0, 8x - 2y - 15 = 0$.

习题 2.2

1. (1) $y' = 2x + 3$; (2) $y' = \dfrac{1}{2\sqrt{x}} + \dfrac{6}{x^3}$;

(3) $y' = -\dfrac{1}{2x\sqrt{x}} + 2^x \ln 2$; (4) $y' = 2x\sin x + x^2 \cos x$;

(5) $y' = 2x\ln x + x$; (6) $y' = \dfrac{(x-1)e^x}{x^2}$;

(7) $y' = 1 + \dfrac{1}{x^2}$; (8) $y' = \dfrac{2}{(x+1)^2}$;

(9) $y' = \sec x \tan x$; (10) $y' = -\csc x \cot x$.

2. (1) $y'|_{x=1} = 1$; (2) $y'|_{x=1} = 2e$.

3. (1) $y' = 15(3x-2)^4$; (2) $y' = -2\sin 2x$;

(3) $y' = 6e^{2x}$; (4) $y' = \dfrac{2}{x}$;

(5) $y' = \dfrac{2\ln x}{x}$; (6) $y' = \dfrac{2x + e^x}{2\sqrt{x^2 + e^x}}$;

(7) $y' = \dfrac{2^x \ln 2}{\sqrt{1 - (2^x)^2}}$; (8) $y' = \dfrac{\tan \dfrac{1}{x}}{x^2}$.

习题 2.3

1. (1) $y'' = 4$; (2) $y'' = -\cos x$;

(3) $y'' = e^x + 3\sin x$;

(4) $y'' = 9e^{3x}$;

(5) $y'' = 30(x+10)^4$;

(6) $y'' = \dfrac{-2(1+x^2)}{(1-x^2)^2}$.

2. $f''(1) = 18, f'''(1) = 24$.

3. (1) $y^{(n)} = (-1)^{(n-1)} \dfrac{(n-1)!}{x^n}$;

(2) $y^{(n)} = a^n e^{ax}$.

习题 2.4

1. (1) $y' = \dfrac{2}{3 - 3y^2}$;

(2) $y' = \dfrac{x + y - 1}{y - x}$;

(3) $y' = \dfrac{1 - 2^{xy} y \ln 2}{1 - 2^{xy} x \ln 2}$;

(4) $y' = -\dfrac{y^2}{xy + 1}$.

2. (1) $y' = x\sqrt{\dfrac{1-x}{1+x}} \left[\dfrac{1}{x} - \dfrac{1}{1-x^2}\right]$;

(2) $y' = \left(\dfrac{x}{1+x}\right)^x \left(\ln \dfrac{x}{1+x} + \dfrac{1}{1+x}\right)$.

3. (1) $\dfrac{dy}{dx} = \dfrac{3}{2} t$;

(2) $\dfrac{dy}{dx} = -\tan\theta$.

4. $x + y = 0$.

习题 2.5

1. B

2. (1) $dy|_{x=2} = 12 dx$;

(2) $dy|_{x=2} = -\dfrac{1}{4} dx$;

(3) $dy|_{x=2} = 4 dx$.

3. (1) $dy = \dfrac{\sqrt{x}+2}{2x} dx$;

(2) $dy = (x+1)e^x dx$;

(3) $dy = \dfrac{x\cos x - \sin x}{x^2} dx$;

(4) $dy = \dfrac{2x}{1+x^4} dx$.

4. (1) $\ln|x| + C$;

(2) $e^x + C$.

复习题 2

一、1. C   2. D   3. A   4. B

二、1. $2x - 3, -3$;   2. $\cos x, 1$;

3. $2, (2x+2) dx$;   4. $e^x dx, e^x$.

三、1. (1) $y' = \ln x + 1$;

(2) $\dfrac{dy}{dx} = \dfrac{x^2 - 2x}{(x-1)^2}$;

(3) $dy = -3x^2 \sin x^3 dx$;

(4) $y' = \dfrac{1}{2\sqrt{x}(1+x)}$.

2. 切线方程为 $x - 4y + 4 = 0$;法线方程为 $4x + y - 18 = 0$.

习题 3.1

1. 略.

2. 略.

3. 有分别位于 $(2,3),(3,4),(4,5)$ 的三个根.

4. 略.

习题 3.2

1. (1) $\frac{1}{6}$;   (2) 1;   (3) $\frac{3}{7}$;   (4) 3;

   (5) 1;   (6) $-\frac{1}{2}$;   (7) 0;   (8) 1;

   (9) e;   (10) e^{-1}.

2. (1) 1;   (2) 1.

习题 3.3

1. 单增区间:$(-\infty,1)$,$(2,+\infty)$;单减区间:$(1,2)$.

2. 2.

3. 略.

4. $a=2$,$b=4$.

5. 单增区间:$\left(-\infty,-\frac{1}{3}\right)$,$(1,+\infty)$;单减区间:$\left(-\frac{1}{3},1\right)$;

   极大值 $f\left(-\frac{1}{3}\right)=\frac{32}{27}$;极小值 $f(1)=0$.

6. 单增区间:$(-\infty,-2)$,$(0,+\infty)$;单减区间:$(-2,-1)$,$(-1,0)$;

   极大值 $f(-2)=-3$;极小值 $f(0)=1$.

习题 3.4

1. 最大值 $f(0)=5$,最小值 $f(3)=-13$.

2. 长为 5 米、宽为 5 米时这间小屋的面积最大.

3. 半径 $r=\sqrt[3]{\frac{v}{2\pi}}$,高 $h=\sqrt[3]{\frac{4v}{\pi}}$ 时用料最省.

习题 3.5

1. D

2. (1) 凸区间:$(-\infty,1)$;凹区间:$(1,+\infty)$;拐点:$(1,4)$.

   (2) 凸区间:$(-\infty,2)$;凹区间:$(2,+\infty)$;拐点:$(2,2e^{-2})$.

   (3) 凸区间:$(-1,0)$;凹区间:$(-\infty,-1)$,$(0,+\infty)$;拐点:$(-1,0)$.

3. $a=3$;$b=-9$;$c=8$.

习题 3.6

1. (1) 垂直渐近线:$x=0$.   (2) 垂直渐近线:$x=0$.

2. 略.

习题 3.7

1. A   2. C   3. A.

4. (1)边际成本：$C'(Q) = 2$；边际收益：$R'(Q) = 10 - \dfrac{Q}{50}$；边际利润：$L'(Q) = 8 - \dfrac{Q}{50}$.

   (2)略.

5. 需求价格弹性：$\dfrac{EQ}{EP} = -\dfrac{P}{100}$；$-1$.

6. (1)边际收益函数：$R'(Q) = 160 - 8Q$.   (2)产量为 2000 件时,收益最大.

7. 每团人数为 60 人时,利润最大,最大利润为 21000 元.

复习题 3

一、1. D   2. B   3. D   4. C   5. A

二、1. $\dfrac{1+2\sqrt{2}}{2}$；   2. $(1, +\infty)$；   3. $-\dfrac{3}{2}, \dfrac{9}{2}$；   4. $(1,2)$；   5. $3, -1$.

三、1. (1) $\dfrac{1}{6}$；   (2) $\dfrac{3}{4}$；   (3) -1；   (4) e.

2. 单增区间：$(-\infty, -1)$，$\left(\dfrac{2}{3}, +\infty\right)$；单减区间：$\left(-1, \dfrac{2}{3}\right)$；

   凸区间：$\left(-\infty, -\dfrac{1}{6}\right)$；凹区间：$\left(-\dfrac{1}{6}, +\infty\right)$；拐点：$\left(-\dfrac{1}{6}, \dfrac{37}{54}\right)$.

3. 水平渐近线：$y = 0$；垂直渐近线：$x = -1$.

4. 略.

5. 长为 $\dfrac{l}{4}$，宽为 $\dfrac{l}{6}$ 时面积最大,最大面积为 $\dfrac{l^2}{24}$.

习题 4.1

一、1. C   2. B   3. D

二、1. $2x + e^x$，$\dfrac{1}{3}x^3 + e^x + C$；   2. 2^x，$2^x + C$；

3. $\cos x$，$\sin x + C$.

三、1. (1) $2x + \dfrac{2}{3}x^3 + \dfrac{3}{4}x^4 + C$；   (2) $2\ln|x| + \dfrac{1}{x} + 2x^{\frac{3}{2}} + C$；

   (3) $\dfrac{1}{4}e^x + \dfrac{2^x}{\ln 2} + 3\cos x + C$；   (4) $5\arctan x - \dfrac{1}{3}\arcsin x + C$；

   (5) $\sin x + \cos x + C$；   (6) $\tan x - \sec x + C$.

2. $s(t) = \dfrac{3}{2}t^2 + 2t$.

3. $y = \dfrac{x^3}{3}$.

习题 4.2

1. $x^2 - \dfrac{1}{2}x^4 + C$.

2. $\dfrac{1}{x} + C$.

3. (1) $\dfrac{(2x-3)^6}{12} + C$; (2) $-2\mathrm{e}^{-\frac{1}{2}x} + C$;

(3) $\dfrac{1}{2}\ln|2x+1| + C$; (4) $\dfrac{1}{2}\sin(x^2+1) + C$;

(5) $\dfrac{1}{3}\sin^3 x - \dfrac{1}{5}\sin^5 x + C$; (6) $\dfrac{1}{3}\ln^3 x + C$;

(7) $-2\cos\sqrt{x} + C$; (8) $\arctan\mathrm{e}^x + C$;

(9) $\dfrac{1}{2}\ln|1+2\ln x| + C$; (10) $2\sqrt{x+1} + \ln\left|\dfrac{\sqrt{x+1}-1}{\sqrt{x+1}+1}\right| + C$;

(11) $\sqrt{2x} - \ln(1+\sqrt{2x}) + C$; (12) $\dfrac{x}{\sqrt{1-x^2}} + C$;

(13) $\dfrac{x}{4\sqrt{x^2+4}} + C$; (14) $\dfrac{\sqrt{x^2-9}}{9x} + C$.

习题 4.3

1. $x\sin x + \cos x + C$. 2. $-x\cos x + \sin x + C$.

3. $-(x+1)\mathrm{e}^{-x} + C$. 4. $\dfrac{x^2}{2}\left(\ln x - \dfrac{1}{2}\right) + C$.

5. $\dfrac{1}{2}(1+x^2)\arctan x - \dfrac{1}{2}x + C$. 6. $2(\sqrt{x}\sin\sqrt{x} + \cos\sqrt{x}) + C$.

复习题 4

一、1. D 2. B 3. A 4. D 5. D

二、1. $3x^2$. 2. $4\mathrm{e}^{-2x}$.

3. $-\dfrac{1}{2}\cos(2x-3) + C$. 4. $x(\ln x - 1) + C$.

5. $\ln F(x) + C$.

三、1. $\dfrac{2^x}{\ln 2} + C$. 2. $2(x - \arctan x) + C$.

3. $\dfrac{(x+3)^5}{5} + C$. 4. $-\dfrac{1}{3}\cos 3x + C$.

5. $\dfrac{1}{2}\ln^2(x+1) + C$. 6. $2[\sqrt{x} - \ln(\sqrt{x}+1)] + C$.

7. $(x-1)\mathrm{e}^x + C$. 8. $x\tan x + \ln|\cos x| - \dfrac{1}{2}x^2 + C$.

习题 5.1

1. (1) 直线 $y = x + 2$ 与 $x = 0$,$x = 2$ 围成的图形为梯形,面积为 6.

(2) 曲线 $y = \sqrt{a^2 - x^2}$ 与 $x = 0$,$x = a$ 围成的图形为圆心在 $(0,0)$,半径 $r = a$ 的 $\dfrac{1}{4}$ 圆形,面积为 $\dfrac{\pi a^2}{4}$.

2. (1) $\int_1^2 x\,dx \leqslant \int_1^2 x^2\,dx$; (2) $\int_0^{\frac{\pi}{4}} \sin x\,dx \leqslant \int_0^{\frac{\pi}{4}} \cos x\,dx$.

3. $4 \leqslant \int_1^3 (x^2+1)\,dx \leqslant 20$.

4. 证明：$f(x)$ 在区间 $\left[\frac{1}{2},1\right]$ 上连续，则在区间 $\left[\frac{1}{2},1\right]$ 上至少存在一点 η，使得 $\int_{\frac{1}{2}}^1 f(x)\,dx = f(\eta)\left(1-\frac{1}{2}\right) = \frac{1}{2}f(\eta)$，又 $\int_{\frac{1}{2}}^1 f(x)\,dx = \frac{1}{2}f(0)$，则 $f(0) = f(\eta)$，由条件得 $f(x)$ 在区间 $[0,\eta]$ 上连续，在 $(0,\eta)$ 上可导，$f(0) = f(\eta)$，根据罗尔定理得至少存在一点 $\xi \in (0,\eta) \subset (0,1)$，使得 $f'(\xi) = 0$.

习题 5.2

1. (1) $y' = x^2 + 1$; (2) $y' = -\sin 2x$;

   (3) $y' = \dfrac{2x e^{x^2}}{x^4 + 1}$; (4) * $y' = -\ln(x^2+1) + 2x\ln(x^4+1)$.

2. (1) $\dfrac{17}{6}$; (2) $\dfrac{\pi}{2}$; (3) 5 ; (4) $4\sqrt{2}$.

3. $\dfrac{5}{2}$.

习题 5.3

1. (1) 2 ; (2) $\dfrac{4}{3}(4-\sqrt{2})$; (3) $\dfrac{9}{4}\pi$; (4) $\ln(1+\sqrt{2})$;

   (5) $\dfrac{1}{6}$; (6) $\dfrac{1}{5}$.

2. (1) $2\ln 2 - \dfrac{3}{4}$; (2) $\dfrac{\pi}{2} - 1$;

   (3) $\left(\dfrac{\sqrt{3}}{3} - \dfrac{1}{4}\right)\pi - \dfrac{\ln 2}{2}$; (4) $1 - \dfrac{2}{e}$.

3. (1) 0 ; (2) 8 ; (3) 0 ; (4) $4 - 2\arctan 2$.

习题 5.4

(1) 不存在 ; (2) 1 ; (3) $-\dfrac{\pi^2}{8}$; (4) $\dfrac{1}{2}$;

(5) $\dfrac{1}{2}$; (6) π .

习题 5.5

1. (1) $\dfrac{4}{3}$; (2) $\dfrac{32}{3}$; (3) $\dfrac{1}{6}$; (4) $2\ln 2 - 1$.

2. $\dfrac{\pi^2}{2}$.

3. $\dfrac{3}{10}\pi$.

复习题 5

一、1. B 2. C

二、1. 6； 2. 12； 3. 3； 4. 0；

5. $e^{\sin x}\cos x$.

三、1. (1) $3 - e^2 + e$； (2) $\dfrac{1}{4}$； (3) $2(2-\ln 2)$； (4) $\dfrac{1}{4}(e^2+1)$.

2. (1) 1； (2) $\dfrac{2}{3}$.

四、1. $\dfrac{9}{2}$. 2. $\dfrac{3}{10}\pi$.

习题 6.1

1. D

2. (1) 1； (2) 2； (3) 2； (4) 1.

3. (1) 是，通解； (2) 是，特解.

4. $y = e^x$.

5. $y = \sin x$.

6. $S(t) = -2\cos t + 10 + \sqrt{2}$.

习题 6.2

1. (1) $y = Ce^{\frac{x^2}{2}}$； (2) $y = C(1+x^2)$；

(3) $y = Ce^{3x}$； (4) $\ln|y| = \dfrac{1}{4}\sin 2x + \dfrac{1}{2}x + C$.

2. (1) $y = x$； (2) $y = 2x$.

3. (1) $y = x\ln(\ln Cx)$； (2) $y = xe^{Cx}$；

(3) $\dfrac{y^2}{2x^2} = \ln|x| + 2$.

4. (1) $y = (x+C)e^x$； (2) $y = (x+C)e^{-x}$；

(3) $y = x - 1 + Ce^{-x}$； (4) $y = -\dfrac{2}{3} + Ce^{\frac{3}{2}x^2}$；

(5) $y = e^{x^2} + Ce^{\frac{x^2}{2}}$； (6) $y = x + \dfrac{C}{x^2}$.

5. (1) $y = \dfrac{1}{2}(\sin x + \cos x - e^{-x})$； (2) $y = \dfrac{e^x - e}{x}$；

(3) $y = \dfrac{1}{2}(\sin x - \cos x + e^x)$； (4) $x = \dfrac{1}{3}\left[\left(\dfrac{t+2}{2}\right)^3 - 1\right]$.

习题 6.3

1. (1) $y = C_1 e^x + C_2 e^{2x}$； (2) $y = (C_1 + C_2 x)e^{-3x}$；

(3) $y = e^x(C_1 \cos 2x + C_2 \sin 2x)$； (4) $y = C_1 + C_2 e^{-4x}$；

(5) $y = C_1 e^{3x} + C_2 e^{4x}$； (6) $y = (C_1 + C_2 x)e^{4x}$.

2. (1) $y = \dfrac{1}{3} + \dfrac{2}{3}e^{3x}$； (2) $y = (2-3x)e^{2x}$；

(3) $y = e^{-x}(\cos 3x + 2\sin 3x)$.

3. (1) $y = (C_1 + C_2 x)e^{2x} + \dfrac{x^2}{4}$;   (2) $y = C_1\cos x + C_2\sin x + x^2 - 1$;

(3) $y = e^{-x}(C_1\cos x + C_2\sin x) + \dfrac{x}{2}$;   (4) $y = C_1 e^{-x} + C_2 e^{2x} - 2x + 1$.

复习题 6

一、1. B   2. C   3. C   4. A

5. B   6. C   7. A   8. B

9. A

二、1. $y = C_1 e^{6x} + C_2 e^{-2x}$.   2. $y = Cxe^{-x}$.

3. $y'' + 2y' + y = 0$.   4. 2.

5. $y'' - y' - 2y = 0$.   6. $y'' - 2y' + 2y = 0$.

三、1. $y = -\ln^2 x + C$.   2. $y = (C + x)e^{-x}$.

3. $y = \dfrac{1}{x}(C + e^x)$.   4. $y = C_1 e^x + C_2 e^{-5x}$.

5. $y = e^{-3x}(C_1 \cos\sqrt{3}x + C_2 \sin\sqrt{3}x)$.   6. $y = (C_1 + C_2 x)e^{6x}$.

7. $y = C_1 e^x + C_2 e^{2x} + x + 2$.   8. $y = C_1 e^{-x} + C_2 e^{3x} - \dfrac{5}{3}$.

四、1. $y^2 + x^2 = 25$.   2. $y = \dfrac{1}{x}(e^x - e)$.

3. $y = 4e^x + 2e^{3x}$.   4. $y = (2 - 3x)e^{2x}$.

五、$y = \dfrac{x^4}{4} - x + C$, $y = \dfrac{x^4}{4} - x + \dfrac{7}{4}$.

习题 7.1

1. I;IV;VI;VIII.

2. 略.

3. 到 x 轴的距离为 $\sqrt{41}$，到 y 轴的距离为 $\sqrt{34}$，到 z 轴的距离为 5.

4. (1) $(5, -5, 4)$;   (2) $(-7, 0, 2)$;   (3) $(6, -2, 4)$;   (4) $(-9, 5, 6)$.

5. $(2,1,1)$, $(4,2,2)$.

6. $\left(\dfrac{1}{2}, -\dfrac{5}{6}, \dfrac{\sqrt{2}}{6}\right)$.

7. 略.

习题 7.2

1. (1) 9;   (2) 21.

2. (1) $(10, -7, -5)$;   (2) $(-2, -5, -11)$.

3. $(14, -4, -2)$.

4. $\arccos\dfrac{7\sqrt{2}}{18}$.

5. 垂直.

6. $x = 4, y = 5$.

7. $\left(\dfrac{3}{\sqrt{17}}, -\dfrac{2}{\sqrt{17}}, -\dfrac{2}{\sqrt{17}}\right)$.

习题 7.3

1. $x = a$.

2. $13x - y - 7z - 37 = 0$.

3. $x - 2y - z = 0$.

4. $4x + 7y + 16z - 2 = 0$.

5. 略.

6. $2x + z - 5 = 0$.

7. $y + 3 = 0$.

8. $\dfrac{\pi}{3}$.

9. $\dfrac{2}{3}, -\dfrac{2}{3}, \dfrac{1}{3}$.

10. $\dfrac{\sqrt{14}}{2}$.

习题 7.4

1. (1) $\dfrac{x-1}{1} = \dfrac{y+2}{3} = \dfrac{z+1}{3}$;   (2) $\dfrac{x-1}{1} = \dfrac{y}{-3} = \dfrac{z-2}{-1}$;

   (3) $\dfrac{x-2}{2} = \dfrac{y+1}{1} = \dfrac{z+1}{5}$.

2. (1) $\dfrac{x}{-2} = \dfrac{y+5}{1} = \dfrac{z+3}{3}$;   (2) $\dfrac{x-8}{1} = \dfrac{y}{1} = \dfrac{z+\dfrac{7}{2}}{2}$.

3. $\arccos \dfrac{\sqrt{14}}{14}$.

4. 0.

5. $\dfrac{x-2}{1} = \dfrac{y}{-2} = \dfrac{z+3}{7}$.

复习题 7

一、1. C 2. B 3. D 4. A

二、1. $(7, -1, 4)$, $(10, -2, 14)$.   2. $\sqrt{10}$.

   3. $\dfrac{3}{2}$.   4. -2.

三、1. (1) -9;   (2) $\dfrac{3\pi}{4}$.

   2. $(-5, 1, 7)$.

   3. $\dfrac{x-4}{1} = \dfrac{y+1}{-3} = \dfrac{z-3}{4}$.

4. $16x - 14y - 11z - 65 = 0$.

5. $\dfrac{x+1}{16} = \dfrac{y}{19} = \dfrac{z-4}{28}$.

6. $8x - 9y - 22z - 59 = 0$.

7. $\dfrac{\pi}{2}$.

习题 8.1

1. 略.

2. (1) $f(0,1) = 0$;　　　　　　　　(2) $f(1,1) = 2$;

   (3) $f(x+y, x-y) = \dfrac{2x}{x^2 - y^2}$.

3. (1) $D = \{(x,y) \mid y > x^2\}$;　　　　(2) $D = \{(x,y) \mid x^2 + y^2 < 1\}$;

   (3) $D = \{(x,y) \mid -1 \leqslant x + y \leqslant 1\}$;　　(4) $D = \{(x,y) \mid x > 0, y > 0\}$.

4. (1) 2;　　　(2) 2;　　　(3) e^2;　　　(4) $-\dfrac{1}{2}$.

习题 8.2

1. (1) $\dfrac{\partial z}{\partial x} = 3x^2 y - y^3$, $\dfrac{\partial z}{\partial y} = x^3 - 3xy^2$;

   (2) $\dfrac{\partial z}{\partial x} = y\cos(xy)[1 - 2\sin(xy)]$, $\dfrac{\partial z}{\partial y} = x\cos(xy)[1 - 2\sin(xy)]$;

   (3) $\dfrac{\partial z}{\partial x} = \dfrac{1}{2x\sqrt{\ln(xy)}}$, $\dfrac{\partial z}{\partial y} = \dfrac{1}{2y\sqrt{\ln(xy)}}$;

   (4) $\dfrac{\partial z}{\partial x} = \dfrac{1}{y\sin\dfrac{x}{y}\cos\dfrac{x}{y}}$, $\dfrac{\partial z}{\partial y} = -\dfrac{x}{y^2 \sin\dfrac{x}{y}\cos\dfrac{x}{y}}$.

2. (1) $\dfrac{\partial^2 z}{\partial x^2} = 12x^2 - 8y^2$, $\dfrac{\partial^2 z}{\partial y^2} = 12xy^2 - 8x^2$, $\dfrac{\partial^2 z}{\partial x \partial y} = 4y^3 - 16xy$;

   (2) $\dfrac{\partial^2 z}{\partial x^2} = \dfrac{2xy}{(x^2 + y^2)^2}$, $\dfrac{\partial^2 z}{\partial y^2} = \dfrac{-2xy}{(x^2+y^2)^2}$, $\dfrac{\partial^2 z}{\partial x \partial y} = \dfrac{y^2 - x^2}{(x^2+y^2)^2}$;

   (3) $\dfrac{\partial^2 z}{\partial x^2} = y^x \ln^2 y$, $\dfrac{\partial^2 z}{\partial y^2} = x(x-1)y^{x-2}$, $\dfrac{\partial^2 z}{\partial x \partial y} = y^{x-1}(x\ln y + 1)$;

   (4) $\dfrac{\partial^2 z}{\partial x^2} = \dfrac{1}{x}$, $\dfrac{\partial^2 z}{\partial y^2} = -\dfrac{x}{y^2}$, $\dfrac{\partial^2 z}{\partial x \partial y} = \dfrac{1}{y}$.

3. 略.

4. 略.

习题 8.3

1. (1) $dz = \left(y + \dfrac{1}{y}\right)dx + \left(x - \dfrac{x}{y^2}\right)dy$;　　(2) $dz = e^x \cos y \, dx - e^x \sin y \, dy$;

   (3) $dz = \dfrac{y}{(x^2+y^2)\sqrt{x^2+y^2}}(y\,dx - x\,dy)$;　　(4) $du = yzx^{yz-1}dx + zx^{yz}\ln x \, dy + yx^{yz}\ln x \, dz$.

2. $dz|_{(2,1)} = -\dfrac{1}{4}dx + \dfrac{1}{2}dy$.

习题 8.4

1. $\dfrac{dz}{dx} = x^2(\sin x)^{x^3}(3\ln\sin x + x\cot x)$.

2. $\dfrac{dz}{dx} = (2x + e^x)\cos(x^2 + e^x)$.

3. $\dfrac{\partial z}{\partial x} = e^{x+y}(\sin xy + y\cos xy)$, $\dfrac{\partial z}{\partial y} = e^{x+y}(\sin xy + x\cos xy)$.

4. $\dfrac{\partial z}{\partial x} = 4(2x - y)e^{y^3}$, $\dfrac{\partial z}{\partial y} = (2x - y)e^{y^3}[3y^2(2x - y) - 2]$.

5. $\dfrac{\partial z}{\partial x} = 3x^2 + 6x^5 y^6$, $\dfrac{\partial z}{\partial y} = 3y^2 + 6x^6 y^5$.

6. $\dfrac{dy}{dx} = \dfrac{\cos x - y^2}{2xy + e^y}$.

7. $\dfrac{\partial z}{\partial x} = -\dfrac{2xz}{x^2 + 4y^2 z}$, $\dfrac{\partial z}{\partial y} = -\dfrac{4yz^2 + 1}{x^2 + 4y^2 z}$.

习题 8.5

(1) 极大值 $f(2, -2) = 8$;   (2) 极小值 $f(1,1) = -1$;

(3) 极大值 $f(-4, -2) = 8e^{-2} + 3$;   (4) 极小值 $f(2,2) = \dfrac{2}{3}$.

习题 8.6

1. (1) π;   (2) π.

2. (1) $\iint\limits_{D}(x + y)d\sigma \geq \iint\limits_{D}(x + y)^2 d\sigma$;   (2) $\iint\limits_{D}(x + y)^2 d\sigma \leq \iint\limits_{D}(x + y)^3 d\sigma$

   (3) $\iint\limits_{D}\ln(x + y)d\sigma \geq \iint\limits_{D}[\ln(x + y)]^2 d\sigma$;   (4) $\iint\limits_{D}\ln(x + y)d\sigma \leq \iint\limits_{D}[\ln(x + y)]^2 d\sigma$.

3. (1) $0 \leq I \leq 2$;   (2) $2 \leq I \leq 2e^2$.

习题 8.7

1. (1) $\iint\limits_{D} f(x,y)d\sigma = \int_1^2 dx \int_1^x f(x,y)dy$;

   (2) $\iint\limits_{D} f(x,y)d\sigma = \int_0^2 dy \int_{\frac{y}{2}}^{y} f(x,y)dx$.

2. (1) $\int_0^1 dy \int_0^y f(x,y)dx = \int_0^1 dx \int_x^1 f(x,y)dy$;

   (2) $\int_1^e dx \int_0^{\ln x} f(x,y)dy = \int_0^1 dy \int_{e^y}^{e} f(x,y)dx$.

3. (1) $\dfrac{8}{3}$;   (2) $2\ln 2 - \dfrac{3}{4}$;   (3) $\dfrac{45}{8}$;   (4) $\dfrac{1}{2}(e - 1)$.

4. (1) $\dfrac{16\pi}{3}$;   (2) $\dfrac{\pi}{8}$;   (3) 2.

复习题 8

一、1. A   2. A   3. B   4. B   5. D

二、1. $D = \{(x,y) \mid x^2 + y^2 < 2\}$.   2. 1.

3. 2, $\ln 2 + 1$.   4. 3π.

5. $\int_0^1 dx \int_{x^2}^x f(x,y) dy$ 或 $\int_0^1 dy \int_y^{\sqrt{y}} f(x,y) dx$.

三、1. $\dfrac{\partial^2 z}{\partial x \partial y} = -16xy$.

2. $dz = \dfrac{z}{e^z - xy}(y dx + x dy)$.

3. 极小值 $f\left(\dfrac{1}{2}, -1\right) = -\dfrac{e}{2}$.

4. $\dfrac{20}{3}$.

5. $\dfrac{7\pi}{48}$.

习题 9.1

1. (1) 前三项 $u_1 = \dfrac{2}{3}, u_2 = \dfrac{4}{9}, u_3 = \dfrac{8}{27}$;

(2) $S_1 = \dfrac{2}{3}, S_2 = \dfrac{10}{9}, S_3 = \dfrac{38}{27}, S_n = 2 - \dfrac{2^{n+1}}{3^n}$;

(3) 收敛于 2.

2. (1) 收敛于 4;   (2) 收敛于 $\dfrac{1}{2}$;   (3) 发散;   (4) 发散.

习题 9.2

1. (1) 发散;   (2) 收敛;   (3) 发散;   (4) 收敛.

2. (1) 收敛;   (2) 收敛;   (3) 收敛;   (4) 发散.

3. (1) 发散;   (2) 条件收敛;   (3) 绝对收敛;   (4) 条件收敛.

4. 不能用比值判别法, 可用比较判别法, 级数收敛.

习题 9.3

1. (1) $R = 1$, 收敛区间为 $(-1,1)$, 收敛域为 $[-1,1]$;

(2) $R = 0$;

(3) $R = 1$, 收敛区间为 $(-1,1)$, 收敛域为 $[-1,1)$;

(4) $R = 2$, 收敛区间为 $(-2,2)$, 收敛域为 $[-2,2]$.

2. $x = 0.1$ 时, $\sum_{n=0}^{\infty} 0.1^n = \dfrac{10}{9}$; $x = 0.5$ 时, $\sum_{n=0}^{\infty} 0.5^n = 2$.

$x = 1.5$ 时, $\sum_{n=0}^{\infty} 1.5^n$ 不能求和, 因为一般项 $1.5^n \to \infty$.

3. (1) $\dfrac{2}{2-x}, x \in (-2,2)$;   (2) $-\ln(1-x), x \in [-1,1)$;

(3) $\dfrac{3}{(1-x)^2}, x \in (-1,1)$; (4) $\dfrac{1}{(1+x)^2}, x \in (-1,1)$.

4. (1) $e^{-2x} = 1 - 2x + \dfrac{2^2}{2!}x^2 - \dfrac{2^3}{3!}x^3 + \cdots + (-1)^n \dfrac{2^n}{n!}x^n + \cdots, x \in (-\infty, +\infty)$.

(2) $3^x = 1 + \ln 3 \cdot x + \dfrac{\ln^2 3}{2!} \cdot x^2 + \dfrac{\ln^3 3}{3!} \cdot x^3 + \cdots + \dfrac{\ln^n 3}{n!} \cdot x^n + \cdots, x \in (-\infty, +\infty)$;

(3) $\dfrac{1}{x^2 - 1} = -1 - x^2 - x^4 - x^6 - \cdots - x^{2n} - \cdots, x \in (-1,1)$;

(4) $\sin 2x = 2x - \dfrac{2^3}{3!}x^3 + \dfrac{2^5}{5!}x^5 - \dfrac{2^7}{7!}x^7 + \cdots + (-1)^n \cdot \dfrac{2^{2n+1}}{(2n+1)!}x^{2n+1} + \cdots, x \in (-\infty, +\infty)$.

复习题 9

一、1. A   2. D   3. B   4. C   5. C

二、1. 3.   2. 1.   3. 0.   4. 5.   5. $\dfrac{1}{1-x}$.

三、1. (1) 收敛；   (2) 发散；   (3) 收敛；   (4) 收敛；   (5) 收敛.

2. (1) 绝对收敛；   (2) 发散.

3. 收敛半径 $R = \dfrac{1}{2}$, 收敛区间为 $\left(\dfrac{1}{2}, \dfrac{1}{2}\right)$, 收敛域为 $\left[-\dfrac{1}{2}, \dfrac{1}{2}\right]$.

4. $\dfrac{1}{2} \ln \dfrac{1+x}{1-x}, x \in [-1, 1)$.

5. (1) $f(x) = x - \dfrac{2^2}{3!}x^3 + \dfrac{2^4}{5!}x^5 - \dfrac{2^6}{7!}x^7 + \cdots + (-1)^n \dfrac{2^{2n}}{(2n+1)!}x^{2n+1} + \cdots, -\infty < x < +\infty$;

(2) $\dfrac{1}{1+3x} = 1 - 3x + 3^2 x^2 - 3^3 x^3 + \cdots + (-1)^n 3^n x^n + \cdots, \left(-\dfrac{1}{3} < x < \dfrac{1}{3}\right)$.